U0193089

饶鉴 王鑫 著

城市 地标
形象 与 空间

City Image and Landmark Space

基于城市形象建构的
地标性公共环境空间设计研究

Study on Design of Landmark Public Environment
Space Based on the Construction of City Image

化学工业出版社

·北京·

内容简介

　　本书基于城市形象建构的地标性公共环境空间设计，研究了城市形象与地标性公共环境空间之间的关系，描述了当前的城市形象下城市地标所表现出的不同时代的文化内涵。本书共分为六章，将城市形象与城市地标作为重点，介绍了随着时代的变迁，在不断的城市重建和不断的时代精神更替下，城市地标作为不同时代思想凝集的结晶如何在城市之中熠熠生辉。

　　本书适合于从事城市形象设计、地标性公共环境空间设计领域的从业者和研究者学习参考，也适合于普通高校相关专业的师生阅读参考。

本书为教育部人文社会科学研究规划基金项目"城市形象建构的地标性公共环境空间设计研究"（21YJA760050）的主要研究成果

图书在版编目（CIP）数据

　　城市形象与地标空间：基于城市形象建构的地标性公共环境空间设计研究/饶鉴，王鑫著． —北京：化学工业出版社，2023.11
　　ISBN 978-7-122-44127-0

　　Ⅰ.①城…　Ⅱ.①饶…②王…　Ⅲ.①城市空间-公共空间-环境设计-研究　Ⅳ.①TU-856

　　中国国家版本馆CIP数据核字（2023）第168256号

··

责任编辑：李彦玲　　　　　文字编辑：谢晓馨　刘　璐
责任校对：李　爽　　　　　装帧设计：卢斯瑶

··

出版发行：化学工业出版社
　　　　　（北京市东城区青年湖南街13号　邮政编码100011）
印　　装：三河市航远印刷有限公司
710mm×1000mm　1/16　印张17　字数319千字
2024年1月北京第1版第1次印刷

··

购书咨询：010-64518888　　　　售后服务：010-64518899
网　　址：http://www.cip.com.cn
凡购买本书，如有缺损质量问题，本社销售中心负责调换。

··

定　　价：128.00元　　　　　　　　　　版权所有　违者必究

City Image and Landmark Space

Study on Design of
Landmark Public Environment Space
Based on the Construction of
City Image

序

　　三千年历史看西安、八百年历史看北京、百年历史看上海、改革开放历史看深圳，显然，我们对于中国历史的记忆更多地投向了城市形象。1978年我国的城市化率是17.9%，2000年是36.22%，2022年是65.22%，现正朝着70%、80%进发；无疑越来越多的人的生活更紧密地萦系着城市形象。

　　诚如列宁所言："城市是经济、政治和人民的精神生活的中心，是前进的主要动力。"城市形象也成为社会生产力发展的风向标、人们精神的归属图腾。一座座活力四射的城市中，人们活跃着生生不息的创新追求，建筑活化着城市历史人文的艺术个性，从而如命中注定般孕育出独具场所精神的城市地标。这成为这个城市时间长度延续与空间跨度影响交融的城市形象媒介。

　　正是在这种定式背景下，饶鉴教授的著作《城市形象与地标空间——基于城市形象建构的地标性公共环境空间设计研究》一书就要由化学工业出版社出版了，我因受邀写序得以对书稿先睹为快。一气呵成读下来，我脑际涌出的是"视野开阔、图文并茂"这八个字。《城市形象与地标空间》一书的"视野开阔"，首先是理论视野开阔，即将城市形象与地标空间合理而科学地视作一个复杂系统，在城市形象理论基础上，融合了美学、设计学、传播学、文化社会学、社会心理学等多学科理论，多角度审视城市形象与城市地标性公共环境空间之间的关系，提出规划设计的原理与路径，以及意义生产与形象传播的方法策略，使得我们更清晰透彻地认知并把握了研究对象。其次则是研究对象驾驭的视野开阔，作者不仅重点分析了国内不同类型的城市形象及其城市地标，而且展现与剖析了在全球范围内具有典型性的城市形象与城市地标，如此则令人信服地验证了地标性公共环境空间正在有效地传播塑造城市形象，反思探讨了城市地标性公共环境空间建构的设计经验与路径依赖。

该书的"图文并茂"，则体现为学科本体为艺术学的实质。著作是"基于城市形象建构的地标性公共环境空间设计研究"来展开"城市形象与地标空间"探究，由"设计研究"的规定性落到了本书文本表达上，则俨然呈现出艺术视觉研究可视化表达的鲜明特色。著作在丰富的学理陈述分析基础上，超越抽象意义上的城市形象，以具象的城市地标建筑及其特定公共环境空间为实例，以大量的图表来集纳呈现不同国家、不同地区、不同城市的城市形象个性内涵以及对应的地标建筑，且图文高关联度、一体化地构成本著作的研究文本，使得理论性、可读性、直观性构成了统一，形成一部艺术学科特色鲜明的著作。

我是一位广告与品牌传播领域的学者，对设计艺术并无特别研究，只是由于品牌符号及其广告传播的多学科兼容性，则不知不觉地指导了多位学科背景为设计艺术的博士生。饶鉴教授就是其中一位。在2012年10月，他的博士论文《景区品牌传播对于城市品牌的建构研究》顺利通过答辩，并由此获得学位；2017年他的著作《城市传播与景区品牌》由人民出版社出版，当时他也邀请我为之作了序；时至今日，他与学生王鑫合著的著作《城市形象与地标空间——基于城市形象建构的地标性公共环境空间设计研究》又得以出版问世。其中的学术轨迹，可以清晰地看到他执着地循着城市形象设计与品牌传播的路径在不断探索进发，且成为该领域走在前列的专家。我由此为他感到欣喜，也为他的新著给我国城市形象建构传播、城市地标规划设计的研究及实践带来新思维、新建议、新案例、新启发而由衷祝贺，并予以郑重推荐。

华中科技大学品牌传播研究中心

教授、博士生导师

舒咏平

2023年秋于武汉喻园

City Image
and
Landmark Space
Study on Design of
Landmark Public Environment Space
Based on the Construction of
City Image

目录
CONTENTS

CHAPTER

ONE

第一章

绪论

City Image and Landmark Space

Study on Design of Landmark Public Environment Space Based on the Construction of City Image

自古以来，城市形象是城市内涵文化的一种表象，饱含着一个城市独有的精神文化和历史文化，是时代更替的集体记忆，也是城市作品绵绵不绝的体现。如诗词中有明代诗人袁中道描写长安春景的诗《暮春长安郊游》"暮青春始遍长安，杨柳青青拂水端"，也有唐代诗人王之涣的描写山西永济的名诗《登鹳雀楼》"白日依山尽，黄河入海流"等名句，也有台湾现代诗人余光中在诗歌《乡愁》中从地域物象之乡升华到城市文化之乡。"城市形象"作为一个描绘城市文化空间的词语，它不仅仅是从城市行政区来划分空间，同时也是一个城市地域性上的特征，是一群人对该地的抽象概括，可谓是从"文化社会"角度引发的场域及其情境。例如，西方历史上曾出现过的"城市美化运动"、"街道艺术"（Street Art）、"公共艺术"（Public Art）思潮。具体而言，"形象"一词，在文学理论中指的是语言形象，即以语言为手段而形成的艺术形象，亦称为"文学形象"。而"城市形象"，则是指一个城市在物质空间上的对其精神文化的描绘，是从群体的城市历史情怀到深层次的文化精神情怀，再上升到对于一个城市现实与过去的追问与思辨。

　　在社会中，当个人或群体的心灵在成长的过程中长期处于漂浮状态时，就会引发文化认同感的缺失，甚至是对城市形象的社会忧思。这种普遍存在的对城市形象的理解具有盲目性且脆弱易变，并随着某些记忆场所的消亡形成集体失忆。作为维系古今文化情感纬度的载体，"城市形象"引发人类整体性生存样式与发展前途的追问。尤其是对于我们所生活的城市而言，城市的样貌、城市从哪里来、城市到哪里去等话题，形成一种更深层次的文化心理密码的思辨与探寻。"城市形象"在文化背景下，把个人对城市的描绘提升到集体对城市的描绘，这既是对城市本质的追问和思考，也是对"失忆"的传统文脉的一种质疑和心理上的弥补。"城市形象"，若能重视并积极地指引这一珍贵的精神契约，便可以作为一种唤醒的媒介，在当下形成一种集体回忆；反之，如果长时间不能消除对都市文化情感的渴求，则会导致"失真、失范、失序、失忆"，乃至出现"文脉断裂"等社会问题，导致民族认同的丧失和社会文化危机。

　　在中国，城与乡是相对而言的，镇作为县的下属单位，与乡是同一等级的。但就区域面积、经济发展、非农业人口等因素而言，城包含镇、镇包含乡、乡包含村，是一种动态的发展系统，需要不断地进行规划和完善。比如，荆楚文化既是一种区域文化的体现，也是一种城市文化的体现。而武汉作为长江经济带核心城市，拥有深厚的文化底蕴，是人民向往的精神家园。但近代以来，由于近现代社会外渗内动、经济体制转型和快速城市化等因素的影响，城市地标景观呈现出趋同感、表象化、空心化之特征，在对象上出现了城市文化缺失、虚假城市建设等一系列社会问题。几千年的传统都市文化观念被冲破，相较于传统，文化逐渐淡化，引发了一种普遍性的、令人痛苦的社会文化忧思。

因此，在中国的现代社会背景下，人们对城市文化的真实性和可信度提出了疑问，对城市地标性景观设计的研究提出了新的要求。所谓"中国的威尼斯"就是这样，完全模仿外国的建筑，不仅失去了原有的意义，而且与当地的文化背景不符。对于记忆的抽象性该如何进行具体的研究呢？文化是与记忆、城市形象相联系的，它们又是如何相互映衬的呢？本书希望从设计学视域对此进行全新的阐述，审视城市形象与城市地标性公共环境空间之间的关系问题，并以城市地标为切入口，融合设计学、传播学、文化社会学等多学科理论进行分析，目的在于运用城市文化记忆理论，建构一种以城市空间为载体、以"城市形象"问题为回应的样本，从而探索空间记忆与景观情境重构之间的互通关系，丰富和完善当前城市文化地标景观设计的理论及方法，为设计融入城市形象建设研究提供借鉴与思考。

第一节
城市形象建设及地标性公共环境空间设计研究概况

一、研究的缘起

随着当前中国城市化的发展，在大力开展城市文化建设的社会背景下，由城市文化、城市品牌所打造的城市形象越来越在城市的核心竞争力中发挥着重要的作用。相较于20世纪80年代的城市物质层面的发展，如今的城市则更注重精神层次、文化形象方面的发展。在城市地标性建筑的建设上，也由原先注重地标中"量"的建设，转化为注重地标精神与审美上的"质"的建设。由此，城市形象成为城市发展的门面。当前，"千城一面"已不适应高质量发展的新要求，挖掘每个城市自身的文化特质，对城市形象进行个性化表达正在成为新趋势。从发展阶段来看，我国正处于转型发展的关键期，城市建设正从粗放式发展阶段向高质量发展阶段转型，从注重规模扩张向注重内涵发展转变。从全国发展现状来看，越来越多的城市开始探索城市品牌化发展道路，希望通过塑造良好的城市形象来提升城市发展软实力与地标性公共环境空间，用良好的发展环境吸引人才，增强城市活力。

城市实体建筑作为城市构建因素，其自身的内涵象征是促进城市文化发展和传播城市形象的最为重要的形式和途径。尤其是极具地域特色或者融合精尖技术的标志性建筑，以其视觉形象符号作为载体，承载和充实了城市形象。例如，武汉的黄鹤楼作为历史的见证，传承着城市的历史文化；北京的鸟巢作为时代的标志，象征着城市的发展进程；广州的广州塔作为科技的标杆，彰显着城市的经济实力。不同的城市实体建筑以自身独特的特点及样式，代表着不同城市的科技经济发展方向和历史发展进程，也凸显了该城市独有的城市文化和城市形象。由于不同的城市拥有不同的历史进程、文化背景以及地域特点，各城市实体建筑就拥有不同的审美特性，城市建筑在设计和建造时就会根据该城市的历史文脉、地域特征和社会属性进行考量和研究。那么，在空间设计上往往会将当地的城市文化特性和现代审美结合，体现城市文化的同时传播城市形象。不同的城市实体空间设计都为城市文化的发展做出了贡献，尽管它们拥有不同的样式类型、功能属性，但在城市形象的构建中都有不可替代的作用。

随着20世纪"空间生产"理论的提出，传播学的视野也逐步拓展落实到空间上，以空间为媒介的传播思潮渐渐被关注。日本建筑家黑川纪章最早提出"灰空间"的概念，原属建筑和环境设计领域的专有名词，其原意是指建筑和其外部空间的专属过渡空间。早在黑川纪章之前，"廊棚"——中国江南水乡经典的建筑形式，就与"灰空间"的理念相通，既令行人、商家往来时免遭日晒雨淋，又连通了室内外的空间。"灰空间"强调在建筑设计时模糊建筑与外部环境之间的界线，使得周围空间的特征在其内部连通和流转，让两者形成一个有机的整体。当"灰空间"概念上升到城市空间中时，则成为城市各个独立功能区之间起到过渡衔接作用的"中介空间"，即通过空间与空间连接的方式，起到连接城市各空间的功能。随着城市化的进程，地标性公共环境空间在现代化城市中屡见不鲜，而在地标性公共环境空间的建设中，往往忽略了如何去营造整体城市环境的有机统一。高速的现代化进程使得城市建设趋向同质化，造成"千城一面"的窘状。城市发展从规模效应向精细化发展转变，将城市记忆与文脉打造为城市形象建构的内核，如何建造城市中的地标性公共环境空间建筑成为重要的议题。而城市"灰空间"有着很大的可塑性和易用性，同时也是提升城市形象的重要途径和承载城市形象传播的空间媒介。空间媒介即将空间视为传播媒介，日本学者佐藤卓己在《现代传媒史》一书中提出关于"作为媒介的城市"这一命题。佐藤卓己认为："如果说媒介具有沟通私人领域和公共领域的功能的话，那么城市就是媒介。"城市作为实体空间，可以作为市民或访客与城市之间意识沟通的场所。一是可以通过人这一个体在城市实体空间的感知体验形成意识，将对城市形象的感受传播给所沟通交流的人群；二是城市实体空间中具有象征意义的视觉符号传播，在城市空间承载城市形象传播的过程中提升了该城市的形象辨识度，从而影响和提升人们对城市的认知。❶空间媒介将城市"灰空间"作为城市传播媒介研究的全新视角，对媒介研究是一种新尝试，为城市品牌的建设和传播提供新的视角和方法，为提升城市品牌实力提供新的解决思路。

城市的形象，由现代城市的外观风貌所具备的特色和魅力体现出该城市独有的城市文化，以及城市风貌所彰显的城市现代化的建设发展两者综合构成。当今城市所建设出的地标性公共环境空间正是凸显城市现代化建设的符号，是体现城市高度发展的标志。对地标性公共环境空间中的"灰空间"加以改造利用，可以避免此类"灰空间"破坏现代化城市风貌的负面影响，让地标性公共环境空间中的"灰空间"成为城市形象传播的载体，从而促进城市形象的建设与传播。

二、研究的意义

21世纪迎来了城市化的新改变，根据《中国城市化2.0：超级都市圈》报告，中国的城市化水平将在2030年达到75%。这种巨大的发展也造成了社会生活空间环境与理想生活空间环境的冲突。如今，伴随着城市、社会的发展，仅对城市空间环境进行规划已经满足不了人们日益发展的需求，寻求城市的高质量发展成为城市发展的主旋律。著名环境艺术理论家理查德·P.多伯说："作为一种艺术，它比建筑艺术更巨大，比规划更广泛，比工程更富有情感。这是一种重实效的艺术，是早已被传统所瞩目的艺术。环境艺术的实践与人影响其周围环境功能的能力、赋予环境视觉次序的能力，以及提高人类居住环境质量和装饰水平的能力是紧密联系在一起的。"基于多伯对环境艺术的阐述可以感受到，城市地标性公共环境空间的设计是使人们的生活环境更加舒适、更加科学的创造性活动。这种创造性活动无法脱离城市文化，当空间环境设计融入城市文化后会使城市特色更加鲜明，构建出更加鲜活的城市形象。当下很多城市出现"零识别"的现状，地标性公共环境空间在城市不断建造的过程中，许多建筑因为地标性而夸大处理地标的整体造型，形成了城市之中地标空间在外观视觉上的哗众取宠，无法体现文化的整体性与一致性等现象，进而使城市综合竞争力与公共参与度下降，城市难以有鲜明的形象"出圈"。❷并且在特大城市，尽管发展基础较好，但仍然存在基本公共服务供给不足、品质不高、便捷度不够、发展不均衡等问题。基于此，笔者结合现代地标性公共环境空间设计的现状，针对当前城市形象与地标性公共环境空间的建立进行进一步的探讨与研究。

❶ 饶鉴，余金珂.城市形象建构下的城市立交系统"灰空间"优化设计策略[J].建筑与文化，2020（3）：131-134.

❷ 饶鉴，方亭月.城市形象建构下的空间环境设计研究[J].艺术科技，2022，35（13）：52-54.

当前，由于城市化的扩展，城市中空间环境的压力剧增。为了达到空间环境的合理规划、城市文化的融合，推进可持续发展的城市空间环境设计的需求也不断增加。城市中空间环境由物质和精神两种表现形式构成。物质方面的构成元素包括人、建筑、水体、绿化与小品，即建筑、景观、雕塑等具象元素。而精神方面则由城市文脉、历史文化等内在元素构成。由此可以看出，城市地标性公共环境空间设计中物质与精神是相互作用的关系。城市地标性公共环境空间是人们交换信息、物质的主要活动场所，也是一个城市的形象和精神地标。城市地标性公共环境空间除了具有满足人们活动娱乐、社交观赏需求等功能性质之外，还承载着城市文化精神。城市地标性公共环境空间中存在大量居民和旅客，应使其成为对人们生活有影响力的空间环境，以及城市改善空间环境设计、提升形象的有效载体。

而在现代城市中，城市地标性公共环境空间的建设是凸显城市现代化的符号，是城市高质量发展的标志。设计与改造城市空间环境可以凸显现代城市风貌的特点，让城市空间环境成为城市形象传播的载体，进而促进城市形象的建设与传播。城市空间环境涵盖的范围很广，按多层次性可以分为内部空间、外部空间与灰空间。这些空间环境是城市居民和外来人口常进出的实体空间。对外的传播属性较强，针对该城市独特文化进行的空间设计和改造必然会区别于其他城市，打破"零识别"的局面，直接反映出城市文化内涵与城市精神魅力，是构建城市形象的有效途径。

"精神"是城市空间环境构成要素之一，它包含的是人们在城市长期生存活动中形成的文化习俗、历史文脉，依托于城市空间环境，又以城市形象展现在城市内部与外部。城市文化是人类文化发展到一定阶段的产物，是人与人、人与环境和社会性质的综合反映，是城市居民在发展中所产生的物质与精神财富的总和，反映所处时代、社会经济、生活方式、行为方式、精神特征以及城市风貌等，存在于城市生活的完整价值体系中。作为城市中重要组成部分的城市空间环境，脱离了城市文化将不复存在。城市空间环境的建设速度相较城市形象与文化的建设速度更快。并且由于城市空间环境影响范围广且可塑性强，一定程度上扩大了城市文化的传播范围，因而会在更短的时间内传播和发展城市文化，构建城市形象。

地标性公共环境空间是现代化城市高速发展的体现，是整体城市建设历程的标本，是城市历史发展的物证，也是体现现代化城市形象的重要输出途径。本书在城市形象理论的研究基础上，以城市地标为切入口，融合了设计学、传播学、文化社会学等多学科理论，并从设计学视域审视城市形象与城市地标性公共环境空间之间的关系问题，提出以城市形象为导向的地标性公共环境空间改造方法与路径，具有以下实际意义。

理论上，本书的研究不仅从多学科视角对城市形象与地标性公共环境空间进行审视，更为重要的是，本书在对城市形象与地标性公共环境空间理论进行深入研究后，以城市文化为基础对其进行案例分析与总结，以此体现城市形象与地标性公共环境空间之间的内在关系。一方面对城市形象与地标性公共环境空间进行了陈述性总结与研究，另一方面结合具体城市进行操作演绎，这都将为其他研究人员进一步深入探讨城市形象与地标性公共环境空间研究提供了参考与借鉴。

实践上，本书对我国城市形象与地标性公共环境空间设计与研究都具有一定的理论以及现实指导意义。本书倡导通过城市形象来提升地标性公共环境空间的方法，不仅有利于引导城市管理者以及城市形象传播者树立正确的城市经营理念，打造展示优秀城市形象的地标性公共环境空间，还能够进一步帮助他们了解如何对城市地标性公共环境空间中的"灰空间"进行改造和利用。这是对城市发展和变迁的一次有效见证，这作为城市发展的里程碑式的标志，充分体现了基于城市形象的地标性公共环境空间改造的历史价值与意义。

三、国外研究综述

国外的城市形象与城市景观理论、城市设计与城市美学是密不可分的。最早从柏拉图的"理想国"到19世纪奥斯曼的巴黎改造，从美国的"城市美化运动"到柯布西耶的"现代城市"概念，这些都反映出人们对美好城市的不断追求。国外最早的城市形象研究是同城市规划学展开的，与地标具体相关的理论主要包括：城市形象理论、图底理论、关联理论、场所理论、文脉主义等理论。

美国著名城市规划专家凯文·林奇（Kevin Lynch）在《城市意象》（*The Image of the City*）一书中最早提出城市形象理论。他在书中提炼出"城市形象"概念的同时，也界定了代表城市形象的五大要素：道路、边界、区域、节点、地标。而文中对于符号所代表的象征性这一特性，对应的便是构成城市形象之一的地理标志物，即地标。他还指出，地标作为城市中的点状要素，是人们进行空间体验的参照物。当某个个体与周围环境有明显区别时，或者占据特殊的空间位置时，抑或是含义丰富、具有一定的历史价值时，它就会成为地标，与其他城市形象要素一起构成高品质的城市环境。

图底理论，则是研究将建筑作为图形、城市作为背景，研究两者之间相互关系的理论。该理论最早可追溯到1748年，詹巴蒂斯塔·诺利（Giambattista Nolli）首次将罗马城展现在地图上，也称实-空分析（Mass-void Approach），本质上是借鉴了格式塔心理学（完形心理学）中的图形-背景法则。根据《寻找失落空间》的作者罗杰·特兰西克（Roger Trancik）在其书中所述，"是基于建筑体量作为实体（图）和开场空间作为虚体（底）图形-背景所占用地比例关系的研究"[1]。图底理论通过控制建筑实

---

[1] 罗杰·特兰西克. 寻找失落空间：城市设计的理论[M]. 朱子瑜，等译. 北京：中国建筑工业出版社，2008.

体"图"与空间虚体"底"的比例，根据城市的整体风貌进行规划，凸显出城市的肌理，表现出城市之中空间的序列关系。最后依据城市空间网络的布局与整体结构两者直接呈现包含与被包含的关系，展示城市片区的特征。

关联理论，也被称为关联-耦合理论（Connecting-coupling Theory），主要分析在各种城市元素中扮演着连接的"线"。根据罗杰·特兰西克的观点，这一理论主要是以线的方式将城市各个部分进行连接，以线来体现城市之间的空间关系。关联理论提供了一个连续的系统，将基地的边界、运动的流线、组织好的轴线或城市中某个建筑的边线作为基准连接起来。在尝试设计城市空间时，必须考虑这一基准。20世纪60年代，在这一理论的影响下，丹下健三提出了新陈代谢的观点，这一理论是寻找空间设计秩序的主要思路，对理解城市结构极其重要。它可以作为一种有效的方法来恢复城市内部的城市连贯性。但这种理论忽略了对传统城市空间精髓的吸收和城市空间的使用者——人。

空间设计中的场所理论（Place Theory），则是相对而言增加空间之中人文特性的理解。其本质是将物质空间作为一个虚拟空间，只有当它被赋予了从文化内涵或区域环境提炼出的文脉意义时，它才能被称为场所。场所的本质是人性化的空间，客观的物质环境必须被人们感知并产生文化认同。20世纪60年代以后，克里斯蒂安·诺伯格-舒尔茨（Christian Norberg-Schulz）的场所精神、黑川纪章的新陈代谢理论与方法、简·雅各布斯（Jane Jacobs）的著作《美国大城市的死与生》和柯林·罗（Colin Rowe）的拼贴城市理论都可以看作是场所理论的延伸。场所理论的研究增加了自然、社会、人文等诸多因素，以及作为城市设计从物质空间向社会人文转移的城市形象理论。随着场所理论的发展，城市设计开始考虑社会文化和人作为空间使用主体的情感。对于城市地标空间的设计，场所理论强调其所体现的时代背景和社会文化信息。这里所说的场所理论已经开始有了文脉主义的影子。

文脉主义在景观规划中的应用来源于后现代主义的出场，对"文脉"的借鉴展现了建筑与建筑、建筑与城市之间应有的相互关系，以及对这种联系的延展，并演变发展为建筑文化的传承。考虑到本书是从文脉的角度出发研究地标空间设计，故而对文脉领域的已有研究理论也进行了总结和梳理。

美国当代建筑师查尔斯·摩尔（Charles Moore）的"量度无数"理论是建筑文脉的来源之一。他认为，从时间到空间，建筑有四种以上的衡量标准，任何独立的变量如温度、阳光、色彩、心理感受等，都可以成为建筑的衡量标准。这就要求建筑师在相应的环境中分析地理环境、周边建筑、气候特征和场所精神，也就是说，新建筑的创作要遵循历史文脉的关系。

罗伯特·文丘里（Robert Venturi）、柯林·罗则是其他后现代主义的代表人物。

后现代主义主要包括文脉主义、隐喻主义和装饰主义。后现代主义的建筑师们用隐喻和象征主义来表达建筑的意义。象征性的方法是有意义的，如果使用得当，可以使建筑反映出丰富的背景。然而，后现代主义的建筑师在作品设计中更强调技术，而不是象征主义本身，采用非本地的历史和文化符号。另一方面，文脉主义最初只关注建筑周围环境的关联，后来发展到在此基础上关注历史文化内涵，对更深层次的历史文化内涵和建筑环境的持续关注是值得推广的。

代表新理性主义的意大利建筑师阿尔多·罗西（Aldo Rossi）提出了"类型学"的观点。这一理论通过对传统的历史意义的表达，确立了历史和城市生活的延续性，城市建设应该在传统的背景下表达历史意义。与现代主义相比，新理性主义从类型学的角度强调物体与城市发展历史之间的联系。他认为文化背景是由地标和底层建筑组成的。正是通过将人类活动的规律与空间分析相结合，城市空间的活力才能得到加强。新理性主义的积极意义主要表现在城市特色的发展和历史文脉的延续上。

柯林·罗的拼贴理论是指城市发展是连续的，是由不同时代的部分拼凑而成的。从表面上看，拼贴是一种将不同元素重新整合的技术手段，但实际上它包含了"增长"的理念。这种成长是异质事物的融合、转化和组织，是一个有机更新的过程，与文化脉络的发展相一致。

四、国内研究综述

国内对于城市形象与地标性公共环境空间的研究最早可追溯到先秦时期。先秦古籍中最重要的学科著作《周礼·考工记》里提出："匠人营国，方九里，旁三门，国中九经九纬，经涂九轨，左祖右社，面朝后市，市朝一夫。"可见城市形象最早是与城市规划挂钩的，以城市结构的方式来体现。随后，历朝历代根据不同时期的历史政策制定了与之相对应的城市规划思想（表1.1）。

1928年，陈植在《东方杂志》上发表文章，强调了"美为都市之生命"这一言论，自此以后城市形象体现在了城市实体之中，强调了城市美观的重要性。

20世纪80年代，中国开始在建设实践中应用与城市设计相关的理论，但设计理论多以国外设计理论为基础，缺乏系统的、整体的城市设计理论体系。通过阐述有机更新的理论"在旧城开发中要保护旧城历史格局的完整性，保持旧城的平铺的城市特色"[1]，解释了有机更新是使历史街区具有影响力和标志性的唯一途径。吴老先生以广义建筑学的理论框架为基础，探讨了城市设计、建筑设计和景观设计一体化的概念，

---

❶ 吴良镛. 北京的旧城与菊儿胡同 [M]. 北京：中国建筑工业出版社，1994.

表1.1　中国城市规划思想发展历程简表

历史时期	主导规划思想
先秦	筑城以卫君，造郭以守民；匠人营国的方正规矩；礼制秩序；管子因材就势原则
秦、汉	军事防御；封建礼制；城以盛民；秦代沿袭周制而发展；两汉览秦制、跨周法
魏晋、十六国	重天子之威；城市轴线；功能分区
隋、唐	参照魏晋；坊里制度；《周礼》《周易》的综合；宏大华丽；理性秩序
五代、宋、元	市沿海沿江；因材就势；突破坊里；开放空间；《考工记》形制复苏迹象初现
明、清	资本主义萌芽；小城镇兴盛；不拘一格；园林普遍增加；后期城墙逐步瓦解废弃；西方文明渗透；适应经济发展需要；中西规划思想交叠
民国	大城市建设借鉴西方城市规划思想与经验，小城镇延续传统原理
中华人民共和国成立之初	沿袭苏联；重生产、轻消费休闲；规划停滞不前；城市单位组织模式；文化古迹被破坏；三线建设
改革开放	学习西方；引进西方思想；物质规划；区域思想
改革深化	物质规划；工业园建设；重视历史文化；新城建设；公共空间建设
和平条件下全球化竞争与合作	可持续发展；城乡统筹；人文主义；社会公平；文化传承与发展

认为可持续的城市更新和景观设计应该在城市结构和内在发展规律的基础上进行，不断对可持续城市更新和城市发展进行深入探索。

1990年后，国内对西方出现的城市设计思想进行了整合和重新分类，讨论了城市形态与城市设计的关系，总结了物质-形态、场所-文化、生态学和城市空间分析之间的关系，❶并对城市设计的基本分析方法进行了总结。

近年来，国内对地标性公共环境空间的相关研究主要基于城市符号、历史文脉、地理位置等进行分析。从符号学视角出发，将上海以区位、类属、形态、称谓四大地标语义划分，时间以1945年至2019年划分为恢复建设、改革开放、国际化营销、移动互联四个阶段，表现上海地标的特征演变过程和符号语义。❷而从另一视角出发，西方城市空间的"最小"构成单位是基于符号学理论的"地标原型"观点，强调了西方城市空间的宗教意义、连续性和指向性，进一步研究了原型的空间构成，并将其归

❶　王建国. 现代城市设计理论与方法 [M]. 南京：东南大学出版社，1999.

❷　肖竞，胡中涛，杨亚林，等. 符号学视角下上海城市地标公共文化价值演变研究（1949—2019年）[J]. 上海城市规划，2021（5）：103-109.

纳为四个空间特征：建筑塔型、多样性、象征性和非等级性。❶

　　基于历史文脉层面对地标性公共环境空间进行研究。在历史文脉传承上，地标性公共环境空间以呈现城市之美为目的，通过前期的城市或地区历史文化调研后，用草图构思、图稿设计、案例实施等一系列手段，对地标性公共环境空间进行设计。根本而言是通过建筑来传承历史文化，进而对城市进行美化。当前文献从城市文脉传承的角度，分析了城市地标景观建筑的现状，列举了其设计的依据，并以相关的地标景观建筑加以说明，最后提出了共时性和历时性城市文脉传承的设计方法。❷具体从城市文化地标的实践角度出发，则需要对地标的可沟通性进行考量，从三个方面对城市文化地标的可沟通性进行剖析，即物质空间与精神空间、历史存在与当下体验、市民生活和城市认同；将地标分为四种，即历史地理、文化象征、商业开发、游客体验；最后依据以上信息提出城市文化地标的五点建构策略：重构历史记忆、打造特色、弘扬地域（民俗与民族）、渲染互动、融合传播。❸综上，通过对地标景观的文化提取、设计转换而形成具有城市形象的地标性公共环境空间，表现了当下地标性公共环境空间在历史文脉上的传承与发展。

　　基于城市地域性对地标性公共环境空间进行研究。按照历史文化脉络对英国主要城市的地标进行详细解读，展示了国家之间不同的地域文化和城市环境。❹在具体城市，则是通过谈论当前以民间传说为内在形式的雕塑型地标带来的现实艺术与文化的意义，介绍了当前城市地标性雕塑的创作与落成，展现出了地域民间传说文化的普遍性、传承性和发挥性特征，地标性雕塑成为城市中见证时间、空间下历史传承与未来发展的代表性建筑景观。❺综上研究，为城市地标性公共环境空间的地域文化提供了崭新的案例，提出了更具针对性的研究见解，从而促进地域文化上地标性公共环境空间的发展。

　　通过国内的文献可以看出，许多专家与学者从不同的角度出发，对地标性公共环境空间进行了探索，提出了一些颇具启发意义与研究价值的理论见解，推动了城市形象与地标性公共环境空间之间的理论关系的研究步伐。然而，当下对中国的城市形象

❶ 朱文一. 空间·符号·城市：一种城市设计理论 [M]. 北京：中国建筑工业出版社，2010.

❷ 彭李忠. 基于城市文脉传承的地标景观建筑设计方法研究 [J]. 中外建筑，2018（7）：55-57.

❸ 艾文婧，许加彪. 城市历史空间的景观塑造与可沟通性——城市文化地标传播意象的建构策略探究 [J]. 陕西师范大学学报（哲学社会科学版），2021，50（4）：12.

❹ 李立玮. 文化版图：英伦地标 [M]. 北京：中国社会科学出版社，2004.

❺ 李延，孙梦鸽，宋小青. 基于民间传说的城市地标塑造——以孟德武雕塑《曹妃回乡》为例 [J]. 华北理工大学学报（社会科学版），2021，21（6）：142-148，154.

与地标性公共环境空间之间的探讨，更多是表层的理论上的探讨，尚未联系城市形象之下的历史文脉并提出建议。如何根据城市的整体形象对地标性公共环境空间进行多角度、多方位的研究与探讨，仍然是当下需要解决的问题。

第二节
地标性公共环境空间设计研究的思路

一、基于城市形象建设的文化社会"诠释"

《2012中国新型城市化报告》指出，中国城镇化率突破50%，中国城镇人口首次超越农村，城市建设由之前单纯的区域扩张走向城市建设2.0时代，中国城镇化进程已经进入"下半场"，已完成从"土地的城镇化"到"人的城镇化"转变。国家发展改革委印发了《2019年新型城镇化建设重点任务》，其中"推动城市高质量发展"一节着重强调了优化城市空间布局、加强城市基础建设、改进城市公共资源配置、提升城市品质和魅力这几个方面。❶城市发展从规模效应向精细化发展转变，前期的城市快速扩张留下的众多"灰空间"地带如何艺术化修补和提升，如何正向建构城市品牌形象，这些问题显得尤为突出。随着20世纪"空间生产"理论的提出，传播学的视野也逐步拓展落实到空间上，以空间为媒介的传播思潮渐渐被关注。高速的现代化进程使得城市建设趋向同质化，造成"千城一面"的窘状。城市发展从规模效应向精细化发展转变，城市记忆与文脉成为城市形象建构的内核，进而凸显了地标性公共空间建筑的重要性。针对目前地标建筑个性模糊、配套公共空间系统化不足等显著问题，以地标性公共空间为核心的城市形象建构与传播研究变得尤为重要，且正呈现设计学、传播学、文化社会学等多学科融合的研究态势。

从城市公共空间设计的文化社会学研究角度来看，1950年"公共空间"作为特定名词第一次在社会学研究中出现，文化学者将文化社会学方法引入相关研究，将公共领域、人与空间三者关系作为城市空间设计的研究重心（Arendt，1958❷；Habermas，

---

❶ 国家发展和改革委员会. 2019年新型城镇化建设重点任务[R/OL].（2019-03-31）. http://www.ndrc.gov.cn/zcfb/zcfbtz/201904/t20190408_932843.html.

❷ Arendt H. The human condition[M]. University of Chicago Press，1958.

1962❶）。当下，基于学科的研究发展，公共空间设计与城市建设的同构已成为共识，如扬·盖尔（Jan Gehl）以提高城市公共空间品质为目的，从技术方法、法规制度和行政机制三个层面探讨如何建立有效的规划控制系统。❷针对这一现象，国外研究者对传统城市及公共空间设计进行反思与批判（Goffman，1963❸；Gehl，1971❹；Whyte，1980❺），也提出了城市空间设计的不同模式（Breheny，1992❻；Fischer，2001❼）。国内研究者则侧重对现有公共空间品质的反思，或基于日常生活维度的城市公共空间研究，❽并据此提出公共性概念由"官"向"民"转换的大趋势，以及市民参与公共空间设计的新思路。❾

　　从城市地标性建筑的设计学研究角度来看，20世纪80年代，"城市地标"概念自美国传入中国。西蒙兹指出，环境景观中心作为地标，可以通过设计来保护与强化。❿20世纪90年代，大量学者从总体空间布局、道路与工程系统规划等层面入手，提出了城市可持续发展的不同模式。21世纪以来，我国学者提出"视觉连续曲带型""开敞空间视域型""视觉通廊汇聚型"等视景空间模式，⓫对当前我国城市地标的症候作了梳理，如城市特色丧失，忽视历史传统及文化内涵，保护、更新和开发不协调（王金鲁，2000⓬；郑加华，2004⓭；邓力，2019⓮）。

　　从城市形象的建构与传播学研究角度来看，21世纪初，城市媒介化成为城市设计的重要议题。佐藤卓己提出了"作为媒介的城市"，将城市视为沟通私人领域和公共

❶ Habermas J. Strukturwandel der fentlichkeit[M]. Luchterhand，1962.
❷ Gehl J，Svarre B. Public Life Studies and Urban Policy[J]. How To Study Public Life，2013：149-160.
❸ Goffman E. Behavior in Public Places：Notes on the Social Organization of Gatherings[M]. Free Press，1963.
❹ Gehl J. Livet mellem husene[M]. Danish Architectural Press，1971.
❺ Whyte W H. Street Life[J]. Natural History，1980，89（8）：62.
❻ Breheny M. The Compact City：An Introduction[J]. Built Environment，1992，18（4）：240-246.
❼ Fischer F. Citizens，Experts，and the Environment：The Politics of Local Knowledge[M]. Duke University Press，2001.
❽ 徐宁，王建国. 基于日常生活维度的城市公共空间研究——以南京老城三个公共空间为例[J]. 建筑学报，2008（8）：45-48.
❾ 龙元. 公共空间的理论思考[J]. 建筑学报，2009（S1）：86-88.
❿ Simonds J O. Earthscape：A Manual of Environmental Planning and Design[M]. Wiley Imprint，1986.
⓫ 程亮. 标志性建筑的视景设计研究[D]. 西安：西安建筑科技大学，2008.
⓬ 王金鲁. 保护北京城市标志性历史文物的建议[J]. 北京规划建设，2000（4）：58.
⓭ 郑加华. 地标景观的生成及意义探析[D]. 武汉：华中科技大学，2004.
⓮ 邓力. 基层党建引领社区治理研究——以江汉区Y社区为例[J]. 理论观察，2019（3）：24-26.

领域的媒介，❶麦奎尔也提出了"媒体城市"概念。❷国内学者主要聚焦媒介与城市关联的研究，将城市文化空间景观视为城市文化的重要荷载介质，❸从城市空间与媒介空间的意义、关系、影响等角度进行城市空间形象传播研究（黄怡静，2012❹；殷晓蓉，2014❺），提出了城市空间融合物质性、关系性以及历史文化等多维传播意义（孙玮，2011❻；刘娜，2017❼）。

　　本书主要从设计学视域审视城市形象与城市地标性公共环境空间之间的关系问题。以城市地标为切入口，融合了设计学、传播学、文化社会学等多学科理论。

　　从设计学方法入手，厘清城市地标性公共空间与城市形象的关系。首先，将公共空间设计上升到城市品牌设计高度，进而探索城市形象的多维化设计策略，传播城市形象强符号。其次，阐明城市公共空间景观视域中的地标性空间与城市形象的对接关系，强化城市形象塑造过程中视觉审美的重要作用。最后，归纳城市公共空间承载城市形象的多种维度，指导城市管理者从城市形象的战略高度将城市公共空间作为地标形象，并提出规划改造意见。

　　从传播学方法入手，阐释城市公共空间在城市形象传播中的价值。从传播主体研究，以媒介视角探索城市形象，包括其意义生产、形象传播、媒介整合等。从传播客体研究，探索如何共享公共空间的意义、强化集体的空间感知、拉近市民情感距离等。从传播内容研究，包括城市如何承载意象文本，如何编码新的城市符号意象文本等。

　　从文化社会学方法入手，建构城市公共空间塑造城市形象的策略与途径。将中国城市公共空间的空间媒介现状及传播模式作为研究重点，并依据团队前期研究数据基础，以上海、广州、重庆、武汉等城市为例，分析现代城市公共空间建设中城市形象建构意识不足的原因，探索通过地标性公共空间塑造和传播城市形象的策略与途径，为地方政府在城市建设与管理中提供引导思路与理论依据。

　　本书遵循设计学研究范式，坚持传播学研究的方法论取向，按照城市形象理论的逻辑框架，选择城市地标性公共环境空间作为研究对象，探究两者间的逻辑关系，揭

❶ 佐藤卓己. 现代传媒史 [M]. 诸葛蔚东，译. 北京：北京大学出版社，2004.

❷ McQuire S. The Media City：Media，Architecture and Urban Space[M]. Sage Publications Ltd，2008.

❸ 刘合林. 城市文化空间解读与利用：构建文化城市的新路径[M]. 南京：东南大学出版社，2010.

❹ 黄怡静. 媒介呈现的空间生产与正义 [D]. 上海：复旦大学，2012.

❺ 殷晓蓉. 媒介建构"城市空间"的传播学探讨 [J]. 杭州师范大学学报（社会科学版），2014，36（2）：118-124.

❻ 孙玮. 多元共同体：理解媒介的新视野 [J]. 新闻记者，2011（4）：15.

❼ 刘娜，张露曦. 空间转向视角下的城市传播研究[J]. 现代传播（中国传媒大学学报），2017，39（8）：48-53，65.

示其中发展的规律，进一步讨论城市地标性公共环境空间建构的经验，并在此基础上反思未来城市地标性公共环境空间发展的路径依赖。本书致力于从学理上为城市地标性公共环境空间提供一种分析路径，力图超越个案，把城市地标性公共环境空间的特殊性与理论的普遍性相联系，丰富和延伸城市地标性公共环境空间研究，为城市地标性公共环境空间建设与发展提供一个鲜活的个案和回答。

二、地标性公共环境空间设计发展的文化"探究"

（一）文献研究

文献研究法主要指搜集、鉴别、整理文献，并通过对文献的研究形成对事实的科学认识的方法。文献研究法是根据一定的研究目的或课题需要，通过查阅文献来获得相关资料，全面、正确地了解所要研究的问题，找出事物的本质属性，从中发现问题的一种研究方法。文献研究法是课题研究中最常用的方法，几乎所有的课题都要先进行文献研究。文献研究法在探究学习中有很大的作用，它可以帮助我们了解有关问题的历史和研究现状，从而为我们确定课题提供参考。本书立足国家形象建构，解析城市地标性空间与城市形象建构的强关联性，进而进行多学科的融合性理论解析与提炼。

（二）案例研究

案例研究法是实地研究的一种。研究者选择一个或几个场景为对象，系统地收集数据和资料，进行深入的研究，用以探讨某一现象在实际生活环境下的状况。适合当现象与实际环境边界不清而且不容易区分，或者研究者无法设计准确、直接又具系统性控制变量的时候，回答"如何改变""为什么变成这样""结果如何"等研究问题。同时，此方法包含了特有的设计逻辑、特定的资料搜集和独特的资料分析方法，可采用实地观察行为，也可通过研究文件来获取资料。研究更多偏向定性，在资料搜集和资料分析上具有特色，包括依赖多重证据来源，不同资料证据必须能在三角检验的方式下相互印证，并得到相同结论；通常有事先发展的理论命题或问题界定，以指引资料搜集的方向与资料分析的焦点，着重当时事件的检视，不介入事件的操控，可以保留生活事件的整体性，发现有意义的特征。相对于其他研究方法，其能够对案例进行厚实的描述和系统的理解，对动态的相互作用过程与所处的情境脉络加以掌握，可以获得一个较全面与整体的观点。本书将上海、广州、重庆等城市公共空间作为案例典型，分析城市形象与城市公共空间环境设计之间的关联性，了解城市形象对公共空间环境设计的影响。

（三）田野调查

田野调查指所有实地参与现场的调查研究工作，也称"田野研究"，它被公认为人类学学科的基本方法论，也是最早的人类学方法论。它是来自文化人类学、考古学的基本研究方法论，即"直接观察法"的实践与应用，也是研究工作开展之前，为了取得第一手原始资料的前置步骤。本书将武汉作为田野调查的对象，分析城市公共空间环境设计对城市形象建构的价值意义，制定符合城市文化调性的地标性空间分层设计策略。

（四）内容分析

内容分析是大众传播研究的内容和方法之一，通过对大众传播内容量和质的分析，认识和判断某一时期的传播重点，某些问题的倾向、态度、立场，以及传播内容在某一时期的变化规律等。美国传播学者伯纳德·贝雷尔森（Bernard Berelson）在研究内容分析时指出："内容分析是一种对传播内容进行客观、系统和定量描述的研究方法。"在进行内容分析时，研究者必须排除个人主观色彩，从现存的材料出发，追求共同的价值观；必须将所有的有关材料看成一个有机的整体，对材料进行全面、系统的研究；用数学统计方法，对所研究的材料进行量的分析。此外，内容分析也不应排除定性分析，即根据所得到的材料和数据进行一定的逻辑推理和哲学思辨。内容分析一般要经过选择、分类、统计三个阶段，可采取以下三种做法：一是记录或观察某一传播媒介在某一时期的传播内容；二是对同一传播媒介在不同时期所报道的内容进行分析和比较；三是对同一时期的不同传播媒介就同一事件或同一题材所报道的内容、方式、方法等进行分析和比较，找出异同。本书对城市公共空间进行多维度研究，解析其在空间媒介层面呈现的信息，并由此提炼、建构城市公共空间承载城市形象的维度系统。

三、地标性公共环境空间设计发展的文化"图景"

为了使研究成果更为直观与易于理解，本书主要在四个方面做出努力。

第一，聚焦深度整合城市品牌形象建构与城市地标性公共环境空间建设。首先从城市形象纬度出发，从理论视角分析构成现代城市形象的各个要素，并将城市形象进行比较与分类。其次深入挖掘城市形象的历史演变，对当前城市形象至城市品牌形象的发展演变做出整体性的概述，使城市形象在研究过程中的脉络布局清晰明了。

第二，基于城市景观形象设计做出分类与整合。从设计学视角出发，结合城市形象，对不同等级城市的景观形象进行归类、总结与分析，了解不同城市景观所表现的设计手法与承载的城市文化。

第三，结合城市形象，对地标性公共环境空间做整体阐述。从城市文化属性与设计原则两个维度入手，归纳整理城市独特文化意象，为建构能容纳历史底蕴、文化特性与历史记忆的城市品牌形象设计新的方法体系。

第四，对城市地标性公共环境空间进行案例分析。首先，对案例城市公共空间进行选择分析，兼顾空间的合理性和整体性；其次，注重人性化和可持续性，突出视觉性和艺术性原则，探索打造地标性城市公共空间的方法；最后，选取武汉作为代表城市，提出概念性改造建议，为中国城市建设发展及城市公共空间的改造和再利用提供借鉴。

CHAPTER TWO

第二章

理论视角：城市形象的
文化社会性

城市形象已经成为世界范围内普遍关注的问题，随着时代的发展，越来越多的国家开始注重城市形象的建设。21世纪本就是品牌竞争的世纪，唯有树立品牌、营造良好形象才有可能成为竞争的胜者。美国广告研究专家拉里·莱特（Larry Light）曾说过：全球已经进入"品牌大战"时代，拥有"品牌"比拥有工厂更为重要。

当下社会生活中，"品牌形象"逐渐成为消费者甚至是开发商无比重视的一项核心内容。一种商品一旦被确立为"品牌"，它所拥有的内涵便开始超越其外在的物理特质，套上了某种象征性意义的光环，成为品牌与消费者达成合作的"标志"。城市也是如此，在不断发展演进的现代，城市化的发展早已进入了一个全新的阶段，我们通过多学科的相互结合来探讨城市的发展。本章将城市形象与城市形象美学作为主体，从整体层面出发对其进行相关论述。

第一节
现代城市形象概念与本质

一、现代城市形象概念

每个城市都有其发育、成长的母体和土壤，都有它独特的个性或区域特征。自然地缘、环境形态、绿色生态、历史文化、城市区位和经济发展水平等要素，在城市的人间、空间与时间的共生共存中赋予了不同城市迥异的面貌与特征，在此基础上就诞生了"城市形象"。❶

现代城市形象是城市以其自然地理环境、经济贸易水平、社会安全状况、建筑景观、公共设施的完善程度、法律制度、政府治理模式、历史文化传统，以及市民的价值观念、生活质量和行为方式等要素作用于社会公众，并使社会公众形成对某城市认知的印象总和。❷作为一种无形的战略资源，不断成为城市发展进步、经济长足发展的制胜关键与重要力量。与此同时，一个城市形象的形成与发展，不是一朝一夕就能完成的，而是需要很长时间去积累和沉淀。所以，从某种意义上讲，城市形象的建设也是一项长期的工作，而非一时的工程。然而，现实中却存在着很多问题。城市形象是城市的一张名片，而一些城市则因为不重视和不投入城市形象而造成了一些问

❶ 成朝晖. 人间·空间·时间：城市形象系统设计研究[M]. 杭州：中国美术学院出版社，2011：13.

❷ 董晓梅. 关于曲靖城市形象塑造的思考[J]. 曲靖师范学院学报，2012，31（5）：11-13.

题：忽视了环境建设，破坏了自然环境、景观效果；忽视了城市文化建设，破坏了文化氛围；忽视了制度保障体系建设以及基础设施维护工作。这一切都不能仅仅靠经济社会发展来解决。从某种意义上讲，政府只有通过"规划"（包括科学和艺术）、"投入"（包括财力、物力与人力）、"建设"（包括法律保障与制度规范）和"维护"（包括管理制度与秩序）等方面来改善城市的物质环境、生态环境和社会文化环境，才能最终实现提高城市形象这一目标。

（一）关于城市形象的理解

所谓城市形象，是指一个人们认为城市中的事物所呈现出的"形象"。"形象"本身又是一个美学概念，"感受性"应该是一个很重要的标准。❶城市形象由城市方方面面的事物构成，而方方面面的事物都有自己的"形象"，凡成型，某个特定城市的事物就会被"烙上"这个城市特有的"印迹"，这些印迹是由这个城市的地域文化独特印记所决定，当这些带有印记的事物汇聚在一起的时候，这个城市的"形象"就会浮现出来。

城市形象是该城市以物质和非物质为载体的各种信息向人们传递与交流的外在形式和综合反映，是由这个城市的人间、空间与时间共同建构的，有别于其他城市的，代表该城市特质的整体形象。❷英国城市形象设计专家弗·吉伯特指出："城市由街道、交通和公共工程等设施，以及劳动、居住、休憩和集会等活动系统所组成，把这些内容按功能和美学原则组织在一起，就是城市形象设计的本质"。❸

把城市形象设计引入规划、建设、管理系统，城市形态、自然环境条件、建筑物、城市节点空间、街道、城市绿化等内容精雕细刻，能够直接改善城市的视觉印象。同时，把城市形象设计延伸至城市产业、企业、产品、企业家发展以及城市文明建设等各个领域，丰富城市形象内涵和社会带动效应。❹由于城市是复杂的多因素、多侧面的综合体，城市形象的呈现是丰富的。

（二）城市形象与城市印象

每一座城市或多或少都会给过往的人们留下关于这座城市特征的印象。人对形象

---

❶ 周睿雅. 城市形象设计中视觉符号的语义学阐释[J]. 设计，2015（5）：39-40.

❷ 陈柳钦. 城市形象的内涵、定位及其有效传播[J]. 湖南城市学院学报，2011，32（1）：62-66.

❸ 贾杜娟，陆峰. 铁画艺术在芜湖城市形象设计中的应用[J]. 宜宾学院学报，2013，13（1）：122-125.

❹ 罗静. 关于节事活动对城市形象设计研究——宜春打造亚洲锂都为例[J]. 大众文艺，2011（20）：80-81.

的感知源于感觉与知觉。从城市艺术角度分析，审美感觉和审美知觉是感知城市形象的认识基础。❶人们在体验城市形象时，总是以城市形象的感性材料作为形象认识的起点，通过对城市的亲身体验，通过视觉、听觉、触觉、味觉、嗅觉等各种感觉以及通感感知外界事物，形成具体的感性印象。这些表象材料所构成的"城市印象"是在人们大脑中形成"城市形象"不可缺少的因素。

城市形象是城市自然存在与人为创造的双重结果，取决于城市的综合资源，再现于公众的共同认知与综合评价。而城市本身的综合性决定城市形象属于"文化"范畴，具有广泛性。而城市印象是一种个人意识，属于个人的"心理"范畴，具有个体性。

（三）关于城市形象的认知和价值判断

1.主观性倾向下的城市形象

对城市的认识具有主观性倾向。认识性的认知包含了收集、思考、组织和保留信息。人们认知城市的形象还包含着个人对城市的情感。情感性的认知包含了人们的情感，它可以影响人们对城市的认知。同样，对城市的认知也影响着人们的情感。

城市是人类精神的家园，是人类的一种理想，但也是人类难以企及的一种境界。在现代社会，随着城市化进程加快，生活方式与社会结构不断发生着变化和发展。城市已经不再是过去生活的那个城市了。在每一个人的心中都有向往的城市，在每一个人的心中都有对自己居住过的城市的依恋、怀旧和特有的情愫。城市与以往生活过的城市之间存在差异，这种差异之美最易叩击人们的心扉，并表现为某种形象留在人们的心中。

2.传播媒介在城市形象建构中的角色

城市形象的认知还包含着源自城市在人们心中的某种心理定势的外在评价和联想，即判断性的，包含了价值、偏爱以及"好"与"坏"的判断。

世界或中国的一些著名的城市，已经有一定的形象知名度，其城市形象容易在人们心中形成某种心理定势的外在评价。这些评价的形成往往来源于日常生活中接触到的一些传播媒介，如报纸、电视、宣传片等，它们往往会成为城市形象的承载者。大众之所以需要信息传播事业，是因为可以从中获得与生产、生活相关的各种信息。❷信息的获得可以消除人们对周围环境信息变化的不确定性，从而协助人们作出有利于自己的决策、判断，并与周围的人或事互动，以更好地在社会中存活。

传播媒介最基础、最重要的功能就是传播信息。媒介社会化时代，与城市品牌建

---

❶ 成朝晖.城市形象的认知与表述[J].新美术，2008，29（6）：100-102.

❷ 郑保卫.当代新闻理论[M].北京：新华出版社，2003：208.

构相关的政治、经济、文化等各类信息，主要借助大众媒介传递给社会公众。社会公众通过媒介传递的信息了解城市、观察城市、感知城市，从而形成对一个城市的综合评价和总体印象。也就是说，通过信息的传递，传播媒介建立起一个社会大众了解城市的途径，成为大众感知城市魅力的纽带，也成为城市展示自我形象的窗口。

（四）城市形象的构成

1.城市建筑

城市建筑是城市形象的重要组成部分，建筑的样式和特征也是反映城市面貌的主要载体。建筑作为文化的符号，是凝固的艺术。有一句话是这样描述的："如果没有巴塞罗那，西班牙将失去她一半的色彩。如果没有高迪，巴塞罗那将失去她一半的色彩。"可见建筑艺术在这座城市中的分量举足轻重。现代西班牙建筑集大成者非安东尼奥·高迪莫属，他创作的米拉公寓和巴塞罗那圣家族教堂，堪称西班牙历史上最伟大的建筑，每年吸引着世界各地数百万人膜拜。图2.1展示了高迪通过现代建筑手法夸张地表现了西班牙多元、神秘、奇异的文化艺术传统。可见，建筑的好坏决定了一个城市现代文明程度的高低。这不仅要求在城市中建设大规模的现代化建筑样式，体现极高的科技水平，更为重要的是，应该表现一种对传统文脉的继承和发扬。

图2.1　高迪设计的巴特罗之家

2.城市道路

道路是人们穿行城市的主要移动路线，可将道路分为步行和交通运输两大类型。传统的街道形式与现代道路有着显著的区别。在尺度和形式上，由原先的狭窄步行通道以及曲折不规则的道路系统，逐渐过渡到现代化的宽敞几何布局和立体交叉路网体系，这在很大程度上改变了传统道路的职能，由喧闹的聚会空间演变为一种以穿过性为主的交通空间（图2.2）。理想的交通道路在满足交通运输和出行需要的同时，还会带给人们美的感受。在城市化水平不断提高的今天，城市道路在经济发展中的作用日趋增强，人们对道路的期望值也越来越高，现代城市道路成为城市形象构成的重要元素。

图2.2　法国的道路

3.城市边界

城市边界是分隔不同城市或者城市与乡村的重要界线，一般带有极强的防御功能。温莎城堡位于英国泰晤士河南岸的小山丘上，距伦敦近郊约40千米，是一组花岗石建筑群，气势雄伟，挺拔壮观。最初由威廉一世营建，目的在于保护泰晤士河上来往船只和王室的安全，自12世纪以来一直是英王的行宫（图2.3）。有时，城市边界是模糊和不确定的，它也会随着城市的不断扩张而产生相应的变化。然而，现代城市更加趋向要求建立明确的城市边界特征，以区分不同地域的风貌，并利用明确的边界限制城市规模的盲目蔓延。

图2.3　温莎城堡

4.城市节点

城市中的"节点"就是人群活动的集散地，比如广场、公园、大型绿化等。城市广场在宏观上与生态山体、水系、公园、都市绿地空间一道构成城市开放空间体系，这一体系在微观上体现为市民步行道、标志、树木、座椅、植栽、水景、铺地、凉亭、垃圾桶、饮水泉、雕塑等。

城市节点作为一个公共性的开放活动空间，其基本功能是必须提供场所给市民开展各种休闲、运动、娱乐、集会等活动。因此，广场应拥有良好的交通可达性和各种可利用的设施，体现出最大的公共性。换句话说，作为城市的战略性焦点，城市节点应是一种社会活动场所，是城市开放空间物质形态中重要的组成部分，具有明显的形象特色，它会起到吸引人流以及突出城市面貌的作用（图2.4）。城市节点可以是建筑物的组合，也可以是开放的广场空间。它对人群的集聚和城市内部功能的完善起到重要作用，是城市设计中的重要地块。在一定的区域内，进行集中的商业开发，形成人流聚集的城市节点。

图2.4　城市节点

图2.5　城市中人欣赏音乐的活动需求

图2.6　巴黎埃菲尔铁塔

5.人的活动

人的活动是城市的可变元素，对城市形象也会起到影响。与其他静态的构成元素不同，人的活动无时无刻不在变化，任何不尊重当地居民的设计行为必然面临着失败的境遇。❶因此，对某一民族生活习惯和风土人情的详查，是城市形象研究的重要基础。图2.5可以看出，一切城市的形象改造都或多或少地体现出人们生活的需求，同时，城市形象的成功又离不开人的活动的反作用。

6.城市标志物

城市标志物通常是由艺术作品构成，它的形象、大小和色彩变化在城市中起到重要的引导和指示作用。标志物的形象特征不仅代表着人们的某种审美取向，同时往往还是一个时代的写照，反映了特定民族的内在文化气质。标志性建筑的基本特征就是人们可以用最简单的形态和最少的笔画来唤起对它的记忆，一看到它就可以联想到其所在城市乃至整个国家，就像悉尼歌剧院、巴黎埃菲尔铁塔、北京天安门、意大利比萨斜塔、东京塔、纽约自由女神像等世界上著名的标志性建筑一样。

标志性建筑是一个城市的名片和象征。法国巴黎城市地标埃菲尔铁塔（图2.6），作为世界建筑史上的技术杰作，曾经保持世界最高建筑的称号45年。它显示出法国人异想天开式的浪漫情趣、艺术品位、创新魄力和幽默感，代表着当时欧洲正处于古典主义传统向现代主义过渡与转

---

❶ 冯辽.北京城市中轴线形象设计研究[D].北京：北京工业大学，2010.

换的特定时期。而中国台湾的台北101大楼（图2.7）为台湾省经济发展的重要指标之一，是台北市标志性建筑之一，多家跨国企业进驻，形成台北信义区商圈，带动了台北的金融贸易。自由女神像（图2.8）则是法国在1876年赠送给美国独立100周年的礼物，位于美国纽约州纽约市哈德逊河口附近，是美国自由岛的重要观光景点，也是美国纽约州的城市地标。

图2.7　台北101大楼　　　　　　　图2.8　纽约自由女神像

7.城市空间及其组合关系

空间及其组合关系，是与城市建筑相关联的城市形象要素。空间虽然在形式和建筑围合程度上易为人所感知，但是空间及其组合所传达出的更深层次的特定文化内涵却是空间的重要意义所在。

城市是由形状不同、尺度不一的空间系统组织起来的，建筑与空间有着密切的联系，在建筑表皮内外均有空间存在，它是组成城市的重要形象特征。英国伦敦的泰特现代美术馆（图2.9），与传统的美术馆不同，泰特现代美术馆并未按年代编排方式陈列艺术品，而是把艺术品分成历史-记忆-社会、裸体人像-行动-身体、风景-材料-环境、静物-实物-真实的生活四大类，分别摆放在3楼和5楼的展厅内。这种陈列展品的方式可以使观众围绕一个主题在同一个空间穿越。德国汉堡的易北爱乐音乐厅（图2.10）矗立于城市与港口之间，将从前的码头仓库与新颖的玻璃结构和弧形屋顶合为一体。建筑内除了设有3座音乐厅外，还拥有豪华酒店和公共观景平台。平台的开放式设计凸显出汉堡这座德国新地标建筑作为"一个面向所有人的音乐厅"的特点。

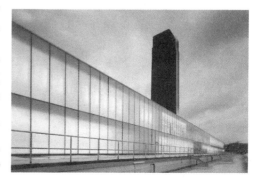

图2.9　伦敦泰特现代美术馆

图2.10 汉堡易北爱乐音乐厅

二、现代城市形象本质

何为城市？城市，这一概念古已有之。在最早的农业社会中，"城"与"市"是两个不同的概念。"城"，是指一种大规模的、永久性的防御组织，以实体的城门、城墙、城楼为标志，最初用以防御野兽侵犯，后来则演变为防御外敌侵袭。进入集权社会后，城及其所在的地域、居民、军队等共同构成特定行政单位的空间载体。"市"，则是一种经济活动，早期是指物质交换活动，后来特指物质交换活动进行的场所。在通用货币出现之后，则演变成以金钱交换物品的场所，如"集市""马市"等，又如欧洲早期的奴隶交易市场、兵器交易市场等。"集市"的位置常在居民点的井旁，故有"市井"之称。

随着经济的发展，人口、交通、资源等逐渐向"城"集中，于是"城"和"市"在地理位置与社会功能上逐渐合为一体，演变为"城市"，成为人口、工业、商业和贸易的集聚之地。城市也逐渐与农村脱离开来。城市是市民进行生活起居的特定物理区域，也是国家执行政治职能的基本行政单位。传统的城市职能无外乎"政善于内，兵强于外"，是指城市应当对内行使对民生的改善职能，对外行使对城池的保护职能。

在商业化浪潮汹涌而至的今天，城市对外的武力竞争职能被商业竞争职能所替代。随着经济的发展和科技的进步，城市从资源导向型的硬实力竞争逐渐转向了资源导向型与文化创意导向型相结合的综合实力竞争。同种类型、相似实力的城市之间，城市的知名度、辨识度和影响力成为关键的要素。就是在这样的背景下，商业化的"城市形象""城市品牌"概念被引入城市发展之中，城市形象的概念才应运而生。城市如何打造自己的形象，将自己做成一个具有竞争力的商品，就成为城市领导者和规划者必须面对的问题。

（一）城市形象下的城市文化

城市形象理论是建构在"形象"与"文化"的意义上的。就城市而言，形象不是一个简单的可供辨认的符号性标志，而是人文精神的集中体现。"文化"是一个内涵丰富、外延宽广的多维概念。文化成为城市延续的纽带。一个城市所在的空间不仅仅是独立的地理区域，同时，每一个城市都存在着深层次的独立文化。自然的和人文的影响越是多样化，城市形象的集聚性就越是复杂，也越是独特。因此，一个城市的形象是否具有吸引力和竞争力，重要的是看这个城市的文化资源、文化氛围与文化发展水平。

城市文化随城市的产生、发展而逐步形成。城市文化的延续过程，记载着城市的过去，叙述着现在，预示着未来。城市文化是城市的文化品位、文化氛围、文化群体、城市人的文化修养、文化硬件设施及文化活动等各种文化要素构成的总和。

（二）城市形象与城市文化的关系

城市，不仅是有形象的，而且是有理论的，城市形象的系统设计受到本城市地域文化的"心理"要因的制约。从文化与形象的意义上对城市进行总体的设计，进行一种美学的思考，使得城市形象更好。一座城市是一部文明的进化史，是历史的缩影，更为直接的是，城市还保存着人类历史文化的精华和现实的精华。人类社会的终极追求是文化，城市的本质功能也是文化。

城市文化是城市形象的根之所系，脉之所维。每一座城市经历时空的旅程，都有自己的历史值得去深入挖掘，有珍贵的历史遗迹需要保存，有历史脉络待延续和完善。城市是有灵魂和记忆的生命体，它存在着、生长着，不断给予人类以舒适、便利以及精神上的慰藉。环顾世界，凡是能够在人们脑海中留下深刻印象的城市，都有它们独特的文化符号，这也是一个城市参与全球城市竞争的巨大优势。尼泊尔首都加德满都，是一座拥有一千多年历史的古老城市，它以精美的建筑艺术、木石雕刻而成为尼泊尔古代文化的象征（图2.11）。历代王朝在这里修建了数目众多的宫殿、庙宇、宝塔、殿堂、寺院等，在面积不到7平方千米的市中心有佛塔、庙宇250多座，全市有大小寺庙2700多座。

图2.11　尼泊尔首都加德满都

（三）城市文化对城市形象塑造的意义

城市文化优势正在成为城市形象竞争的比较优势，富有魅力的城市文化无疑将提升一个城市参与国际竞争的能力（图2.12）。

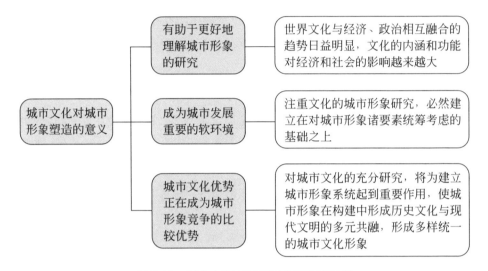

图2.12　城市文化对城市形象塑造的意义

（四）城市形象与城市文化的涵容与选择

城市本身就是文化遗产。城市是人类社会发展的加速器和文化进化的容器。人类文化的发展具有两种选择模式，一种是替代性，一种是积累性。城市形象的塑造，也是在塑造城市文化，是"城市文化资本"的增值性经营。城市形象的构建是一个积极的、主动的过程，需要城市的经营者通过政治、经济、文化手段明确所要传播的城市形象的内涵。这如同一个商业品牌的创建过程，在投放广告和市场营销之前，商业决策者必须首先明确产品定位。

同样，在城市形象的构建和营销过程中，首先需要明确的问题是，传播者所要传递的理想中的城市形象是什么？在打造形象的时间线上，构建以传播者为出发点的城市形象，是城市形象构建过程的第一步。其次，从城市品牌化的过程以及城市经营者（包括政府、专家、居民等）的角度来看，意味着以商业的眼光来审视和运作城市品牌，树立城市形象。在这一过程中，城市不仅仅是一个行政区域，更是一个巨大的商品。作为商品的城市具有先天的巨大优势，因为任何城市，不论大小，都具备不同程度的政治能力、经济水平、历史积累和人力资源汇聚。

同时，城市本身对周边地区的人、财、物等都具有一定的吸引力，是人员流动和商品流动的向心之力和枢纽之地；更重要的是，任何城市都处于不断变化、互相联系、持续发展的体系中，与周边城市的关联、与自我历史的沿革或创新，都是城市源源不断的动力。因此，城市形象的塑造周期要远远长于一般的商业品牌，这就为城市形象的建构和营销提供了更为充分的时间和空间范围。

值得注意的是，要避免为了挖掘城市文化而陷入城市文化过大的"泛文化"泥潭，使城市形象的塑造缺乏个性。对文化资源的挖掘需要一个扬弃的过程，文化自身的扬弃，是文化形态的发展具有否定之否定的普遍形式，体现了随着社会生活实践的变化，人们创造文化形态，并通过继承、批判和不断创新相统一的方式推进文化的发展，使之实现新陈代谢的螺旋式上升的客观过程。

第二节
现代城市形象内容

一、人与城市

（一）人是城市的初始与归属

人聚成群，众居而成社会，生生不息。人间，就城市形象而言，是将人的形象塑造置于城市现代化的整体背景之下，与人的一切活动相联系而呈现的面貌。市民是城市品牌形象最直接的体验者和检验人。由于他们身居城市，其日常生活本身就是对城市品牌的亲身体验。同时，市民本身就是城市最大的、最稳定也是最具持续性的消费群体，他们对城市形象的感受度和满意度是品牌形象识别最重要的组成部分之一。

城市形象的建设需要将城市受众感知放在第一位。营销学家戴维·阿克（David A. Aaker）认为品牌是关于产品或者服务的，是企业在公众头脑中通过各种活动共同作用，并生成一系列独特联想的功能、情感和自我表现等战略性（识别）要素的多维组合。❶ 从顾客的视角来看，品牌被认为是顾客对价值和质量的感知，是联想和感觉的集合。❷ 由于品牌存在于顾客的头脑之中，品牌管理者就需要重视顾客的感受和顾客对品牌的各种评价。甚至有一些研究者认为城市品牌与产品品牌相比，城市品牌的主观

---

❶ Aaker D A. Building strong brands[J]. Brandweek，2002，58（2）：115-118.

❷ Kavaratzis M，Ashworth G J. City branding：an effective assertion of identity or a transitory marketing trick?[J]. Tijdschrift voor economische en sociale geografie，2005，96（5）：506-514.

性更强。城市的顾客，也就是城市的"受众"，常常根据搜集或者感受到的各种城市信息来评价这个城市。

一座有生命力的城市必须是以人为本的，城市发展的关键是人。人是城市的主人，又是城市的体验者，也是城市的创造者。人是推进城市发展的核心，是城市化进程中最具活力和最富有创新能力的细胞。城市需要为人的生存质量创造条件，城市也应该成为人类创新和创造的温床。人的生活、工作等往往与城市的发展密切互动，城市的个别社会底层群体为了证明自己的价值，愿意把自己与城市联系在一起。

在打造城市形象的过程中，仅仅关注这个城市的资源是什么、特色是什么、优势是什么是远远不够的，一定要在此基础上考虑城市的"人"需要什么样的资源、什么样的特色、什么样的优势。对城市品牌来说，最重要的东西就是受众眼中的城市形象是什么样的。真正的城市品牌存在于城市受众的内心和想法当中。如同凯文·林奇所说："城市不是为某一个人建造的，而是服务于众多背景、性格、职业、阶层各个不同的人"。❶

城市品牌的主体消费者是所有曾经、现在或潜在的居民、求学者、投资者和观光者。这一庞大的群体决定了城市品牌建设的复杂性和艰巨性，即必须为不同层级、不同背景、不同关联度的人提供一个统一化的、一致性的、具有辨识度的意象，使得任何人都能够在相似的语境中借由特定的符号联想到该城市形象本身。

城市形象是市民的骄傲，也是一种潜在的精神动力。良好的城市形象可以培养市民对城市的一种归属感，可以把市民的命运紧紧地与城市发展相联系，促使市民为城市的发展做出贡献。通过对城市自有资源和未来发展方向的整合（形象定位），通过城市软件环境建设、城市硬件环境建设、城市内部品牌塑造以及城市整合传播与宣传等（传播渠道），作用于城市居民、求学者、观光者、投资者等内外部关联人（受者），使他们对城市的心理认知与品牌形象融合，从而逐步树立起城市的知名度和影响力。

（二）人间生态圈是城市的行为文化主体

人是一种生成的存在物，人的活动是城市的可变元素。自然人是人生成的基础，社会人是人生成的状态，文化人是人生成的理想，这三种特性共存于每个现实的个人身上。人作为一种有目的的存在物，人的生存目的首先是谋生，保证自身物质的存在，在生存的基础上，人还要追求精神文化，而文化的创造是无止境的。❷

---

❶ 张鸿雁. 城市形象与"城市文化资本"论——从经营城市、行销城市到"城市文化资本"运作[J]. 南京社会科学，2002（12）：24-31.

❷ 王德军. 论人的文化生成[J]. 商丘师范学院学报，2006（6）：8-12.

一切城市形象的塑造或多或少地体现人的需求，又规范人的社会与生活空间，同时，城市形象的成功又离不开人的活动的反作用。

（三）"天人合一"的城市生态观

人类发展历程中，城市是人的活动、生活、生存的场所，它承载着人们创造物质财富和精神财富的理想与追求，是现代城市发展的主要形态。但与此同时，由于城市化进程加快，环境污染严重、资源紧张等导致城市空间功能布局失调或者空间结构失调，城市地域范围内经济、社会发展与自然环境之间的矛盾日益突出。同时，随着城市化进程的加快，人们生活方式不断改变、工作压力不断增加、消费需求日益多元化等加剧了城市"生态危机"和"生态灾难"的发生。中华传统文化中对人与自然和谐共生是很重视的，如何协调社会生态和自然生态之间的矛盾，就成为未来城市发展中面临的重大问题。

城市是人赖以生存发展的空间，是受到人为活动影响的生态实体。从生态的角度看，城市是特定地域范围内以人的精神为主导，以城市空间为依托，以时间流动为载体，以城市文化为动力，以社会体制为经络，由整体系统构成的人工生态综合体，是一个开放的社会生态和自然生态两重含义复合的生态系统，是人与自然"共生思想"在城市发展中的具体体现。社会生态和自然生态将人、城市和地球三者环环相扣，这种关系贯穿了城市发展的历程，也将在未来日益融合成为一个不可分割的整体。❶

二、空间与城市

（一）城市的物质空间

从城市的物质属性来看，空间包括宏观空间和微观空间。宏观空间是指城市的整体布局，如常见的网格式、蛛网式、星状式、群聚式、圆环式、条状式等形式的地形与地貌，包含了城市在地域上的分布构成、与自然环境的关系、城市的几何形状、城市的格局、城市的交通功能分布、城市的形态演变和布局形式等；微观空间是指城市圈以及城市圈中的建筑、城市家具等公共设施的整体布局。

1.城市空间的立体化

传统城市是沿着二维平面而生长的，街道、广场、园林等城市空间主要在城市地面上发展，城市的各种分项系统分别占据城市土地的二维平面。❷在城市空间体系日

---

❶ 蔡璨. 生态设计——以主角的身份登上世博的舞台——浅谈2010年上海世博会的生态设计及展望[J]. 才智，2011（1）：216-217.

❷ 陈欣荣. 城市底面的延展——地形建筑研究[D]. 宣城：合肥工业大学，2003.

趋复杂的今天，城市的立体化设计趋势试图在三维的城市空间坐标中延展，建立更多、更新的立体空间，是城市空间的多维度综合利用。整合后的城市环境呈现着立体化、多向度的穿插和层叠。

2.城市空间的复合化

一个空间单元同时具备建筑个体空间和城市公共空间的双重性质和双重归属，是目前城市空间复合化发展的趋势。❶城市复合空间由建筑内部使用者和城市公众共同使用，不同归属的建筑空间单元分别与城市公共空间相连，在各自保持其相对独立性的同时，又构成了彼此相通的关系。

3.城市空间的运动性

图2.13　东京城市交通

将城市空间纳入一个完整的动态演变体系中，多属于以人文地理学和自然地理学为理论基础的描述性研究。城市交通空间涉及城市交通系统、公共导向信息系统、城市公共设施等众多子系统。图2.13展示了连接各个城市空间的街道和交通工具。对于城市来说，城市交通系统日益成为一个重要的舞台，是城市与外界接触最多、最广的地方，也是展现城市形象的重要窗口之一。

（二）城市的社会空间

从城市的非物质属性而言，空间是作为一种社会与文化存在形式的社会空间，从社会学的意义上赋予城市空间以政治、文化、时间、结构等含义。城市每一天都在创造新的空间意义。空间结构理论虽然是从区域规划角度来研究区域空间结构的，但是，城市结构的区域空间是城市社会结构的空间体系，城市所有的集聚与扩散的空间构成城市的社会结构空间。

除了我们熟悉的市场空间外，还有城市人的社会空间、邻里空间、交往空间、居住空间、户外空间、交通空间、公共环境空间、可群体集聚的公共空间及私密空间等，每一类空间都因其生态意义而构成空间的社会价值与需求。空间的本质是时空的延续，城市空间是多样化和多元化的，在城市中找寻生存空间、发展空间、创造空间等，创造新观念空间，使城市空间的意义隽永流长。

---

❶ 易普男.公共建筑外部公共空间研究[D].天津：天津大学，2006.

建筑空间作为一种可居住的场所，随着时间的推移并经过时间的积淀具有更多的意义。❶一个良好的城市，包含着多种多样的空间，这些空间是平等的、开放的和有社会整体意义的，表现城市社会空间的共享意义。

（三）城市的流动空间

城市的流动空间是基于当下信息化、网络化和全球化的城市虚拟空间。信息时代打破了传统的空间概念，数字化和信息化的发展催生了网络社会的崛起，电子多媒体分化为互动性，给予人一种全新生活的可能性。这种信息的发展也在转化时间和空间，是城市可持续发展的基础，更是城市形象塑造的新领域。

三、时间与城市

（一）城市过去时间、现在时间、未来时间的"通时性"

虽然城市是一个比较现代的概念，然而，城市从出现到现在已经有几千年的历史。历史的变迁、时间的磨砺一定在城市的发展和兴盛过程中起到独特且重要的作用，在城市的演变历程中也一定有时间的痕迹，这种历史的变迁和岁月的履痕对城市的经济和环境等必然产生过重大的影响。

时间，就城市而言，是城市的过去时间、现在时间和未来时间。城市名称也是城市的一种记录，不同时期的名称显示了这个城市的历史变迁，与之相应，城市中的地名、路名也是遗存的一部分。一个城市的兴起、发展、壮大乃至衰落，是一个时间的过程，这个过程就成为这个城市的历史。以贵州黎平县翘街古城与东京县城古街为例。在贵州黎平县翘街古城（图2.14）中展示了一个城市各个时期不同的建筑风格，

沐浴时间的风雨，成为"凝固的音乐"，呈现建筑的多样性和差异性价值，也显示了这个城市的记忆。而东京县城古街（图2.15）则体现了城市的建筑、广场、街道、桥梁、居家庭院以及商业招牌等符号和象征的叙事可以被"阅读"，作为城市"物"的外部表象，其背后还隐藏着"事"的内部情况，积淀了每个时期的思潮或精神。

图2.14　贵州黎平县翘街古城

---

❶ 刘海滨. 认知理论对现代城市商业步行街景观设计特色建构的作用研究[D]. 无锡：江南大学，2007.

图2.15　东京县城古街

当前的城市形象是对城市现时的"今"的审视。城市是生态中的城市，作为一个极为复杂和敏感的生态系统，城市如同巨型的容器一般，不仅为城市自身设立合理发展的限界，也为在其中所发生的事件设立着展示的舞台。❶对于城市"今"的认知，一方面，城市需要更多地认识和创造自身的资源，认识城市发展的国际资料和国内背景、城市发展的条件和基础、城市的产业现状和区域地位、城市与其他相关城市的关系，以发展比较优势，增强竞争能力。另一方面，现代城市发展已进入经济全球化的时代，城市比以往任何时候都需要以全球视角来审时度势，发掘并利用新的资源。

城市的未来想象是对城市将来时间的展望。未来的城市是复杂的城市，城市也在不断生长之中。城市在时间重复节律和渐进的、不可逆转的变化中流逝。城市的过去已经定格了，而将来却是未知的。对于城市的未来面貌的憧憬，也是基于城市的过去与现在的环境的可持续性，运用文化力、创意力和设计力，让城市更"美"。

（二）城市"时间边疆"的开发

城市随时间的变化，不仅包括城市景观因一天时间的变化等产生的"形象"变化，还包括各种人文活动的变化。对任何一个观察者而言，认识城市的过程是需要时间的，即城市形象在人的大脑中形成是需要时间的。

城市环境在一天中的不同时段以不同的方式被人们感知和使用。首先，由于人们在时空中的活动是不断变换的，所以在不同时间，城市环境有不同的用途。城市形象的设计者需要理解城市空间中的时间周期，以及不同活动的时间组织。其次，尽管城市环境随着时间在无情地改变，但保持某种程度的延续性和稳定性也很重要。再者，城市环境随着时间的更迭在变化，同样，城市形象的设计方案也需要随着时间的更迭而逐步更新。

人类虽然不能创造时间，但是可以更为有效地利用二十四小时的时间，尤其是夜晚，获取更自由、更多样化的时间而相对摆脱时间的束缚。我国正处于城市化加速发展的阶段，开发城市的"时间边疆"，将城市的时间因素更好地整合在空间中，实现

❶ 陈李波. 论城市景观审美的历史感[J]. 郑州大学学报（哲学社会科学版），2006（4）：113-116.

时间因素与空间因素的有机结合，使城市活动在时间上交错利用。以时间换取空间，达到最大的使用效率。城市的夜生活也是开发"时间边疆"、创造思维财富的方式。

另外，"时间边疆"的开发，对解决空气污染、噪声污染、热岛效应等都有较好的效果。进入现代社会的城市，在时间流变中积淀鲜明的时代特征，这种丰富有序的城市时空结构有助于构筑良好的城市形象。

第三节
现代城市形象美学

一、城市美学概念

在现代城市建造的过程中，光靠合理地解决居民的简单生活需求已远远不够，人们还需要更高层次的精神生活品质和美的城市环境。将城市的整体形象作为一件艺术品来进行思考，这一思想已经能够为人们所普遍接受。怎样建立城市整体的视觉美学原则，体现出美的城市形态和激发观赏者愉悦的心理感受，也成为城市形象塑造的重要目标之一。城市美学的进一步发展和完善，为城市形象研究奠定了理论基础，对当前的城市建设起到了重要的指导作用。

美学，传统上被认为是哲学的一部分，主要包括对艺术以及和艺术相关的某种经验式的理论研究。它是一门内容涵盖十分广泛的学科，涉及自然、艺术之美等来自人类感觉认知方面的诸多内容，包含对艺术哲学、艺术批评、艺术心理学、艺术社会学等问题的研究。

城市美学即是在美学研究的基础上发展起来的，以探寻城市美的本质为主要内容的一个系统理论。它是随着城市建设的不断深入逐渐形成的，主要是针对城市中物质形态元素进行美学探讨的理论体系。城市美学研究的内容，包括城市的物质形象特征以及透过物质内容所传达出的精神感受两个方面。

当前，一些学者已经展开了对城市美学系统理论的前期研究工作，这些相关理论主要是从美学的角度分析了城市中各形象元素的组合关系以及城市形象美的表象特征，他们将美学中富含哲学性的理论框架与城市形象建构原则相关联，以寻找建设城市形象美的客观规律。城市美学的研究为拓展和完善城市形象理论提供了新的视角，也是城市在建立独特的、具有美感的形象体系中不可或缺的重要理论基础。但是，目前对于城市形象的美学理论研究尚处在启蒙阶段，这种简单地将哲学中的美学原则套用在城市形象建构上的研究方法，还存在着严重不足。

城市美学的研究方法中主要存在两种手段，即对事物的科学认知和直观认知。这两种认知事物的手段是探讨城市美学的主要入手点。

前者是源自科学的认知手段，是通过逻辑推理得出的科学方法；后者是非科学的认知手段，与人类情感密切相关。仅靠科学的方式来分析城市形象依然很片面，还需要依靠对直观体验的把握。一切事物都是客观存在的现实，同时它们与人的主观感受有着密切的联系。这种基于人类情感的认知手段，是形成城市精神内涵的重要支柱，它从美学体验的角度对城市空间形态的美感建构展开更深层次的探寻。这两种手段相互配合，彼此兼顾，是建立城市形象美学原则的主要途径（表2.1）。

表2.1 城市美学研究方法的两种手段

手段	来源	方式	缺点
科学认知	科学	逻辑推理	仅靠科学的方式来分析城市形象依然很片面，还需要依靠对直观体验的把握
直观认知	非科学	人类情感	一切事物都是客观存在的现实，完全脱离现实的直观认知，无法构建城市美感

城市美又具有美学中的"普遍性"，当我们看到比例协调、造型匀称、尺度合理、层次分明的形象元素时，都会产生美的感受。由此可见，在城市中，各种城市形象要素所体现出的和谐美感便构成了城市美的典型特征。

二、城市形象内涵

城市形象是以探讨城市内部可辨析的形态元素及其内涵为主要内容的城市研究课题，它是通过物质形态塑造建立城市视觉形象体系的，可以将城市形象建构视为一门城市空间中的造型艺术。

城市形象艺术是一个较为抽象的概念，然而其内在本质所展现的内容常常是通过不同的具体形式体现出来的。恰恰是通过这些表象的形式特征，城市才能传达出形态各异、特色鲜明的艺术建构原则。城市形象的构成要素是反映城市形象艺术的主要表现形式，其不同的构成和组合关系成为感受城市最重要的视觉元素。建构城市建筑、空间以及其他构成要素的艺术特征，是完成城市艺术形象建设的典型手段。

（一）尺度

在城市中，任何实体形式均具有一定的尺度。建筑的宽窄、进深和高度，道路的宽度和长度，围合空间的大小等，这些尺度不一的形象元素构成了城市的整体特征。

城市形象的艺术原则不仅体现在单体形象尺寸的合理以及美观上，不同体量实体之间的相互对比或统一关系也是构成城市艺术特色的主要特征。美国著名学者刘易斯谈到巴黎之所以能够支配法国的历史，主要在于巴黎在城市的发展进程中，总能把代表它们文化的建筑留传给后代。这也充分体现了巴黎有记忆和有文化的城市精神。正是因为老的东西能够得到精心保护，新的东西不断增加，城市的文化内涵才越来越丰富。

为了保持巴黎业已形成的中心低、外围高、整体平缓统一的空间形态特点，城市规划采取了常见的高度分区方法，主要按照25米（6～8层）、31米（8～10层）和37米（10～12层）三个高度对建筑物进行最大高度控制，个别地区甚至按照18米（4～6层）的高度进行控制。规划沿用了始于1784年路易十六时期的技术方法，综合考虑建筑日照采光和建筑视觉干扰的要求，以及建筑与建筑之间和建筑与街道之间的三维比例关系，针对街道两侧的建筑、地块边界两侧的建筑以及同一地块上的相邻建筑，按照街道（空地）宽度与建筑檐口高度之间的一定比例关系以及檐口以上部分的建筑后退，划定建筑体量的外轮廓线，在控制建筑体量轮廓的同时，也成为对建筑最大高度规定的重要补充。

在建筑体量的外轮廓线以内，建筑设计可以根据结构特点和风格喜好，采用坡屋顶、平屋顶、退台等不同方式，以便在保持特定建筑体量的前提下，形成建筑形态上的细小变化。这一始于文艺复兴后期的规划控制技术手段具有鲜明的巴黎特色，对保持和延续巴黎在街道尺度、街道景观和空间肌理方面的风貌特点发挥了重要作用。巴黎旧城区的街道保留了传统的尺度关系，形成了城市的艺术特色，同时，巴黎也是把历史文化与现代文明结合得最好的典范（图2.16）。

图2.16　巴黎旧城区街道

（二）形态

传统艺术城市对建筑形态和空间布局

图2.17 米兰大教堂

的要求极为注重，大量的装饰细节丰富了城市空间的艺术特色。这主要是由于古典建筑建设周期漫长，在其中加入了大量的雕塑和壁画等艺术作品，渲染了城市的艺术氛围。

例如，米兰大教堂（图2.17）汇集了多种民族的建筑艺术风格，德意志风格影响尤为显著。教堂整个外观极尽华美，主教堂用白色大理石砌成，是欧洲最大的大理石建筑之一。青铜色的门镶嵌着浅浮雕，叙述着圣母玛利亚以及传教士安布罗焦的生平事迹，同时也讲述着米兰城的历史。它的建设过程不可思议地历经了五个多世纪，它不仅是米兰的象征，也是米兰的中心。教堂的特点在于它的外形、尖拱、壁柱、花窗棂。教堂内部52个巨大的柱子形成了过道。教堂的后殿装饰着精致的哥特式花窗棂，教堂内的大窗均有彩色玻璃画，描绘的是宗教故事（图2.18）。有135个尖塔，像浓密的塔林刺向天空，并且在每个塔尖上有神的雕像。教堂的外部总共有2000多个雕像，甚为奇特（图2.19）。米兰大教堂的雕塑多以圣经故事等宗教题材为主题，各种雕像千姿百态，仿佛在向来往的游客诉说这座城市的历史故事。米兰大教堂的外部与内部雕像总共有6000多个，是世界上雕像最多的哥特式教堂，因此教堂建筑显得格外华丽热闹，具有世俗气氛。

图2.18 米兰大教堂花窗棂

图2.19 米兰大教堂雕塑

（三）色彩

城市的色彩搭配更加体现了城市形象艺术的思想。在由不同颜色构成的城市形象体系中，其整体面貌给人带来的印象完全就是一件空间艺术作品。而到过威尼斯的人，一定会对那些由纯度极高的色彩粉刷而成的建筑立面记忆深刻。威尼斯的建筑讲究"第五立面"，威尼斯的五面色彩十分统一和谐，以红色覆盖，衬以少量的公共白色穹顶，从而形成整个威尼斯的基本色调（图2.20、图2.21）。相邻建筑利用不同颜色的间隔，形成了强烈的视觉印象，增添了城市的整体艺术风貌。

图2.20　威尼斯的色彩　　　　　　图2.21　威尼斯的白色穹顶

要强调城市的整体色彩特征，并不是只有增加城市的丰富色彩才能达到艺术效果，更重要的是达到一种协调的关系。老北京城灰色的建筑立面，构成了中国古典城市典型的视觉特色，同样也传达出极高的艺术品质。

（四）材质

材质是城市形象细部特征的重要体现，不同材质的配合，处处反映着城市的细节和精致程度。一个具有艺术品质的城市，不仅要有宏观上的和谐布局，更要有微观上外部材质的丰富变化。只有对城市形象构成要素之间的材质关系进行统筹考虑，才能更好地满足视觉观赏效果。此外，完美的材质组合与色彩一样，并不在于种类和数量之多，它们之间的相互协调和统一才是形成整体艺术特色的重要手段。自然绿植与建筑的有机整合，将建筑立面充当一个室内与室外的中间介质，净化空气的自然绿植为室内气候提供了更好的保护与调节。此类垂直花园型住宅，基于绿色环保理念很好地符合了印度炎热的气候特征，开放的公共空间为建筑创造了空气的自然对流，从而降低空调的使用（图2.22）。

（五）感受

良好的视觉和心理感受对建立城市艺术形象有着极其重要的作用，任何试图创建艺术特征的城市建设，都不应忽视表现其内部所蕴含的丰富意义。澳门旅游博彩业成

图2.22　印度维杰亚瓦达垂直花园型住宅

图2.23　澳门威尼斯人度假村

为澳门经济、文化的重要组成部分。奉行多元经营理念的澳门威尼斯人度假村设有三千间豪华客房及大规模的博彩、会展、购物、体育、综艺及休闲设施等，以意大利水都威尼斯为主题，酒店周围充满威尼斯特色拱桥、小运河及石板路，充满了浪漫狂放的异国风情，游客可乘坐小船在运河穿梭，饱览沿岸景色（图2.23）。威尼斯人奢华的视觉心理感受与澳门特有的博彩元素在方方面面都很好地契合起来。

三、城市形象美学建构

（一）城市外在美的体现

城市外在美感的体现，主要依赖于具体物质形态之间相互关系的表达。城市艺术形象体系也反映在各构成要素之间的尺度关系、色彩系统、材质属性、形态类型以及人的感受等方面。在对艺术作品的分析中，往往将抽象形式之间的整齐一律、平衡对称、符合规律与和谐作为判断艺术美的标准。同时，对于形式之间的关系也做了相应的分析，利用重复、节奏、对称和平衡等手段，也能创造出美的形象感觉。

要达到平衡对称，不在于形式的一致和重复，而在于必须要有大小、形状、位置、色彩等方面之间的差异性，并将这些差异以一定的一致性统一起来，而各要素之间的协调一致关系是达到和谐美感的重要途径。

（二）城市形象中内容的重要性

前面章节曾经提到过，城市形象包含了外在形式和内在精神内涵两个要素。如何展现城市形象中的丰富内容，也成为表现其艺术内涵的重要手段。此外，形式和内容不可能孤立存在，它们常常表现为一种统一的关系。

第四节
城市形象美学中的城市色彩

一、城市色彩基本理论

色彩，是大自然中最重要的组成元素之一，也是人类感知这个世界最重要的途径之一。城市，是人类的生存环境和活动场所，人类的存在和发展都要依赖城市。城市色彩，是城市环境的重要组成部分，对城市色彩规划编制的研究，是在城市快速发展的大背景下提出来的。本节将对城市色彩的现状与发展进行细致的研究与分析。

城市色彩，往往是指城市物质环境通过人的视觉所反映出的总体的色彩面貌。城市色彩的感知主要基于人们对城市物质空间和相依存的环境的视觉体验，城市建筑的总体色彩作为城市色彩中相对恒定的因素，所占比例很大，是城市色彩的主要组成因素。

通常，城市规模越大，物质环境越复杂，人对城市的整体把握就越困难。城市的地域属性、生物气候条件、作为建筑材料的物产资源以及城市发展的状态对城市色彩具有决定性的影响。世界城市所呈现出来的色彩格调都和这种影响有密切联系。而文化、宗教和民俗的影响，进而使这种差异变得更为鲜明而各具特色。如德国人的理性、严谨、内敛、坚毅，意大利人的热情、随性和外向，中国人的含蓄、淡泊、随和、包容，还有拉美人的热烈和奔放，都在他们的城市色彩中得到了充分的展现，体现了地域人文特色。

而具有相近地域条件的城市，一般也具有类似的色彩面貌。如贵州青岩古镇的民居表面看起来和其他明清建筑并无明显不同之处，青瓦石墙，古朴沧桑，但仔细观察，其却有着自身非常鲜明的个性和城市色彩（图2.24）。而威尼斯有"因水而生，因水而美，因水而兴"的美誉，它的风情总离不开"水"，蜿蜒的水巷，流动的清波，碧水蓝天与红色屋顶交相辉映，好像一个漂浮在碧波上浪漫的梦（图2.25）。蓝色是一种非常干净的颜色，给人清新自然的感觉，印度焦特布尔就是这样一座蓝色的城市。关于焦特布尔为什么会把房子刷成蓝色，有两种说法：第一种说法是蓝色在这里最初是贵族所用的颜色，所有婆罗门的贵族都会把房子涂成蓝色，用这种直观的方式区分出贵族和贫民，而在种姓制度被废除之后，贫民们也开始把房子刷成蓝色；第二种说法是为了防止蚊虫叮咬，据说这里的颜料里加入了硫酸铜，所以房子才会变蓝（图2.26）。荷兰格罗宁根的城市色彩由自然色和人工色（或称为文化色）两部分构成。城市中裸露的土地（包括土路）、山石、草坪、树木、河流、海滨以及天空等，所生成的都是自然色。城市中所有地上建筑物、硬化的广场路面、交通工具、街头设施、行人服饰等都是人工产物，所生成的都是人工色（图2.27）。

图2.24　贵州青岩古镇

图2.25　阳光下的威尼斯

图2.26　印度"蓝色之城"焦特布尔

图2.27　荷兰格罗宁根

二、城市色彩性能解析

（一）城市色彩的性质

1.地域性质

地域性是地理学中的常用概念之一，是指不同地域的自然环境和社会文化在发展过程中所体现的地域差异和组合特征，并随着空间、时间的变化而相应变化。城市色彩的地域性，决定了一个地区特有的色彩风貌。这种色彩文化由当地居民创造，世代传承并表现在城市建筑中。不同的国家或地区拥有不同的区域色彩，其城市建筑的色彩也各具特色。

色彩学是研究与人的视觉发生色彩关系的自然现象的科学，地理学本是以地球表面为研究对象的自然科学。色彩学和地理学的"联姻"催生了一门新兴的边缘科学——色彩地理学。

朗科罗的"色彩地理学"以地理学为基础，纵观不同的地域环境中奇特的色彩现象，研究并探索其对人种、生活习俗、文化传统等方面的直接影响。这些因素催生了不同的色彩表现形式，因为不同的地理条件必然形成特定形态的地域环境，不同的地域环境又会形成不同的气候条件，从而影响不同人种的生活习俗，乃至形成不同的文化传统。从特定的地域环境、气候条件、人种、生活习俗、文化传统等方面研究色彩现象不难发现，生态环境和文化习俗的差异通过不同的组合方式，催生了具有地域特色的色彩风貌。

气温和光照直接影响着人对色彩的主观感受以及由此产生的生理和心理反应。就气温而言，热带地区的长期高温使人们更易接受素雅、安静、平和的色调，如高明度的冷色系和无色系。相反，寒带地区的人们则更喜欢从视觉上感受温暖、热烈的暖色系。就光照而言，在阳光照射下，暖色系相对于冷色背景在视觉上显得更靠前，建筑和环境的形象也更为突出；[1]而在阴天或光照不强的情况下，冷色系显得更加饱满并引人注目，暖色系则趋于沉静与平淡。

降水的多少除了影响一个地区自然环境的风貌以外，对景观色彩带给人的视觉感受也有重要影响。对自然风貌的影响表现为：多雨地区气候湿润、树木茂盛；少雨地区空气干燥、植被稀少。对人的视觉感受的影响表现为：降水使光照度降低，天光呈漫射状态，建筑材料固有色的还原度降低，因此呈现"灰"的色彩特征。雨天空气湿度较大，空气透明度降低，物体色彩的彩度也随之降低。

降水对城市色彩的影响多表现为：多雨地区的外部环境色彩易受雨水洗刷，也易受水汽侵蚀，容易使建筑、环境的彩度降低；在我国长江以南的多雨环境中，人们的心境一如接受了雨水的洗涤，更倾向于浓绿背景下白墙青瓦所形成的清淡雅致的格调。[2]徽州的大部分古村落是齐刷刷的黑瓦白墙，飞檐翘角的屋宇随山形地势高低错落，层叠有序，蔚为壮观。[3]众所周知的紫园山庄中各种各样的建筑物规划严整，排

❶ 史爱明. 环境色彩设计的评价与管理 [D]. 南京：东南大学，2007.

❷ 史爱明. 环境色彩设计的评价与管理 [D]. 南京：东南大学，2007.

❸ 陈蓓. 徽州传统民居构件在现代室内设计中的运用 [D]. 合肥：合肥工业大学，2007.

序井然，让驻足其间的游人耳目一新，肃然起敬。建造宅第时往往因陋就简，就地取材，在坚固实用、美观大方的基础上，寻求朴素自然、清雅简淡的美感。缘于此，徽州少有富丽堂皇的豪宅华堂是不难理解的。以当地丰富的黏土、石灰、黟县青石、水杉为主要材料建造的徽派民居构思精巧、造型别致、结实美观。远远望去，清一色的黑瓦白墙，对比鲜明，加上色彩斑驳的青石门（窗）罩和清秀简练的水墨画点缀其间，愈显得古朴典雅、韵味无穷，清淡朴素之风展现无遗。❶

此外，多雪对空气中的湿度和色彩视觉有一定的影响，也会出现城市色彩基调临时性改变和低温的现象。该类地区往往采用复合式的色彩应对策略，建筑更多地采用暖色调，以适应、映衬多雪的环境。需要说明的是，目前影响许多城市生态状况的雾霾天气，不仅对城市环境的色彩视觉产生障碍性影响，还对人体健康造成严重的危害。因此，我国不少地区将雾霾天气作为灾害性天气预警预报。

特定的地理环境决定了特定的城市空间形态，建筑显然是这个特定空间中的主体。这些建筑的形制、材料以及筑造方式，都与地理环境紧密相关，而这些都是直接作用于城市色彩面貌的重要因素。

人们的色彩倾向受到地理环境差异的影响（图2.28）。地处大漠与地处滨海的城市在色彩选择上有明显的不同。前者的环境特点是：城市空气相对干燥，易受风沙侵袭，自然环境色彩相对单纯，地方材料较为单一。相反，后者的环境特点是：空气清新湿润，又有蓝天碧水的映衬，陆海交通较易开发，材料选择具有优势。地理环境的不同，使城市色彩的成因不同，环境场所的色彩面貌也会不同，人们对环境的审美心理在不同的地理环境中会有所变化。生活在热带地区与生活在寒带地区的人群，色彩倾向会在明度和彩度上有微妙的差异，后者更愿意在色调上接受中间值。

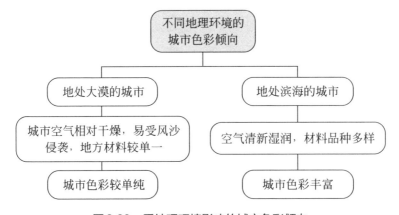

图2.28　受地理环境影响的城市色彩倾向

---

❶ 用艺术触摸 皖南深山中 偶遇大观园 [J]. 健康大视野，2009（18）：114，116.

　　了解这些不同地域的地理差异以及人们对环境色彩的心理需求，对环境色彩的正确评价与选择有很大帮助。关于地理因素对环境色彩的影响，朗科罗拥有独到的见解。他认为："一个地区或一个城市的环境色彩会因其所处地理位置的不同而呈现不同的面貌。其中，既有自然地理因素，又有人文地理因素。"这里所分析的自然地理因素与之共同作用，形成了一个地区或城市的环境色彩特征，并积淀成地方色彩文化的重要组成部分。

　　自然地理因素是客观的物质存在，人文地理因素是人类相对于客观物质存在而产生的主观认知。从这个意义上讲，自然地理因素在色彩方面对当地人的审美意识产生了影响，而这种审美意识又融入了地方传统和文化，从而丰富了地域性的文化意识形态。❶

　　2.文化性质

　　文化是地域色彩形成的主导因素，地区或民族之间的差异使文化在城市色彩运用中呈现出不同的面貌。文化是历史积淀的体现，城市环境的存在必然体现了物质与精神的统一。正是文化的这种厚重感以及深层次的影响力，决定了其在塑造地域景观方面无可替代的重要性，以及一个地区或民族色彩的独特性。城市色彩所承载的美学信息和人文信息正是连接城市历史文脉和文化特色的一座桥梁。

　　从文化共性角度审视，文化共性展现了地域文化。英国人类学家爱德华·泰勒在《原始文化》一书中对文化的定义是："文化是一个复合的整体，包含知识、信仰、艺术、道德、法律、习俗和个人作为社会成员所必需的其他能力和习惯。"人类对某种文化的理解程度，体现在以上几方面相似的程度中，相似的程度越高，共性就越多。同时，人类所拥有的学习能力使其对不同的文化现象保持开放的态度，从而促进不同文化之间的交流。

　　人文因素对色彩的影响是基于人类对客观自然的主观认识。而人类对色彩感知的方式存在许多共性，这使具有地域特色的城市色彩为更广泛的人群所欣赏。人类对色彩感知的共性部分，是一种超越地区、种族与文化范畴的生理、心理反应。但当这种反应过程持续进行时，更为复杂的因素将产生影响，比如民俗习惯、民族性格、宗教信仰甚至地域与气候等，从而形成共性与地域性的差异。对人类色彩感知共性的认知是研究一个地区或城市色彩的基础，以此为起点，促进对地域色彩的全面理解。

　　从文化传承角度来看，民俗文化和传统文化展现了地域文化，色彩基于人的生理和心理所产生的效应虽然存在一定的共性，但也会因为不同的地域文化与传统习俗的影响而形成较大的差异。同样一种色彩对于不同地域或民族来说拥有不同的象征意义。同时，不同的地域和民族又因习俗的不同而崇尚和偏爱不同的色彩。

---

❶ 史爱明. 环境色彩设计的评价与管理[D]. 南京：东南大学，2007.

中国人视红色为吉祥、喜庆之色，视黄色为至尊之色。而一些国家或地区对色彩的解读却有不同，在基督教中红色代表圣爱，在殉难日里则象征基督的血。在以色列，历史原因使黄色拥有不祥之意。在日本，给初生的婴儿穿衣服要用黄色，给患者做的被子要用黄色棉花，是自古以来就有的风俗。这是因为黄色被认为是阳光的颜色，可以起到保温的作用。

不同的民族与文化传统形成了不同的传统用色习惯，因自然地理条件的差异而使用当地建筑材料，因技术工艺不同而形成不同的建筑形式，实际上更深层次的原因是经济基础、社会制度、思想观念、文化艺术等人文地理因素的潜在影响。这些因素塑造了不同的民族性格，造就了不同的文化取向，体现了不同的色彩追求。例如，荷兰人思想开放，性情平和，同时荷兰又是一个强调自由与平等的国家，因而对缤纷色彩的喜爱正是其民族性格与文化取向的反映。英国人因其特殊的岛国地理条件和历史文化基因，形成了端庄、内敛、严谨的性格特征，其城市建筑色彩也呈现出与荷兰截然不同的面貌。深入了解和研究传统色彩形成的文化环境，可以为城市色彩规划提供必要的依据。

从时代文化角度来看，时代特征展现了地域文化。从城市发展的历史来看，使用当地建筑材料、采用传统工艺是形成地域色彩的根本原因。由于交通、信息条件的制约，不同地域的城市在发展初期主要使用当地建筑材料，并根据这些材料形成相应的生产技术和加工工艺，从而形成具有地域特色的建筑样式和城市色彩。由于科技的不断进步，以及交通、信息和生产技术能力的发展，城市建筑材料的选择半径也在相应扩大，这使各种具有地方特色的建筑材料不断地被应用于其他城市。同时，随着新材料、新技术的不断开发，物美价廉的人工材料层出不穷，为城市建筑色彩的表现提供了更多的机会，科学技术在丰富建筑色彩的同时也对传统建筑色彩产生了冲击。就单个城市而言，在色彩多元化的同时，地域特色也在相应地减少。如何在科技发展过程中实现城市色彩地域特色的可持续发展，是目前城市色彩规划工作的新课题。

当社会发展到不同阶段，社会的主流思想都会反映在这个时期的城市建筑中，因此，建筑色彩不可避免地产生相应的变化。不同年代的城市建筑色彩的形成是当时社会意识的反映，而这些社会意识涉及宗教、政治、文化等领域，并通过建筑最终反映在相应的城市环境色彩中。这类建筑至今存在于世界上的各个历史城市中，它们带有明显的时代特征，并构成了这些城市的历史风貌。

（二）城市色彩的功能

1.识别功能

在视觉环境中，色彩的易感知性被广泛应用和接纳。城市设计通过色彩来组织复杂的视觉秩序，创造有条理、易识别的城市形象，营造安全有序的公共环境和功能空间。这就是色彩在城市中所具有的识别功能。

（1）识别功能的表现形式为等级识别　回顾中国历史，色彩长期具有传达等级信息的作用。《春秋榖梁传·庄公》有云："楹，天子丹，诸侯黝，大夫苍，士黈。黈，黄色也。"这使建筑色彩的使用开始具有封建等级意义。此后历代王朝均沿袭了以色彩作为等级制度的一大象征的传统。至明代，朝廷对建筑色彩的使用已有十分具体的规定。明史记载：亲王府四城正门以丹漆金钉铜环；公王府大门绿油铜环；百官第中公侯门用金漆兽面锡环；一二品官门用绿油兽面锡环；三至五品官门用黑油锡环；六至九品官门用黑油铁环，庶民不许用彩色（图2.29）。

（a）丹漆金钉铜环　　　　　　　　　　　（b）绿油铜环

（c）金漆兽面锡环　　　　　　　　　　　（d）黑油铁环

图2.29　明代不同等级门环

可见，在中国古代城市中，凭借不同的色彩可甄别建筑主人的身份。这也体现了以色彩区分尊卑的封建体制的特征。这种传统并非仅存在于中国，象征权力或财富的建筑材料与色彩的运用，在世界各地都有记载。虽然由于文化的差异，色彩的选择会有所不同，但都体现了色彩的等级象征意义。

南京明孝陵的建筑选用了高等级的红、黄等色彩，与皇帝生前使用的宫殿色彩一致，建筑通过色彩昭示了主人至高无上的地位，延续了中国色彩等级制的传统。随着时代的变迁，这种传统在辛亥革命之后发生了根本性的改变。民国时期在建造南京中山陵时，鉴于孙中山作为民主革命先行者的身份，设计师吕彦直摒弃了具有封建等级意义的色彩，而以蓝色和白色作为主色调，体现了革命性的象征意义。

（2）识别功能的表现形式为区域识别　不同地域的环境色彩存在明显的差异，究其成因，可以分为自然因素和社会因素两方面。自然因素包括气候、植被、土壤、岩石等，社会因素包括制度、历史、文化、风俗等。城市色彩的地域差异按照范围的大小可以分为多个层级。比如，中国的地域色彩有别于许多国家，而中国的南方和北方、东部与西部的城市色彩也各有特色；各民族之间因为地域、文化习俗的不同，环境色彩也存在差异；在同一城市中，不同的功能区域也往往拥有与各自区域特点相对应的环境色彩。

城市中以区域划分的文化中心区、住宅区、商业区等都因为区域功能的特点拥有各异的色彩氛围，这些与环境相适应的色彩起到了彰显区域性质的作用。城市环境具有十分复杂的信息源，相对于造型来说，人眼更容易识别色彩的差别，❶许多相同或相似的空间区域需要借助不同的色彩来显示其功能，强化其在复杂视觉环境中的辨识度。

（3）识别功能的表现形式为类型识别　城市公共设施常常会通过色彩的差异来区分不同的功能类型。例如，城市公共设施是保障城市正常运转的维护系统，在城市中虽然占据的空间并不大，但分布广并且种类繁多。公共设施的色彩在城市色彩基调中作为点缀，需要保持明确的类别特征和秩序感。它的色彩不再是单纯地追求变化和愉悦，而同时承担着类型识别的功能。

2.审美功能

城市的气质或庄严、或欢愉，都是通过具体的形与色显现出来的。错落而有序的建筑群，蜿蜒或宽阔的街道与广场，桥梁、水面、绿地、车辆与行人等，都以自身的色彩参与其中。良好的色彩组合使城市环境美丽多姿，从而构成了城市的面貌与特征。

色彩的审美功能主要体现为对城市环境的优化，具体内容是实现环境色彩与城市景观的完美融合，选择合适的材料，形成设计形式的风格化，彰显环境场所的品质与特征等。最终目标是使城市更加人性化，使生活充满愉悦的体验。

环境色彩的改变也意味着人们审美趣味的变化，但往往也有主动与被动的区别。西班牙一座小镇的墙面是白色的。当好莱坞征得当地居民的同意，在电影《蓝精灵》的宣传期间将房屋漆成蓝色时，它便从此换上了"新外套"。宣传活动完成后，索尼

---

❶ 孟涛. 城市环境色彩的功能性[J]. 剧影月报，2008（6）：155-156.

公司承诺负责将其恢复原色。然而，在适应这个全新的色彩环境的过程中，居民们也发现前来观光的游客迅速增多，220位居民投票赞同保留其蓝色基调。

3.心理调节功能

有关科学研究表明，色彩具有引发人的情感和心理反应的作用。从生理上讲，当人的眼睛受到不同的色彩刺激后，人的肌肉和血脉会相应地产生向外扩张或向内收缩的变化，从而形成不同的情绪反应和心理感受，如兴奋、紧张、安逸、烦躁等。当人们看到红、黄、橙色时，就会联想到给人温暖的火光以及阳光的色彩，因此红、黄、橙色被归为"暖色"；当人们看到蓝、青色时，在心理上会联想到大海、冰川的寒意，因此蓝、青色被归为"冷色"。❶

伦敦泰晤士河上的波利菲尔桥的桥身原来是黑色的，经常有人在这里投河自尽。于是坊间开始纷纷传说：这是一座魔鬼桥。"波利菲尔桥现象"引起了英国议会的关注，英国议会委托英国皇家医学院研究并解决这个问题。普里森博士在长时间的调查研究后得出一个惊人的结论：自杀事件与桥的颜色有关。波利菲尔桥的桥身被全部涂成黑色，而黑色使人感到压抑、悲观，甚至产生轻生的欲望。因此，真正的"魔鬼"是桥的颜色。在普里森博士的建议下，用象征生机、带给人生活希望的绿色代替了原来的黑色，结果在这座桥上自杀的人减少了一半。由此可见，色彩的心理调节功能是十分显著的。

尽管色彩的心理调节功能客观地存在于实际的生产、生活中，但直到20世纪后半期其才真正作为一种手段被广泛运用。除了心理调节以外，合理的色彩运用还可以起到一定的物理调节作用，不同色调的吸热系数是不同的。深色调易于吸热，反之则吸收的热量少。色彩的物理效应可以被有效运用于温度要求复杂多变的城市环境中。

三、城市色彩的历史沉淀

在城市文明发展的初期，构成城市主体的建筑和环境工程大多就地取材，或使用由当地材料加工的建材，形成了早期城市环境的色彩风貌。不同的国家和城市，因政治制度、宗教信仰、传统礼教，以及地域、气候的不同而对色彩有不同程度的偏爱，从而形成了独特的城市文化与色彩文脉，以及与之相对应的形式独特、风格鲜明的色彩样式。❷

---

❶ 段渊古，王宗侠，杨祖山．色彩在园林设计中的应用[J]．西北林学院学报，2000，15（4）：94-97．

❷ 孟涛．城市环境色彩的功能性[J]．剧影月报，2008（6）：155-156．

（一）两河流域

两河流域是指西亚的幼发拉底河和底格里斯河之间的平原，古希腊人称之为"美索不达米亚"，即两条河之间的地区（今伊拉克一带）。公元前3500年，苏美尔人在这里建立了最早的城市。作为幼发拉底河和底格里斯河的冲积平原和三角洲，这里缺乏良好的木材和石材，用于建筑及装饰的主要材料不同于古埃及和欧洲，大多是用生土制成的，易受雨水侵蚀。为了保护生土制成的装饰材料，苏美尔人在没有干透的土坯上镶嵌陶钉。陶钉有红、白、黑三种色彩，可以组合成精美的图案，既保护建筑不受雨水侵蚀，又起到很好的装饰作用。因此，这种对比强烈的色彩装饰手法得以延续，成为当地建筑景观的特色。

公元前6世纪建成的新巴比伦城通过对琉璃的高水准运用，营造了色彩丰富的城市环境，巴比伦城的伊什塔尔门的墙面都覆盖着彩色琉璃砖，在蓝色瓷砖上又镶嵌着狮子、公牛和鲛龙等琉璃浮雕装饰。黄色系和蓝色系对比鲜明，使整座伊什塔尔门彰显出雄伟、端庄的风格，色彩绚烂夺目，展现了大气磅礴、坚不可摧的形象。其中狮子是伊什塔尔女神的象征；公牛是阿达德神的象征；鲛龙是马尔杜克神和他儿子纳布神的象征（图2.30）。

基于地域特征而逐渐发展的建筑材料和技术，使巴比伦城在土黄色的两河平原上呈现出华丽的色彩面貌。巴比伦城的城门上部是拱形结构，两边和残存的城墙

图2.30　伊什塔尔门

相连，门洞两边的墙上有黄、棕两色琉璃砖制成的雄狮、公牛等图案。穿过城门是一条广阔大道，上面铺着灰色和粉红色石子，与空中城楼上熠熠生辉的金色屋顶相映成趣。在建成100多年后，被称为"历史之父"的希腊历史学家希罗多德来到巴比伦城，为之深深感动，称其为"世界上最壮丽的城市"。巴比伦城也逐渐成为世代文学与艺术所描绘的对象（图2.31）。

图2.31　巴比伦城

（二）古埃及

与两河文明一样，古埃及文明是人类最早的文明之一。从地理位置上讲，埃及是一个封闭的国家，这种封闭的状态决定了古埃及文明的纯粹性和独特性，埃及的装饰形式在3000年里基本上处于稳定不变的状态。埃及既有生态状况良好的绿色环境，又有金字塔群周围独特的灰色荒漠，这两种生态环境的共生是埃及地理条件的基本特征。横贯埃及全境的撒哈拉大沙漠在烈日下一望无际，但尼罗河流域却拥有充足的水源和良好的植被。❶尼罗河干流自喀土穆向北至阿斯旺，穿行于沙漠中，使两岸有狭长的植被带，在土壤条件允许的地方，河岸邻近土地依靠河水得以耕作。从阿斯旺向北至开罗，河两岸是肥沃冲积土形成的泛滥平原，尼罗河赋予了两岸土地以生命，形成了当地独特的色彩（图2.32）。

埃及的建筑色彩像它的地貌一样拥有对比极为强烈的两面性特征，希伯来人用泥、砖、茅草构筑的居所隐藏在峡谷深处，在日照下峡谷散发出的金黄色泽也难以掩盖其素朴和简陋；尼罗河畔的巨石建筑因为环境显得更加壮丽与宏伟。卡纳克神庙是埃及中王国时期及新王国时期首都底比斯的一部分，太阳神阿蒙神的崇拜中心，古埃及最大的神庙所在地，承载着当地人民的精神信念，代表着城市的形象（图2.33）。金字塔是古埃及最具有代表性的建筑，被誉为"世界七大奇迹之一"（图2.34）。由于原始的宗教不能满足皇帝专制制度的需要，于是将皇帝的陵墓建造为宏伟壮观且有纪念性的建筑，放眼望去，满目的金色象征着神圣不可侵犯的皇权。

图2.32　尼罗河流域

❶ 刘长春.环境色彩设计——色彩分析与功能研究[D].南京：东南大学，2005.

图2.33　卡纳克神庙

图2.34　埃及金字塔

图2.35　古埃及壁画

或许是风沙太大的缘故，如今来到埃及，满眼都是土灰色，似乎埃及的景致天生就缺乏色彩。事实上，古埃及的建筑装饰色彩是非常华丽的，并且形成了一定的色彩程式。且建筑史学家认为，古埃及的建筑装饰色彩以红、黄、蓝三色为主。古埃及的建筑装饰和当地绘画的用色传统是基本一致的（图2.35）。

底比斯始建于公元前3200年，至公元前2000年时人口大约有4万人，直到公元前1000年，底比斯都是世界上最大的城邦。底比斯最著名的古迹有卡纳克神庙、卢克索神庙等。卡纳克神庙始建于3900多年前，位于埃及城市卢克索北部，是古埃及帝国遗留的一座壮观的神庙。神庙内有大小20余座神殿、134根巨型石柱、狮身公羊石像等古迹，气势宏伟，令人震撼（图

图2.36　卡纳克神庙方尖碑

2.36）。卢克索神庙证明了卢克索辉煌的过去，它是古埃及第十八王朝的第十九位法老艾米诺菲斯三世为祭奉太阳神阿蒙、他的妃子及儿子月亮神而修建的。现在，这座城市已成为一座现代旅游城市，位于市中心的庙宇神殿给卢克索打上了特殊的标记，每年都有几十万游客从世界各地慕名而来。埃及人常说：没有到过卢克索，就不算到过埃及（图2.37）。在今天，底比斯所保留下来的遗址仍然是气势宏伟且令人赞叹的，石雕彩绘的大柱已经站立了几十个世纪，现在看了都让人惊叹，难以想象当年落成的壮观以及建造上的鬼斧神工。

图2.37　卢克索神庙

（三）欧洲

在欧洲，古希腊文明和古罗马文明对世界文明产生的深远影响一直延续至今。和古罗马相比，古希腊的建筑和环境色彩更注重与大自然的融合，这与希腊文化的理想主义倾向是密切相关的。希腊的神话练就了希腊人丰富的想象力和卓越的创造力，也使其建筑的整体环境具有浪漫色彩。而作为建筑群的中心，献给雅典娜女神的帕特农神庙是卫城上最华丽的建筑。它的主体仍然由白色大理石砌成，但其外部装饰色彩十分浓艳，雕像和建筑细部使用金、红和蓝色。由此奠定了帕特农神庙甚至整个卫城建筑群肃穆而欢乐的基调（图2.38）。

图2.38　帕特农神庙

相对而言，古罗马人就理性得多。他们善于把已有技术付诸实践，实实在在地为生活服务。古罗马的广场更多地体现政治力量和组织性，更多的是对帝王的歌功颂德。正因为这种性质，古罗马的广场修葺得十分豪华，色彩也非常艳丽（图2.39）。图拉真广场是古罗马规模最大的广场，该广场的底部是图拉真家族的巴西利卡。该巴西利卡有4列10米多高的柱子，中间两列用灰色花岗石做柱身，用白色大理石做柱头，外侧两列柱子为浅绿色。而巴西利卡的顶部覆盖着镀金的铜瓦，广场中心的图拉真骑马青铜像也是镀金的，由此可见该广场的奢华（图2.40）。

图2.39 古罗马广场

图2.40 图拉真广场

（四）中国

古代中国幅员辽阔，自然条件和民族文化丰富多彩，也决定了其环境色彩的复杂性和多样性。自然环境的复杂多样，促使各民族为了适应大自然并有效利用自然条件而作出努力，这体现在建筑色彩上，大多采用木、砖、土等自然材料。广西侗族风雨桥的建筑色彩源于大自然，建筑的材料、形制、选址均与地形地貌相结合，实现了人造环境与自然环境的完美融合（图2.41）。因此，建筑史学家潘谷西先生认为："中国建筑有一种与环境融为一体的、如同从土地中'长'出来的气质。"

中国传统城市建筑色彩也深受传统文化的影响。比如，中国古代的阴阳五行学说认为：青色象征青龙，表示东方；红色象征朱雀，表示南方；白色象征白虎，表示西方；黑色象征玄武，表示北方；黄色象征龙，指中央。这种思想将色彩、方位、空间联系起来，并被用于古代城市营造与建筑工程实践中。同时，色彩也反映了当时社会的主流文化。如在宋代，建筑常常选用含蓄单纯、清淡高雅的色调，多是受儒家理学与禅宗思想的影响。

数千年的专制制度使等级观念在人们的意识中根深蒂固，建筑色彩也有严格的等级规定。如西周奴隶主以色彩"明贵贱、辨等级"，规定"正色"为青、赤、黄、白、黑五色，"非正色"为淡赤、紫、绿、绀、硫黄等色，其等级低于正色。在之后的历史演变中，黄色逐步被重视并成为皇室专用色彩，皇宫寺院用黄、红色，官宦宅邸用绿、青、蓝等色，民舍只能用黑、灰、白等色，以色彩体现社会各阶层的区别。同时，古代的城市营造也在很大程度上受到封建礼制、城市格局的限制，这是一种

图2.41 广西侗族风雨桥

严格的制度和自内向外的制约力量。所以古代都城和重要城市的色彩基本上以反映皇权统治和宗教礼法制度为特征，此时的城市色彩是神权与君权意志的体现，是一个地区和民族的政治、文化传统最直观的反映。❶北京故宫建筑群的建筑色彩是北方宫殿建筑群用色的典型：白色台基，深红色墙面，红色门窗，青绿色彩画，以及黄、蓝、绿诸色屋顶，富丽堂皇，强烈的对比色调显示了皇权的威严（图2.42）。和故宫相类似，祭神的坛庙也通过色彩对比等手段刻意营造庄严肃穆的气氛。以天坛为例，蓝色的屋顶，汉白玉台基和栏杆，红色的门窗，色调鲜明，对比强烈（图2.43）。

图2.42　北京故宫的角楼

图2.43　北京天坛

　　中国各民族的用色传统均有其独特的地域与文化特色。以西藏拉萨为例，其城市建筑色彩以白、红、黄色为主，以黑、蓝、绿等色为辅。拉萨建筑常以白、红、黑、黄色为主，这些颜色对应佛教世界中的天上、地上、地下。白色代表吉祥，黑色代表驱邪，红色代表护法，黄色代表脱俗。这种色彩组合的形成，一是因为拉萨地处青藏高原，建筑主要由当地生产的砖石砌筑而成，并在墙檐上以暗红色的彩带作为墙面装饰。同时由于青藏高原太阳辐射强，建筑墙面常使用大面积的白色，以减少太阳辐射。二是因为拉萨建筑受到宗教与"政教合一"制度的影响。而历史上长期的"政教合一"制度对城市空间及建筑色彩有较严格的限制，并以红、黄色为尊，主要用于寺庙、宫殿，比如布达拉宫（图2.44）、大昭寺等。民用建筑则多以白色或其他色彩为主，体现了色彩的等级特征。

图2.44　拉萨布达拉宫

---

❶ 孟涛. 城市环境色彩的功能性[J]. 剧影月报，2008（6）：155-156.

四、现代城市色彩解析

（一）西方国家城市色彩的发展

20世纪60年代，欧洲城市的发展建设进入了新的历史阶段，而城市环境特色与传统的维护成为其中重要的内容。在这一过程中，欧洲开展了一系列的城市美化运动。如建筑的清洁运动，对城市建筑的外墙面进行清洁，把它们恢复到石材表面的自然外貌。建筑清洁运动改变了烟黑色的历史城市，使人们开始关注城市原有的色彩，并着手保护城市的传统色彩。❶在意大利都灵的旧城复建中，以色彩作为规划手段的做法给人们以启发。后来，这一做法在许多欧洲国家的城市规划中被效仿，成为城市色彩景观规划的开端。

以欧洲城市为例，工业革命以前，城市发展通常是沿城墙向外做圈层式的扩展，速度相对缓慢，并呈现出渐进修补的特点。在发展过程中，虽然建筑风格在不断演变，形式在不断变化，但由于所采用的建筑材料相对稳定并具有延续性，使街道、广场乃至整个城市在视觉上感觉十分和谐，城市色彩主调也得以相对稳定地建立起来。工业革命以后，一些发达国家逐渐进入工业时代，城市色彩的发展经历了一个从稳定、渐变到变异的过程。总体而言，在工业化早期，城市的尺度、建筑材料在相当大的程度上仍然得到很好的保持。到20世纪，现代建筑先驱者开始大量使用钢铁、玻璃和混凝土等新型建筑材料，建筑设计和施工日益工业化和标准化，这使得原有的城市色彩面貌受到一定的冲击。❷但由于新建筑的体量大多仍符合原有的城市尺度，其在色彩上带来的视觉冲击仍然在可以控制的范围内。

（二）中国城市色彩的发展

中国传统城市从总体上看体现了儒家文化和与之相结合的社会等级制度。建筑色彩和建筑形式一样，为统治阶级的意识形态所左右，体现了严格的等级制度。

中国的城市色彩研究起步较晚，学科形成上主要是对西方颜色科学理论的引入和借鉴，并在此基础上对色彩学的基础理论和色彩量度，以及实用色彩方面的研究较多。城市色彩景观规划的系统化研究尚未成熟，大多城市色彩规划处于被动阶段，从规划设计到控制实施都落后于城市整体规划，而且还有绝大多数城市没有意识到城市色彩景观规划的重要性和必要性，城市色彩还处于混乱之中。❸

❶ 卜菁华，王玥. 色彩景观设计的目标与方法 [J]. 华中建筑，2005，23（3）：117-120.

❷ 周立. 城市色彩——基于城市设计向度的研究 [D]. 南京：东南大学，2005.

❸ 廖宇. 城市色彩景观规划研究——以成都市色彩景观规划为例[D]. 成都：四川农业大学，2007.

通过对国内城市色彩发展历程的回顾，不难发现，伴随着人们对城市环境特色问题的日益关注，越来越多的城市都把城市色彩管理纳入城市发展建设纲要中来，而许多城市也正是通过对城市色彩问题的关注，而提升了文化内涵，彰显了城市的魅力。表2.2所列的城市色彩规划发展历程，正是从时间和关注内容的角度，记录了人们的探索过程。

表2.2　国内城市色彩规划发展历程

时间/年	地点	人员	内容	意义
1989—1990	大连	开发区	五彩城规划	国内较早的关于城市建筑色彩的研究活动
1991—1993	北京	北京市建筑设计研究院	对北京、西藏等地区的传统建筑色彩进行研究	
1998	深圳	中央美术学院	深圳华侨城色彩设计	国内最早的环境色彩设计
2000	北京	北京市政府	召开城市建筑色彩研讨会	掀起了国内轰轰烈烈的色彩规划活动
2001	盘锦	西曼色彩文化发展有限公司	盘锦市城市色彩规划	国内第一个城市色彩规划
2001	武汉	武汉市政府	武汉市色彩最美的建筑评选	引起了市民对城市色彩的关注
2002	哈尔滨	哈尔滨工业大学城市规划设计研究院	制定哈尔滨城市色彩规划	国内最早进入操作阶段的城市色彩规划方案
2003	武汉	武汉市规划局	武汉城市建筑色彩技术导则	目前国内较为深入的城市色彩应用指南
2004	北京	中国流行色协会	完成中国城市居民色彩取向调查报告	国内最早的城市居民色彩调查报告
2004	北京	中国流行色协会	颁发城市色彩大奖	武汉、哈尔滨因为在城市色彩建设方面成绩突出而获奖
2006	北京	中国科学技术协会	"中国城市色彩与和谐居住环境"专题论坛	对推动中国城市环境色彩建设具有里程碑的意义
2007	北京	中国美术学院色彩研究所	中国国际城市色彩规划展示	城市色彩提供一个难得的普及
2010	珠海	住房和城乡规划建设局	《珠海市城市建筑色彩规划管理暂行规定》《珠海市建筑色彩控制技术规定》	

五、城市色彩形象规划的实践探索

（一）现代城市色彩形象新概念一：永安城市色彩规划解析

福建省永安市的城市色彩形象识别设计研究的主要内容是，探讨如何维护永安的传统色调和打造"桃源仙境、诗意永安"的城市色调，并在当代都市化进程中进行有机融合，全面揭示永安的城市色彩特点及其发展规律。❶这是在永安保护大自然赐予人类的珍贵财富，并在新区建设中延续和发展这一主题的大课题下进行的，目的是通过对永安多方面的研究，确立新区建设中城市色彩如何以"桃源之乡"的形象延续和发展。

1. 永安城市色彩现状

永安，桃源之乡，耕读传家，偏安一隅。位于福建省中部偏西，东临大田，西接连城、清流两县，南毗漳平市和龙岩市新罗区，北连明溪县三元区。永安拥有以国家级风景名胜区桃源洞——鳞隐石林为代表的一批档次高、规模大的旅游单体资源。其中，国家级旅游资源8个，省级16个，地市级38个，共占全市旅游资源的51%。永安境内石灰岩分布广泛，属喀斯特地貌。自然资源丰富，素有"金山银水"之称。

永安城市色彩现状调研包括：自然色彩要素、人工色彩要素和历史人文色彩要素。自然色彩要素是指构成永安市自然景观环境的桃源洞、石林、天宝岩、安贞堡、巴溪等自然景观的色彩。人工色彩要素是指人工营造出来的永安市景观环境诸要素的色彩，如建筑物色彩、广告招牌色彩、公共设施色彩、交通工具色彩和道路铺装色彩等。历史人文色彩要素是指永安市的历史建筑、文化古迹、民族风情中蕴含的历史色彩要素，这些色彩最能代表永安市的城市个性特征。上述各类景观在永安市中彼此交错，紧密相连，构成了永安市极富魅力的个性景观。

2. 永安现状色彩提取

永安现状色彩主要从自然环境与人工环境两大环境因素中进行提取。

自然环境提取选自永安的整体地貌环境。永安地貌素有"九山半水半分田"之称，地势东、西、南三面高，中部低，山地、丘陵多，盆地、平原少，九龙溪横贯东南。典型的丹霞地貌、喀斯特地貌造就了永安许多奇峰异景。

桃源洞初夏，景区里树叶的色彩系为中明度、中纯度的色彩。从秋天到冬天，树叶让人们充分欣赏了它随气候变化而发生的色相、明度、纯度的微妙变化（图2.45）。

❶ 宋立新，刘霖，吴群.城市色彩形象识别设计研究[J].包装工程，2015，36（12）：45-48.

石林、天宝岩是永安市宝贵的自然资产。桃源洞一线天、石林的奇峰异石，都成为自然景观的点缀。

永安造景岩石以石灰岩和红色砂砾岩为主。从永安当地提取到的土壤标本色彩主要呈现为红色与黄色两大类，褐色和紫红色穿插其间。色相基本处于10R（红色）系、2.5Y（黄色）系范围内。

永安西北部属于武夷山脉东南坡，地势由西南向东北逐渐降低，地形多山地、

图2.45 永安桃源洞

丘陵、盆地。其背有山体景观，属侵蚀性土地花岗岩，植被茂盛，色彩浓郁。永安的水域是典型的灰蓝色，与蓝灰色的天空浑然一体。

人工环境提取选自永安的现代人文景观、古建筑与抗战文化遗址。

现代人文景观作为人工环境的体现之一。风光旖旎、诗情画意的巴溪滨水风光带以及随季节变化塑造出不同环境景观的繁茂的花草、树叶等自然植被，不仅给来访者以舒心悦目的自然色彩感受，也给永安市未来高品质的人工景观色彩的形成创造了得天独厚的基础。古语云："吉者，福善之事，祥者，嘉庆之征。"吉山吉水之滨，永安城遗世而独立。

古建筑作为人工环境的体现之二。永安遍布着许多历史性建筑，它们经历了城市的历代兴衰，至今依然生机勃勃，傲然屹立，成为永安永恒的经典。景从文生，明清文化、儒家文化、闽粤文化正是永安身份特征的三个重要组成部分，在永安保存着许多明清时期的历史古迹，如槐南安贞堡、贡川古城墙等都是永安历史和文化的代言。这些予人以独特存在感知和深刻印象的历史性建筑，随时间的流逝越发成为永安景观资源中的无价之宝。永安文庙（图2.46）始建于明景泰六年（1455年），是该市目前幸存的唯一一个见证了当地各个历史发展过程的古代建筑。贡川古镇（图2.47）是福建唯一的城堡式古镇，故称"贡堡"，建于明嘉靖四十一年（1562年），其城墙原全长约2000米，高约7米。建筑的墙基用鹅卵石、花岗石、丹霞石做基础，上部用青砖包砌，每块砖重约1.5公斤，专门定制烧造，许多砖上印有"贡堡""贡川"字样，有的还有烧制工匠的名字。

图2.46 永安文庙

图2.47　贡川古镇

抗战文化遗址作为人工环境的体现之三。抗日战争的风风雨雨，在这里留下辙痕，每一处都有可歌可泣的抗战故事，涸辙之鲋，相濡以沫。以永安抗战文化活动为主体的东南抗战文化，会让你踏入这块圣地时，心中充满虔诚的敬意和礼赞。在永安迄今保留有众多的抗战遗址，包括设置于防空洞的福建省政府主席陈仪先生和接任的刘建绪先生的办公室、羊枣烈士旧居、福建省政府各机关旧址、改进出版社所在地等。

3.永安城市色彩意象

永安城市色彩意象衍生出来的是永安城市的精神理念与永安城市色彩意象。

永安城市色彩意象在城市主题文化的基础上，推导永安城市的精神理念。根据对永安城市文化的剖析，永安的个性与灵魂就是明清文化、儒家文化、笋竹文化、抗战文化、闽粤文化在新的历史条件下"东西荟萃、古今交融"的新内涵。

永安城市理念定位：桃源仙境，诗意永安。永安城市环境：金山银水，世外桃源。永安城市格局：南商北工，一江三溪。永安城市人格：忠肃，刚直。永安城市精神：爱国、勤俭、诚信、宽容、自由。永安城市自然观：天人合一。

根据永安的城市理念，结合永安自然景观，归纳永安的城市色彩意象。其色彩意象的核心在于表现桃源般诗意的生活特征。永安的城市色彩意象有助于对后期城市概念色谱的确立予以指引。

根据城市的方针政策，推导永安城市的色彩意象。"桃源仙境，诗意永安"，在此次总体规划中，针对永安市城市形象规划制定了明确的指导方针，方针中提出要构筑"九区一节点"的城市景观与自然景观相互辉映的城市空间。依托优越的自然山水和深厚的文化底蕴，努力做到"以山为脊，以水为源，以绿为际，以文为魂"。彰显城市个性，精心打造一座"山水相映，城在绿中，水在园中"山水生态园林城市，塑造"桃源行一里，好比沐法雨；仙境游一天，胜似做神仙"的意象。

《桃花源记》载："土地平旷，屋舍俨然，有良田美池桑竹之属。阡陌交通，鸡犬相闻。"桃花源人安居乐业、和平幸福："黄发垂髫，并怡然自乐。"桃花源人热情好客、民风淳朴："便要还家，设酒杀鸡作食。村中闻有此人，咸来问讯。余人各复延至其家，皆出酒食。"提取桃花源的概念元素，以指导永安"桃源仙境，诗意永安"的城市色彩意象的进一步具体化。

（二）现代城市色彩形象新概念二：哈尔滨城市色彩规划解析

1.哈尔滨城市色彩规划分析

哈尔滨城市色彩规划工作开始于2002年，但是对哈尔滨城市建筑色彩予以研究的想法最早却可以追溯到20世纪90年代中期。因为在设计者看来，哈尔滨的异域文化特色造就了它独有的城市建筑形象，而建筑色彩是其中较为重要的形象要素。在新的历史时期，如何结合既有文化传统，创造出属于哈尔滨的城市新形象，是摆在设计者面前的现实问题。虽然在今天的眼光看来，规划中的某些环节还有待提升。但是，这个项目却是在城市色彩规划领域内迈出的坚实一步。今天哈尔滨的城市建筑色彩规划控制所依据的原则，就是在哈尔滨城市建筑色彩规划工作中提出并确定下来的。这个项目对哈尔滨的城市建设发展具有积极的现实意义。正因为如此，在2004年举行的首届"色彩中国"年度大奖评审中，专家和评委给予该规划方案高度评价，并授予该项目"城市色彩大奖"。

回想起来，在哈尔滨城市色彩规划工作的最初阶段中，设计者试图拿出一个"规划设计"将城市分区，并划分为不同的色彩规划区，既统一又和谐。随着工作的展开，设计者发现，虽然国外有威尼斯水城，国内有威海等全城色彩规划的实例，但在一个面积5.3万多平方公里的大城市中这种做法几乎不可能，因为无法拒绝生活在哈尔滨这座文化多元、文脉丰富的城市里的人们对丰富色彩的追求。试想，道里区的某条街今年刷成一种色彩设计形象，明年难道不能换吗？

经过研究，设计者认为，色彩规划课题由来关键在于两个方面。一是历史色彩的丧失。哈尔滨历史上色彩特色较鲜明，但"鲜明在哪儿？除了黄色还有什么？"这点不明确，使设计者在近年城市建设中无章可循，或者说只"遵黄"，但没有"扩展黄"，逐步使色彩混杂无序。二是色彩审批。一直没有同建筑效果表现图区别出来，在表现图上建筑色彩是整体环境（包括天空，可根据构图需要画成灰、黄、蓝等）的一部分，建筑建成效果与表现图可能一致，由于背景、材质、阳光作用等影响，色彩差别较大。经研究，这两个问题的解决之道，初步确定为几个方面的对策：明确哈尔滨历史色彩发展脉络；确定城市主色调及主要代表性区域，鼓励其他地区创造新的多彩的哈尔滨；拿出一个导引性文件，把规划设计、审批、验收、环境整治统一在一个控制系统。

2.哈尔滨城市色彩规划原则

注重历史文脉的延续性。哈尔滨的城市色彩受传统建筑文化的影响较大，在特定的传统风貌区初步形成了以明快的暖色调为主的色彩体系。因此，在色彩规划中应予

以进一步继承和发扬，使之逐步形成哈尔滨的色彩风格。❶

适应冬季城市的气候特点。由于哈尔滨冬季环境色彩单调沉闷，草木枯萎，气候寒冷，城市笼罩在一片没有色彩的灰蒙蒙之中。因此，应选择暖色调为主的色彩体系，使冬季城市亮丽起来，同时可将各种浓郁艳丽的色彩统一于整体色调之中，使环境既统一又显俏丽，让人们的冬季生活在生动活泼的氛围中度过。

突出时代性与现代感。随着科学技术的飞速发展，新型建筑材料不断应用于建筑设计中，要求城市建筑色彩在与整体环境色彩相协调的前提下，适当改变明度及饱和度，以增强时代感，丰富科技内涵。❷

3.哈尔滨城市色彩规划对策

建立"色彩设计专篇"体系。由于城市色彩属于定性控制范畴，尤其是生活在现代城市中的人们，仍然愿意生活在一个多彩的世界里，因此，在统一协调的环境里并不排斥点缀色的出现。为更好地使建筑师发挥更大的想象空间，也使审批者能与建筑师共同思考建筑色彩方案的可行性，规划参照目前已有的报建图中"防火专篇、卫生专篇"等的做法，提出"设计构思与色彩设计专篇"的构想，在建筑设计申报方案过程中加入专项说明，更好地将设计构思与色彩融合。同时，便于管理部门不断完善城市色彩，对点缀色以单项批准的形式予以控制。

"色彩设计"增加针对性。经调研，市民在城市色彩方面还是追求"丰富为主"的。只有文化层次达到一定水平后，才会以"追求特色"为主。故此，城市"色彩设计"应有一定的针对性，对有一定历史遗存的街道，以突出特色为原则，如大直街色彩设计应以突出沿街的历史建筑本色为切入点，其他建筑只起辅助和背景色的作用。❸较少采用色彩穿插效果。而无历史建筑的街道又分为两类：一类为新建建筑街道，通过"色彩导引"进行控制；另一类为旧有建筑较多的区域，色彩设计应体现"纹理"效果，打破现有粉饰方式，如采用"对比方式""水晕法"等。

提出"色彩设计导则"。运用一定的城市建筑色彩设计导则是维护原有历史风貌、创造新时代风貌的有效手段，色彩设计导则以对建筑主墙面引导关系的控制为重点，适当兼顾城市外环境中的实体色彩、灯光色彩等。重点控制区单独编制"色彩设计专项规划"，建立色彩整治项目库。

由于重点控制区在城市色彩印象中的重要性，应根据其在城市文化与功能中所处地位与作用，明确色彩设计主题及节点。如红军街—中山路路段，历史建筑较集中；博物馆地段，周边历史建筑与现代建筑呼应明显；工人文化宫—省政府段近代建

❶ 霍胜男.哈尔滨非物质文化遗产在城市更新上的保护与利用[D]. 哈尔滨：东北林业大学，2007.

❷ 马丽丽.基于连续性的台州城市廊道色彩景观研究[D]. 杭州：浙江大学，2006.

❸ 赵玮.城市户外广告设置研究[D]. 上海：同济大学，2007.

筑较集中；从珠江路开始现代建筑较多，类似巴黎的香榭丽大道，从凯旋门到卢浮宫是历史区，从卢浮宫到德方斯新区则反映了从历史到现代的发展。因此，红军街—中山路的色彩设计应体现古代—近代—现代的发展脉络，并据此提出专项的色彩规划。其他区域如大学区、办公集中区等均有此类特点。建议在色彩重点控制区设立色彩设计项目库，综合从色彩、环境、建筑风格方面提出专项规划。

　　回想起来，从哈尔滨城市色彩规划的最初提出到今天也有几十年的历史了。在过去的二十年里，哈尔滨的城市面貌发生了很大的改观，城市建筑形态设计也更加趋于多元化。虽然由于种种原因，哈尔滨城市色彩规划最终成果的实效性并不尽如人意。但是，在"多彩哈尔滨"这一城市主导色彩倾向的指引下，人们已然认识到了城市色彩文化特色的重要性，并且对哈尔滨城市主导色彩的确定也有了更进一步的理解与认识，这些成果都或多或少地促进了城市环境的改观和品质的提升。我们坚信，城市色彩环境的塑造绝非一日之功，特色鲜明、协调有序的城市色彩环境营造还有更多的工作要去完成。

CHAPTER THREE

第三章

城市品牌形象构建：
传播学视角下的城市
品牌形象历史与未来

城市品牌形象构建是城市发展的高级阶段，是经营城市的必然趋势。美国杜克大学富奎商学院凯文·莱恩·凯勒（Kevin Lane Keller）教授给"城市品牌"下了这样一个定义："像产品和人一样，地理位置或某一空间区域也可以成为品牌。"❶一个成功的城市品牌形象必须是基于历史的前提和地域空间基础上的考虑，且应该是该城市本身所具有的某种特征提炼和强化的结果，是城市物质文明和精神文明的结晶。本章将对中国城市品牌形象构建展开论述。

第一节
城市品牌形象的历史渊源

一、城市形象发展的历史

（一）第一阶段——城市形象的雏形

早期城市形象主要体现在对城市美的追求。它是在城市规划建设、城市设计理论及其城市美学理论影响下形成的，属于城市形象在视觉感官层面上的一种表现。城市形象的发展可以追溯到古希腊、古罗马时期，在那时的城市规划中已开始重视城市美学与城市艺术，强调对视觉美的追求。罗马时代的维特鲁威在古典名著《建筑十书》中就提出："建筑还应当能够保持坚固、适用、美观的原则。"❷可以看出，在人类最初的城市规划与建筑建设中便强调美学意义和审美价值，尽管那时还没有出现"城市形象"这一名词，但从本质上是对城市形象美的追求。

在中世纪"城市美化运动"思想下的城市形象，可以说是现代城市形象的萌芽和雏形。"城市美化运动"可以追溯到欧洲16～19世纪的巴洛克城市设计，把城市建设与"造美"有机地结合起来了。但是，这一运动在美化城市的同时造成了过度"造美"的错误，并使城市丧失了美的尺度和人本主义精神。

"城市造美运动"在美国也有所发展。1893年美国为纪念发现美洲400年，在芝加哥举办世博会，创办了哥伦比亚博览会（Columbia Exposition）建筑群，高雅、精美的古典建筑，豪华的广场和价格昂贵的绿地，规划设计不仅凸显了美学思想，而且

---

❶ 凯文·莱恩·凯勒. 战略品牌管理[M]. 卢泰宏，译. 北京：中国人民大学出版社，2009.

❷ 维特鲁威. 建筑十书[M]. 高履泰，译. 北京：中国建工出版社，1986.

成为政府政治宣传和体现政绩的内容之一。

真正的"城市美化"这一概念是由福德·鲁滨逊提出来的，他利用美国芝加哥世博会城市建设的机会，倡导城市美化运动，达到改变城市的目的。❶早期"城市美化运动"的思想和理念，首先表现在对城市建筑、墙壁、街道进行装饰，增加公共艺术品设置，使城市产生美感的城市艺术层面上的视觉形象设计；其次是针对工业社会初期城市居住差异和不平等，城市社会问题和城市建设中的腐败问题等进行的政治改革，以塑造平等、公平、公正等社会层面上的城市形象；再就是通过对城市景观的规划设计、创建城市中心节点、合理利用土地资源、组织合理的交通系统、构建核心型城市形态、保护城市历史文化、塑造城市风格特点等一系列城市更新与改造层面上的形象设计。从本质上看，其最终目的是创造一种新的城市空间秩序和景观体系，在工业化高速进程中挽救城市，同时创造城市的视觉美及和谐美，其意义和影响极其深远。

在当时条件的制约下，"城市造美运动"也出现了一些问题。由于过分强调政治功能，从而忽视了对城市主体——人的认识与思考，造成了城市道路与建筑的尺度过大，人成为汽车的附庸，人被排斥在城市主体之外等现象。可以说，这种求大、求新、求奇的思想正体现了工业化初期人们在城市建设中的盲目性和无所适从的心理，在某种程度上也是为了满足城市管理者的虚荣心，而缺少对居民的实际生活需要和城市良好居住、工作环境的考虑。这一运动虽然有过失和不足，但毕竟是从美学意义上思考城市的规划设计，在城市物质形态的视觉审美体验上取得了巨大的成就。

（二）第二阶段——城市形象的兴起

1.启蒙阶段

卡米勒·西特❷提出现代城市建设的一些基本艺术原则，即建立和创造城市环境小公共建筑、广场和街道之间的视觉联系，无论是城市形象体系还是城市景观体系，都是为了表现城市的艺术价值。其城市建设的艺术思想对城市形象的兴起产生了较大影响，即对城市建设从艺术价值层面加以思考，通过城市环境艺术建设让民众喜欢、接受、认可城市，同时提高城市的文化品位，这与现代城市形象系统的视觉、行为、理念体系有异曲同工之妙。

艾德·培根（Edmund N. Bacon）在《城市设计》（*Design of Cities*）中认为城市的空间、形式是市民生活参与的结果，城市设计者的责任就是去了解大众的行为特征

---

❶ 朱城琪. 城市CIS城市形象营造的方法初探[D]. 西安：西安建筑科技大学，2003.

❷ 卡米勒·西特于1889年出版的《城市建设的艺术原则》一书中，分析了西方资本主义初期城市建设的诸多缺点，如城市单调和极端规则化、没有很好地利用空间、空间关系缺乏联系等。

及艺术构成，然后使城市建设与大众行为特征及审美艺术相结合。该理论从行为学角度出发，以人的"城市经历"作为城市设计的依据，在公众对城市的整体感知上，与城市形象的行为识别系统有一定的联系。

直到20世纪50年代，国外更多的是把城市形象作为城市美学和城市景观美学的一部分来研究，还没把"城市形象"作为一个独立的体系进行思考，没有明确地提出"城市形象体系"概念及范畴。❶但是对城市形象的认识已不仅仅局限于追求城市视觉感官层面的审美，而是抓住了城市的本质特征，即三维空间关系、人的行为特征、公众的感知力、环境艺术设计等，这些与城市形象的系统理论不仅强调城市物质存在的艺术性，更重视城市人的行为的艺术化、规范化具有一致性。说明在城市规划设计领域，一直在自觉或不自觉地关注着城市形象，并不断进行与完善着城市的美化活动。城市形象的提出正是城市形象美、城市艺术美的发展与扩展。

2.探索阶段

20世纪60年代，先后出现了"环境的艺术意识"潮流，如"街道艺术"（Street Art）、"公共艺术"（Public Art）思潮的发展，这些新环境艺术思想蔓延至欧美大陆，对城市形象的发展产生了较大影响。如美国有的州在立法中明确规定了，公共建筑费用的1%用于城市环境建设，同时提出了"城市形象建设"的新概念，强调了城市形象对社会经济发展的积极作用，并得到了城市规划设计、城市管理、城市文化及经济学界等多个学科领域的认可。❷

国外最先提出"城市形象"概念的当然非凯文·林奇莫属。1960年，凯文·林奇出版的专著 *The Image of the City* 被国内转译为《城市意象》，"Image"译为"形象"可能更为确切。该书从人的环境心理出发，通过人对城市地图和环境意象认知来分析城市空间形式，提出城市主要构成要素有路径、边界、区域、节点、标志等，强调城市结构和环境的可识别性及可意象性；并强调城市形象主要通过人的综合"感受"而获得，即把城市形象这一客观存在物与人的主观感受紧密结合起来，强调了作为城市主体的人在城市形象建设上的主导意义。其核心是人们对城市物质环境的知觉，以及首先形成的心理意象（外部世界的主观反映）。

正是因为凯文·林奇认识到了人们的知觉无法适应现代城市的快速发展和变化，才提出了城市设计必须基于市民对城市环境的可识别性，如城市结构清晰、个性突出，并且为不同层次、不同个性的人所共同接受。因此，通过设计建立更意象化的城

---

❶ 汤春峰.城市形象的综合评价方法研究——以南京市为例[J].中国城市规划学会.城市规划和科学发展——2009中国城市规划年会论文集.天津：天津电子出版社，2009：3636-3647.

❷ 朱俊成.城市文化与城市形象塑造研究——以南昌市为例[D].南昌：江西师范大学，2006.

市，不仅便于人们对环境的认识和记忆，更重要的是给人们带来美感、愉悦感、安全感，增加精神体验的深度和强度。

（三）第三阶段——城市形象的形成

随着城市的发展以及各学科领域对城市建设研究的深入，各学科领域从不同的角度相继提出了"城市景观价值""城市轮廓线及空间特色""城市空间符号""城市环境美学""城市风格""建筑艺术与城市美"等理论，使城市形象理论逐步从城市规划、城市设计理论和城市美学理论中划分出来，在20世纪80年代逐渐形成较为独立的学科体系。

值得一提的是，随着国内外企业形象CIS理论的不断成熟和广泛应用，学界开始将企业形象CIS理论与城市美化及形象建设结合起来，更为系统、全面地思考新时期的城市建设问题。把城市美从视觉感官层面提升到了思想理念层面，从物质形态范畴拓展到了文化意识范畴，可以说这是城市建设中最为突出的进步。也正是由于企业形象CIS理论影响，促使在城市建设中借鉴企业品牌、商业品牌的运作模式，使城市建设向经营城市品牌迈进，并最终完成了城市形象与城市品牌的融合。

城市品牌形象这一前所未有的，且攸关城市前途和命运的新概念的产生，为未来的城市建设提出了新的历史使命，为未来的城市发展指明了方向。

我国新时期的城市形象理论与实践研究，是在改革开放和城市化突飞猛进的历史背景下，在借鉴企业形象CIS理论的基础上发展起来的。一些从事城市研究的专家学者，如南京财经大学的徐根兴、南京大学城市规划研究中心的张鸿雁，先后提出了把企业形象识别系统（CIS）导入城市形象设计的思想，可以说是开启了我国城市形象理论研究的先河。但是，我国城市形象形成的标志，应该是1996年在浙江金华召开的首届"全国城市形象设计研讨会"。会议指出"城市形象"包括硬件和软件两个系统。硬件主要包括城市布局、城市色彩、城市建筑、城市道路、城市标志、园林绿化、环境卫生等；❶软件包括政府行为、市民素质、城市文明、人群关系、城市活动等。并指出城市定位、战略策划、城市发展系统性规划及城市形象设计在城市建设中至关重要的地位。但是，在当时的条件下，城市形象理论尚处于初步探索期，缺乏系统理论，可操作性不强。

与此同时，在1996年9月，深圳市工业设计协会提出了城市形象设计与企业形象建设，从理论计划到实践均可相互借鉴。但是，城市形象比起企业形象更复杂、更广泛、内涵更深、策划实施难度更大，而且其产生的意义更重要、更深远。并向市领导提交了《关于深圳市导入城市形象计划的报告》，认为在深圳市很有必要，也有条件

---

❶ 朱城琪. 城市CIS城市形象营造的方法初探[D]. 西安：西安建筑科技大学，2003.

尽快尽早地导入城市形象系统工程。❶开展城市形象设计工作，不仅对促进经济建设、营造良好的环境有重要的意义，而且对推动城市精神文明建设也十分重要。

二、城市品牌形象的提出与形成

城市品牌，是受商品品牌、企业品牌的影响而提出的。城市品牌形象理论是在城市形象理论和品牌学理论的基础上发展起来的。从时间上来看，城市品牌的提出虽然晚于城市形象，但其发展的速度和成效却快于、高于城市形象，并快速地完成了与城市形象的融合，形成了城市品牌形象这一新的学科理论体系。美国杜克富奎商学院的凯文·莱恩·凯勒教授在其著作《战略品牌管理》中写道：像产品和人一样，地理位置或某一空间区域也可以成为品牌。城市品牌将某种形象和联想与这个城市的存在自然联系在一起，让它的精神融入城市的每一座建筑之中，让竞争与生命和这个城市共存。凯文·莱恩·凯勒教授的这一论断提供了两个重要的启示：城市品牌是一个城市的内部和外部特性的综合表现，是一个城市与其他城市的独特的标识；城市的品牌和城市的形象是息息相关的。从狭义上讲，城市形象是城市品牌的载体，而城市品牌则是其最具个性的内涵；从广义上讲，城市品牌与城市形象是一个有机的整体，可以概括为"城市品牌形象"。

（一）20世纪下半叶城市品牌的提出

20世纪80年代，随着企业形象CIS理论的成熟和实践应用的成功，人们的品牌意识得到了加强，并逐渐把品牌意识引入城市建设中来，把企业品牌、产品品牌的理念和思路与城市规划建设、城市形象相结合，开展了城市品牌理论研究和实践活动。人们意识到企业形象CIS理论的核心就是打造企业品牌、打造产品品牌。同样，城市形象建设就是打造城市品牌。在城市建设中导入品牌学理论，塑造具有个性特征的城市品牌，使城市的功能从内向型转向外向型，扩大了城市向外的辐射力和竞争力，使城市价值最大化、最优化。此后，企业形象CIS理论与品牌理论逐渐被转化为城市品牌意识引入一些城市建设之中。

世纪之交是城市品牌理论形成与发展的重要历史时期。诸多学者从不同的视角对城市品牌展开了研究，使得城市品牌理论研究不断细化、深化，如城市品牌价值、城市品牌定位、城市品牌要素、城市品牌开发、城市品牌塑造、城市品牌建设、城市品牌传播、城市品牌营销、城市品牌与城市规划设计、城市品牌与城市形象建设等。这一时期可谓是城市品牌研究百花齐放的历史时期。

---

❶ 肖保英.城市形象的行为系统识别研究[D].长沙：中南大学，2007.

张锐、张焱对国内外城市品牌理论研究进行了较为系统和全面的总结，提出了城市的内部品牌观、受众观、营销观、形象观、文化观五大观念，在推动城市品牌理论研究不断深化、细化的同时，也为城市品牌建设的实践提供了思路。杜青龙、袁光才提出，依据城市品牌消费者类型，城市品牌又可分为人居型、旅游型、资本聚集型和产品市场型四种类型。余明阳从城市品牌营销方面，提出了运用整合传播手段，综合采用大型活动、会议、展览、广告、公关、直销等方式进行对外传播，以达到促使优秀人才、投资者、旅游者、外来者、中央政府或地方政府对城市的完整认知，造就期望的联想，产生城市偏好，累积和强化城市品牌拉力；❶并利用报刊、电台、电视台等新闻媒体进行对内传播，加强对市民的文明教育，鼓励市民为城市建设献计献策。❷

　　2003年，成都市政府为了把成都打造成品牌城市，先后邀请了许多知名专家、学者为城市进行客观、合理的定位，为城市品牌的宣传做了较为详细的策划，这一举措得到了城市管理者、城市经营者及广大市民的积极响应与支持。可以说，城市品牌在提升城市品质、提高城市品位、扩大城市影响力等方面具有显著的优势，通过打造城市品牌来经营城市，促进城市的发展，已成为人们的共识。

（二）21世纪初城市品牌形象的形成

　　城市是人类活动的产物，因此，城市必定是一个与人类生活息息相关，丰富多彩的文化实体。同时，也注定了城市必然是一个庞大、复杂、综合性较强的经济实体。城市形象是以物质为出发点，从艺术层面进而上升到文化与精神层面的城市建设活动，其宗旨在于建设一个美观、舒适、具有一定文化品位的生活空间环境，追求精神愉悦和情感寄托；城市品牌则是以经济作为根本动力和出发点，同时依托文化与艺术的情感和精神力量，形成以物质为基础，以文化与艺术为依托，以经济利益为目的的特殊社会生活形态。

　　由此可见，城市形象与城市品牌是从不同的角度研究城市的发展，其理论观点既具有统一性，也具有互补性，二者是密切相连、互为表里、相互渗透、相互促进的连带关系。"城市品牌形象"既不是单纯的城市形象，也不是单纯的城市品牌，此时的城市形象是注入了品牌理念的城市形象，而此时的城市品牌则是通过城市形象打造的城市品牌。因此，城市品牌形象理念的提出，是现代城市发展的必然选择，集中体现了工业时代、信息时代、科技时代、文化时代和经济时代的城市特征。

　　从城市形象到城市品牌，再到城市品牌形象的发展演变过程中可以得出以下结

❶ 苏萱. 城市文化品牌理论研究进展述评[J]. 城市问题，2009（12）：27-32.
❷ 张炳发，张艳艳. 基于居民感受的城市品牌评价指标体系构建[J]. 统计与决策，2010（9）：60-62.

论：城市品牌形象建设是城市规划设计、景观设计、城市形象建设的衍生物，是城市在其发展过程中的一种取舍和选择；城市品牌形象建设的价值取向是面向全体城市居民，面向大众，创造适宜人类生存的现代城市环境。从发展阶段来看，城市品牌形象大约经历了从19世纪末城市形象的萌芽，到20世纪60年代的探索发展，再到20世纪80年代的成熟定型；20世纪末在企业品牌的导向下形成了城市品牌，并在较短的时间内得到了快速的发展；21世纪初形成了城市形象与城市品牌并举的局面，并逐步走向融合，形成了"城市品牌形象"的概念。从而使城市建设从艺术层面上升到人本主义精神层面，从满足人的基本需求上升到城市的可持续发展的高度，从城市形象塑造上升到经营城市的角度。

第二节
城市品牌形象的内容

一、城市品牌形象的概念

城市品牌和城市形象这两个密切联系的概念，在研究文献中也多有交叉和重叠。现代营销之父科菲利普·特勒（Philip Kotler）在其代表作《地区营销》（*Marketing Places*）一书中，深刻地阐述了城市形象的设计和推广策略，把城市品牌战略与城市形象塑造有机地结合起来。

城市品牌展现的是城市形象中最具特色的部分，通过一定的信息或符号与其他城市产生差异，形成识别效应。城市形象与城市品牌的关系可以看作为一般和特殊的关系：城市形象偏重城市各种资源的挖掘、提炼、整合，以期成功地塑造城市总体的特征和风格；而城市品牌强调的是通过城市定位而形成城市鲜明的个性，通过城市的品牌核心价值来反映。❶

城市品牌存在的价值是它在市场上的定位和不可替代的个性，通过保持与竞争对手的差异而体现自己的特色。虽说城市品牌与城市形象在功能上有所不同，但是从某种意义上讲，城市品牌与城市形象之间是一种互为因果的关系，既可以通过打造城市品牌来塑造城市形象，也可以通过塑造城市形象来打造城市品牌。单一地使用城市品牌或城市形象都有所缺失，所以将城市品牌与形象结合起来，称为城市品牌形象较为

---

❶ 李小霞. 试论城市品牌与城市形象塑造[J]. 沈阳大学学报，2008（5）：53-56，60.

合适。

城市品牌形象不仅仅是指城市内外公众对城市物质环境的认知与再现，也包括了公众对城市的自然环境、经济产业、人文历史、社会伦理等要素，经过公众的主观抽象、概括后的综合评价和意象认识。城市品牌形象既是城市未来发展目标的一种理性与感性的印象，也是城市投射到受众头脑或心智中所形成的"图像"。城市品牌形象是以识别为手段，以认知为形式，通过城市的特质来打造品牌与塑造形象。城市品牌形象既是一种城市发展战略，也是城市发展的必然趋势。

总之，城市品牌和城市形象是两个既相互区别、互为依存又互为因果的概念。目前，对城市品牌形象的研究还处于探索阶段，大多数的成果主要集中在结合具体的案例分析上，从学理上研究的并不多见，还没有形成学科系统的理论体系。由于城市品牌形象具有显著的学科交叉的特征，因此对城市品牌形象理论的深入研究将是未来城市品牌理论、城市形象理论、城市规划理论研究的重点，需要从多学科、跨学科的角度进行研究，才能不断丰富与完善城市品牌形象的理论体系。

二、城市品牌形象的理论构建与系统构成

（一）理论构建

1.企业形象理论与城市形象

CI，是英文"Corporate Identity"的缩写，译为"企业形象"或"企业形象战略"。CIS是英文"Corporate Identity System"的缩写，直译为"企业形象识别系统"。

企业形象识别系统（CIS）包括理念识别系统（MI，Mind Identity）、行为识别系统（BI，Behavior Identity）、视觉识别系统（VI，Visual Identity）（图3.1）。其中，理念识别系统是企业形象的灵魂，是企业形象战略的核心，属于企业精神意识层面的最高决策系统，也是企业形象战略运行的原动力和精神基础，具体包括经营企业信条、价值观、企业使命、企业精神、方针策略等；行为识别系统是企业形象战略的骨骼和肌肉，企业的理念通过经营者和员工的行为与活动表达出来，行为识别系统要与企业理念识别系统保持严密的一致性；视觉识别系统是企业的脸面，是企业理念和企业行为的物化视觉表现，主要通过标志、色彩、标准字、象征图案等一系列视觉符号，将企业的各种信息传达给受众。一方面，企业形象战略通过塑造企业统一的良好形象，使人们对企业及产品产生认同感和信赖感，从而达到宣传企业、扩大销售的目的；另一方面，企业形象战略通过创立高品质的企业文化，取得社会的认同和公众的信任，从而达到企业有计划地展现形象的目的。

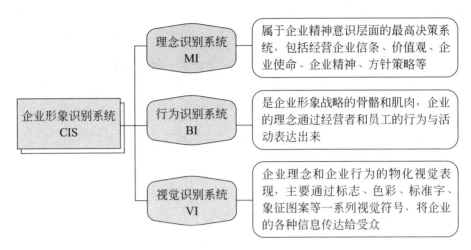

图3.1　企业形象识别系统

随着城市化进程的加速和城市间竞争的日益激烈，企业形象识别系统理论逐渐被引用到了城市形象建设中，即"City Identity System"。城市形象识别系统理论作为一种系统科学的理论，其独特的识别性强化了城市的个性和视觉传达，而完备的系统性则体现了各个子系统在识别上的同一性。城市品牌形象建设不仅有利于城市优势资源的整合，促进城市机能的高效运转，而且有利于规范市民行为，加强社会公德教育，建立良好的社会风尚，有利于实现人与环境、人与社会、物质文明与精神文明的和谐、可持续发展。同时，通过提炼、升华城市精神，可以创造城市品牌，塑造城市形象，增强城市凝聚力和竞争力，发挥核心动力的作用。

总之，在当今城市发展中引入品牌形象战略是城市发展的必然，充分地体现了社会价值观从物质向精神的转变，人们开始倾向于追求附加在物质中的文化内涵和精神信仰，从而推动整个社会物质文明向着更高的目标迈进。城市CIS，是新时期城市经营与营销的重要方法策略。

2.品牌学理论

品牌，英文为"Brand"，源自古挪威文Brandr，是烧灼、烙下标记的意思。品牌学是研究品牌及其品牌问题的知识体系或理论体系，品牌学理论对城市品牌的建设具有重要的指导意义。品牌学研究（图3.2）可分为以下三个层次：品牌观点（Brand Viewpoint）或称品牌思想，即对个别品牌问题的理性认识；品牌学说（Brand Theory）或称品牌理论，即对有关品牌问题形成系统的理性认识；品牌科学（Brand Science）即研究整个品牌领域活动规律的知识体系或理论体系。品牌

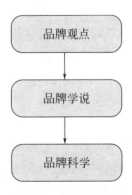

图3.2　品牌学研究

观点是对品牌的基本认识；品牌学说是品牌观点的进一步发展，是较为系统、全面的品牌理论；品牌科学是品牌理论的系统化过程。

这三个层次是一种递进的关系，也是学科由低级向高级发展的必然过程。对于城市品牌来说，也具有同等的意义。人们对城市品牌的认识也是从最初的想法、观点到理论的探讨，通过城市品牌建设的实践活动，推动城市品牌学科不断发展，逐渐形成较为完备的体系。品牌学基本理论的研究，对指导城市品牌形象建设的理论与实践、完善学科体系都具有积极的参考价值。

3.城市规划与设计理论

《城市规划基本术语标准》把城市规划定义为对一定时期内城市的经济和社会发展、土地利用、空间布局以及各项建设的综合部署、具体安排和实施管理。❶

城市设计又称都市设计（Urban Design），指以城市作为研究对象的设计工作，是介于城市规划、景观设计与建筑设计之间的一种设计，重点关注城市规划设计中的空间设计、城市面貌，尤其是城市公共空间设计。城市规划和城市设计可以说是内容交叉、骨肉相连、密不可分的。总的来说，城市规划具有抽象的宏观概念，而城市设计则有具象的微观特点。

城市规划与设计理论是随着城市的发展而逐渐形成的，是城市建设实践活动的理论总结。虽说"城市形象"和"城市品牌"理论是在近现代才提出的，但其理念、思想其实早就隐含于城市规划与设计理论之中。

（二）系统构成

1.城市品牌系统结构

城市品牌系统，是指以品牌学和营销学为切入点的研究系统。品牌原是市场营销学的重要概念，城市品牌的形成是营销、企业形象理论、经济学、社会学、地理学等相关学科交叉和综合的结果。虽说近年来学界从不同的领域与角度非常踊跃地探究城市建设，但是从系统理论角度来探析城市品牌系统结构并不多见。城市品牌建设是一项社会化的系统工程，关于城市品牌系统结构的划分有以下观点。

从二维角度划分的城市品牌系统，以品牌学为出发点划分的城市品牌系统结构，具有主、客体的二维系统的特征。

从三维角度划分的城市品牌系统，是三维城市品牌系统的划分，源于城市本身的三大部分：一为城市体的物质性本源；二为城市居民的内心世界；三为公众对城市品牌的识别。三维系统结构其实是以品牌的物质本源、品牌的精神、品牌的感知这三方

❶ 张曙光.公共管理导向的城市规划[D].合肥：中国科学技术大学，2008.

面为依据来组织系统结构。

2.城市形象系统结构

对于城市形象系统的建构，学界存在许多不同的观点，但是系统的结构都基本相同，主要源于企业形象和城市规划两个领域。

以企业形象为出发点的城市形象系统是以企业形象系统的基本结构为依据的。其主要内容包含城市理念形象系统、城市行为形象系统、城市视觉形象系统三大方面。

以城市规划设计为出发点的城市形象系统中，城市形态和城市景观是不可缺少的组成要素，它不仅是城市形象内部和外部形态的有形表现，同时还承载着深层次的文化内涵，是城市物质因素与精神因素的综合。

3.城市品牌形象系统的五维结构

美国学者狄克·拉波波特把城市定义为"社会、文化和领域性的变量"，城市品牌形象系统恰恰体现了这种社会、文化和领域性变量的城市特质。

城市精神识别，是指城市的发展哲学与城市理念的可识别性。城市行为识别，是指在城市精神制约下个体与群体的行为的可识别性。城市行为体现了城市精神与内涵的动态识别特征。城市行为识别系统包括政府行为识别、企业行为识别、个体行为识别和城市动态行为识别等因素。城市行为具有三维的动态识别特征，涉及市民行为规范（观念、行为、风俗习惯、道德风尚、交往方式等）、制度规范（政府、组织的管理行为、管理手段、服务方式、目标效果）等要素的识别与传播。城市视觉识别，是指对城市整体印象的视觉可识别性。城市视觉识别是城市内涵外在的表现形式，也是城市识别及内外沟通的媒介。城市空间环境识别是指以城市建筑和景观等物质形态的视觉可识别性。城市的空间环境既是城市内涵的物质形态，也是城市形象的直接载体。城市空间环境识别系统由典型的城市风貌、典型的城市规划、典型的城市空间、典型的城市节点等要素组成，体现出了城市的三维识别特征。

三、城市品牌形象的属性

（一）城市品牌形象的文化属性

英国著名人类学家E.B.泰罗对文化下的定义为："从广义的人种学含义上讲，文化或文明是一个复杂的整体，它包括知识、信仰、艺术、法律、伦理、习俗，以及作为社会一员的人应有的其他能力和习惯。"❶城市是人类社会文化的真实写照，反映着它所处的时代、社会、经济、生活方式、科学技术、哲学观点、人际关系及宗教信仰

❶ 张鸿雁.城市形象与城市文化资本论[M].南京：东南大学出版社，2003.

等。城市是文化的物质表现，文化是城市的灵魂，与其说世界上的城市千差万别，倒不如说是城市文化的差异所致。❶

1. 城市的文化特质

城市文化随着城市的产生、发展而形成，在自然、社会和经济等诸因素作用下，体现出以下几方面的特质。

城市文化表现为集中性。人类社会总的发展趋势是城市化，除了人口与生产以城市为中心集中之外，人类物质与精神文明也是以城市为中心汇集起来的。这个集合过程使城市文化更具社会化，涵括面越来越广，凝聚力越来越强。当代世界城市化的迅速发展，这种文化的集中性更为突出。在城市发展的过程中，城市文化以一种强大的凝聚力，当把市民凝聚在一种文化上成为一个统一体时，便构成了一个城市品牌形象的内核。

城市文化表现为地域性。城市文化的形成是一种历史积淀的过程，由于地理位置、气候条件、生产生活方式等因素的差异会形成不同的地域文化，不同的地域文化又存在着其个性特征。城市文化的地域性是指，文化上可以认同的居民及其他人不得不接受的环境条件和历史文化空间。地域文化是城市文化产生的基础，也是城市个性形成的重要因素。虽然现代化的媒体传播手段使当代生活具有更多的共性与趋同性，对地域文化产生了一定的冲击，但这并非意味着地域文化的消亡，相反，在这种情况下地域文化显得更具文化特色和生命力。

城市文化表现为层次性。城市文化同时也是一个多层次、综合、复杂的统一体。从城市文化精神和物质的表现形式及关系分析，城市文化可分为三个层次：一是社会意识、制度、宗教等；二是社会生活、风俗、习惯、审美等大众文化；三是前两者的物化。城市文化的层次性和历史积淀决定了它不会是单一的形态。❷而恰恰是这种矛盾性和复杂性使得城市文化产生了内在的张力，而这种张力会对城市文化的发展起到一定的驱动作用。

城市文化表现为蔓延性。城市的形成，为人流、物流、信息流大量频繁的交流提供了极为便捷的场所，不同的文化在城市里得以交流与发展。人类的知识、思想、经验、机能在城市里日复一日、年复一年地积累着，并被整理加工为一种约定俗成的生活秩序。❸城市文化在交流和发展中呈现着远离传统、趋向共通性的势头，并向城市四周蔓延，这已成为城市天然的属性和功能。例如，近代史上西方文化随军事、宗教和贸易手段的传播，在中国沿海城市形成了以租界区为中心的舶来文化。当代沿海开

❶ 钟凌艳. 文化视角下的当代城市复兴策略 [D]. 重庆：重庆大学，2006.

❷ 李曼. 现代城市文化的比较研究——以大连和沈阳为例 [D]. 大连：辽宁师范大学，2006.

❸ 郝利. 高等学校与文化城市互动发展问题研究 [D]. 桂林：广西师范大学，2008.

放城市文化对内地的渗透与蔓延，即是一个相互同化的过程。在城市文化的这种不断向周边蔓延的过程中，人类文明也相应地得到了传播与发展。

2.城市的人文形象

城市是客观的存在，而城市形象却能被感知。在城市形象被感知的过程中，每一个人的心里都存在着某种心理定势，即对城市客观存在的形象进行重新认知与定位。被感知的结果是注入了主观的印象。随着社会发展，历史文脉的延续，物质文明与精神文明积淀，城市发展的过程中逐渐形成了具有不同地域特色的人文形象。城市的人文形象是以非物质的形态表现出来的，具有强烈的人文意味，以及城市情感、城市情境、城市情节等人文属性。

（二）城市品牌形象的审美属性

从审美对象来看，城市的自然环境和社会环境都是城市审美的对象。从审美过程来讲，城市的审美首先从对城市的感知开始，然后作出理性的美学评判。从审美心理来看，城市审美的主观性也十分明显，受个人经历、心态、遭遇的影响，每个人对城市的审美感知程度也必然存在不同，对城市的审美感受更是存在明显的个性差异。当直接感受城市时，审美主体与客体在交流中相互作用，主观的认知能力、个体与城市互动的方式与结果，都影响着个体对城市品牌形象的审美感知。

1.城市的物质文明与形式美

城市的物质文明指的是城市物质形态的文明。对城市的审美感知首先依托于特定的物质媒介，即通过城市的建筑、景观、自然环境、基础设施等媒介获得的直接审美感知。

物质形态的形式美，是城市品牌形象形式美的重要组成部分。宏观上的物质形态，包括城市的规划与建设；微观上的物质形态，包括城市的植被、桥梁、广场、园林等方方面面。城市的物质形态无不体现着人类诗与思的印记，折射出人类对美的追求。我们把城市物质形态的建筑，称为凝聚的音乐、永恒的艺术，就充分说明了城市物质形态重要的审美价值。城市的物质形态不仅具有极其重要的实用价值，同时也具有永恒的审美价值。

在城市化进程中，把审美意识融入城市建设中，提高城市的品位和审美价值，充分体现出了城市品牌形象外在的形式美。如哈尔滨的冰雪风光、杭州的江南风韵、上海的海派时尚、北京的皇家风范、拉萨的藏族风情等，尽管各个城市的建筑形态千差万别，但是都具有各自独特的审美意味和审美价值，构成了多姿多彩的城市之美。

人们对一个城市"美"与"不美"的评价，既是人们对城市的感知，也是对该城市品牌形象形式美的评价。城市品牌形象建设应该始终围绕"美"的概念不断地更新

理念、创造形象。

2.城市的精神文明与美感

城市的精神文明指的是城市非物质形态的文明。对城市的审美感知，除了特定的物质媒介之外，还有非物质媒介的城市文化、历史、民风民俗，以及市民的行为规范、伦理道德等精神文明元素。从美学的角度来说，审美意识渗透于城市物质内的东西，即为城市的建筑、景观等物质形态；渗透于城市精神内的东西，即是人们的生活方式、道德规范等非物质形态。

城市形象是由多种因素所构成的对城市的整体印象。对城市形象的艺术感知，是城市行为综合作用的结果。城市品牌形象设计把城市的内部审美要素与外部审美要素结合起来，创造出对于外部环境来说是合理的、科学的、统一的、整体的艺术形式，从美学意义上来塑造城市品牌形象，并让大众通过典型的艺术形式来感知城市品牌形象。城市居民既是城市形象感知和评价的主体，同时亦是城市美的建设主体。市民的行为规范、精神风貌及文明素养等构成了城市的精神内核，城市的精神文明体现在市民的举手投足之间。

在城市品牌形象的建设中，无论是物质文明体现的美的存在，还是精神文明体现的美的现象，只要能够体现城市这一地域空间的独特个性，都属于城市品牌形象审美的范围。

（三）城市的经济属性

1.整体性

整体性，是指诸多的经济要素结合而成的有机整体，存在并发挥作用。现代社会是经济社会，而城市又是经济的中心。城市品牌形象是一项整体战略，其经济属性也必然具有明显的整体性特征。

城市品牌形象的整体性在宏观上体现为，要整体考虑城市的资源优势、产业优势和经济特色，来确立城市整体的经济发展目标和经济发展模式。经济的整体性不是把城市经济看成单一的产品、企业或者独立的产业，而是要从整体战略的高度，从资源的承载能力出发，整体考虑资源的合理配置和利用。城市品牌形象的整体性在微观上也体现在具体的设计上，要用整体的观念统一各个识别要素，形成统一的形象。

2.结构性

结构性，是指组成整体的各部分按层次或类别的搭配和安排。城市经济发展需要整体的规划与定位，其整体功能是由其内在结构决定的。经济的内在结构，是指城市各种经济形式与资源等各要素之间、各要素与系统整体之间互相联系、互相作用的方

式。经济的外在结构，是指城市经济与周边地区的经济或产业结构的合理性。不断地
优化城市经济结构，确立最为适应的经济运行结构体系，是城市经济整体性的具体表
现。合理的经济结构是城市经济发展的保障，也是城市可持续发展的保障。另外，还
应特别注重对代表城市品牌形象的支柱产业、企业以及产品的开发和市场拓展，通过
扶持培育，使其成为城市的品牌产业或品牌产品。

3. 开放性

开放性，是指各个系统总是在一定环境之中，并且与环境的其他系统进行着物
质、能量、信息的交换。城市既是一个特定的空间概念，也是一个对外开放的窗口，
开放性是城市经济发展的必然。城市经济的发展不是孤立的，城市经济的发展总是与
城市周边区域的经济发展联系在一起。城市经济的开放性还体现在城市品牌形象的传
播与推广上。

虽然，在市场经济中许多厂商并没有打出"城市品牌形象产品"的旗号，但其
实际上已经在普遍利用城市品牌形象的品牌效应来宣传自己的产品，如"青岛啤
酒""上海桑塔纳""西安杨森""广州本田"等，在传播产品品牌的同时，也在传播
各自的城市。城市品牌形象作用于外部，具有一种较强的扩散力和辐射力，如巴黎
"时尚之都"、维也纳"音乐之都"，这些城市品牌为全球所认同，就充分显示了扩散
力和辐射力的作用。

人们对事物的印象，往往是以个人价值判断为前提的。但是，人们对城市的印
象，往往可以成为人们的心理期待与心理定势。当谈到某个知名的城市时，评价的主
体会对城市存在着一种整体的看法。在这个层面上讲，人们对城市品牌形象的认知和
评价过程，也是人们对城市品牌形象文化、审美、价值三大属性的体验过程。

四、城市品牌形象的可识别性

（一）城市品牌形象可识别性原理

品牌形象的识别有其科学的原理，涉及生理学、心理学等诸多学科。城市品牌形
象塑造的目的就是识别，并通过识别进行城市品牌形象的传播。

1. 视觉记忆

视觉记忆，是指大脑储存视觉信息的能力。视觉记忆具有视觉生理和视觉心理双
重特性。视觉记忆现象，是互动的视觉效应。互动的视觉效应是主观与客观的互动，
是客观现实与主观意识的互动，也就是视觉与记忆的互动。著名的视觉心理学家格列
高里曾说："对物体的视觉包含了许多信息来源。这些信息来源超出了我们注视一个

物体时眼睛所接收的信息。""知觉不是简单地被刺激模式决定的，而是对有效的资料能动地寻找最好的解释。"❶换句话来说，就是人看到某种直觉性质的物体时，或者当一种强烈的个人需要促使下希望看到某些直觉性质的物体时，其记忆痕迹便会对视觉产生强烈的影响。简单地说，就是当视觉接触过一个形象符号，视觉再次看到后第一反应是：我见过它。这是视觉记忆"唤醒"了大脑皮层对这个符号以前的认识。如果这个符号具有显著的个性特征或者反复的视觉刺激，那么其记忆性就更强。

视觉记忆是视觉沟通的结果。品牌形象的识别是通过"同一符号"或"同一印象"与受众进行沟通的，并在品牌推广中产生积极的作用和有效的影响力。视觉沟通泛指"用符号说话"，即把品牌形象作为沟通的媒介，同时，又利用品牌形象的视觉冲击力和产生的记忆来打造品牌形象。

依据符号学原理，品牌形象是以视觉标识和代码的形式存在的，视觉符号既是品牌形象的载体，也是品牌形象的外延形式。品牌形象的传播过程其实是视觉符号的编码过程，品牌形象的视觉编码要依据信息传播原理，围绕品牌的历史、文化、个性特色，展现完美独特的视觉形象。在品牌形象的视觉沟通过程中，独特的视觉形象或者反复的视觉刺激都会产生强烈的视觉记忆。

2.心理认知

广义上的心理认知，是指人的认识过程。人的心理认知经历了信息的接受、编码、贮存、交换、操作、检索、提取和使用的过程，心理认知强调人已有的知识和知识结构对当前的认知活动起决定作用。无论人类是作为信息传播的主体还是客体，对客观事物的认识过程，就是心理认知的过程。心理认知是人对客观事物的能动反应。

人们在生活中的经验积累作为一种心理沉淀，会在不自觉中参与心理认知过程，并可以影响人的直观感觉。心理学研究还表明，人的视觉对信息的接收是有"选择性"的，只有那些契合接受者潜意识需求的信息才能被注意，才能产生心理共鸣，更具有识别性。如人们提及古城，就会立刻联想到西安；提及西湖，就会联想到杭州；等等。这既是对城市品牌形象的心理联想，也是人们对城市品牌形象的心理认知。

（二）城市品牌形象可识别性要素

著名的城市规划学者吉伯德曾说过："城市中一切看到的东西，都是要素。"的确，无论是城市的物质形态，还是城市的非物质形态，一切可以看到的东西都是城市的视觉元素，也都具有可识别的特征，所以，也都是城市品牌形象的识别要素。城市品牌形象的识别要素是城市品牌形象的载体和重要组成部分，对打造出一个具有竞争力的

---

❶ 格列高里.视觉心理学[M].杨旻，译.北京：北京师范大学出版社，1986.

城市品牌具有极其重要且深远的意义。那么如何识别呢？城市品牌形象的识别要素又有哪些构成要素呢？在中国，由于历史、文化、地域、经济、政治情况等原因，不同地区有不同的特点和个性。比如，北京在历史中曾被称为"北平"；天津被称为"北方的威尼斯"；上海被称为"东方巴黎"或者"东方之珠"；重庆被称为"山城"……所以城市品牌形象主要由城市的自然环境特征、历史文化特点和经济发展特点组成。

城市品牌形象建设就是通过对城市标志性建筑、标志性景观、标志性街区、标志性公共空间的规划与建设，来强化城市品牌形象的视觉识别特性，并通过典型形象使人们留下深刻印象并产生记忆。

著名的符号学专家罗兰·巴特认为："城市是一个论述，我们仅仅借由住在城市里，在其中漫步、观览，来谈论自己的城市，谈论我们处身的城市。据此，城市本身是有意义而可读的正文，而且城市正文的写作者，正是生活其中的人。"❶由此可见，生活在城市空间环境之中的人对城市空间环境的把握，多是源自其自身的需求和感受的。

城市精神可唤起市民主体意识的觉醒，以共同的城市发展信念与价值取向为核心，凝聚力量推动城市的发展。例如，湖南长沙人"心忧天下，敢为人先"的城市精神，饱含了湖南人在中国近代史上解放思想、敢闯敢试、开拓进取的革命精神，同样也是当代长沙人的精神写照，具有显著的城市精神的个性特色和识别特征。

中国用"路不拾遗，夜不闭户"来描述一个城市的行为风尚，是对这个城市行为文化模式的肯定。在城市品牌形象建设中，我们经常听到一句话"人人都是城市形象，处处都是投资环境"，强调的就是个体行为与城市形象的关系。人们对一个城市的评判，往往可能因为一件微不足道的小事，影响到对整个城市的印象，无论是政府行为、企业行为还是个人行为，都直接关系到城市形象的好与坏。

第三节
城市品牌形象的传播与推广

一、城市品牌形象的传播媒介

将城市品牌形象最大化传播，是长久以来传播者的最大目标。"地球村"的概念出现以来，我们就进入了信息爆炸的互联网时代。多元化传播，整体宣传，充分利

---

❶ 罗兰·巴特. 符号学原理[M]. 黄天源，译. 桂林：广西民族出版社，1992.

用各种媒体、各种途径来宣传城市品牌形象。传播的途径有人际传播、组织传播、大众传播，小范围的人际传播和小集体内部的组织传播，都不如大众传播来得猛烈。所以，城市品牌形象的传播途径优先选择大众传播。

现代传媒对城市品牌形象的传播作用越来越显著，有着强大的影响力，病毒式的传播速度，使得媒体传播的地位越来越重要。综合运用传统媒体和互联网这些网络平台，结合重大的活动事件，都可以加强城市品牌形象传播的深度和广度。传播媒介可以将优质的信息传递到社会的各个角落，使不同阶层的人们打破传统观念的束缚，积极加入现代化建设浪潮中去，推进国家的现代化进程。

也正因如此，勒纳在研究城市与传播媒介的双向关系时，甚至把传播媒介的作用形容为一个地区发展过程中"神奇的增值器"。传播媒介对城市品牌发展的推动作用主要体现在两个方面。首先，传播媒介通过对信息的传播，拓展了城市受众的思维空间，开阔了城市受众看待世界的视野，增强了城市受众的主人翁意识，唤醒了城市受众"共建家园"的集体意识。这种上下沟通的互动对话，使整个城市不同群体的认知达成共识，调动了城市受众投身于城市建设发展的积极性，从而加速城市发展的进程。

不仅如此，传播媒介也是提升城市声誉的"助推器"。美国传播学研究者拉扎斯菲尔德指出，大众传媒具有社会地位赋予的功能。❶他认为传播媒介对某些人物加以特别报道后，能够使其获得前所未有的关注度，从而提高他们的社会认知度与社会地位，成为公众中较为显著的人物。这就好比我们生活中众所周知的名人、明星等，正是得益于大众传媒的这种功能而一举成名。这种功能同样适用于城市品牌的建构中。根据拉扎斯菲尔德的观点，如果大众传媒对特定城市不断地加以正面报道，就能够提升这个城市的知名度、美誉度和满意度，提高这个城市在国内外的社会地位。

在多数情况下，人们都受制于各种外在的因素，而无法随心所欲地奔赴自己感兴趣的某个城市，尤其是较远的国外城市。他们了解和感知城市的渠道，只有媒介。普通人足不出户，就可以跟随媒介饱览世界各地的著名城市，几乎不受任何时空的限制，甚至比亲自去城市了解得更加深入细致。从这个意义上讲，传播媒介是城市品牌建构的重要决定因素。

不论从广义的视角，还是从狭义的视角，传播媒介都是文化的一个组成部分，作为信息传播的重要手段，各种媒介的文化作用得到社会的普遍认可。❷鉴于传播媒介的说服功能，在城市品牌形象传播中，许多城市管理者开始将城市像商品一样去推广。比如，制作精美的城市宣传片并在国内外有影响力的媒体上进行宣传，以此提高城市的知名度和美誉度。深圳之所以在全国人民心中有着较为发达、文明、开放的形象，离

---

❶ 张国良. 20世纪传播学经典文本 [M]. 上海：复旦大学出版社，2003：222-234.

❷ 赵学波. 传播视野中的国际关系 [M]. 北京：中国传媒大学出版社，2006：15-16.

不开多年来广州日报集团旗下的多个媒介的持续报道。也就是说，媒介的报道直接影响着受众对城市的感知，媒介是城市品牌形象的承载者。

按媒介途径的传播介质来分，大众媒介又可以分为平面媒介、视频媒介（声画媒介）和新媒体综合类媒介三大类，通过各自不同的传播渠道，向大规模受众单向度地传播内容一致的信息。由于传播介质的不同，因此，不同的媒介在传播内容、诉求人群、传播效果等方面都具有不同的特性。

（一）传统媒介的平面传播

平面媒介是大众媒介中种类最丰富、传播方式最灵活的媒介，也是公信力最高的传播媒介。尽管科技的进步带来的媒介技术发展日新月异，以书籍、报纸和杂志为代表的平面媒介依旧是公众最信任的媒介，对某一事物或事件的说服力和影响力也最高。

对于城市品牌形象传播而言，平面媒体主要是通过报纸、杂志等方式，与信息接受者进行书面化的文字交流和图片化的视觉交流。在新媒体不断冲击平面媒体的传统疆界时，平面媒体正在悄然实现着从单一的信息化功能，向着知识化和休闲化转变，而游客的目的恰恰在于放松和休闲。这意味着平面媒体的功能逐渐与景区品牌传播的目的高度契合。对于景区品牌传播而言，平面媒体具备了信息容量大、细节性强，媒介的传阅率高、持续性强，以及目标对象明确、针对性强三个明显的优势。

平面媒体的信息含量丰富而具体，能够多层次、多角度地展现景区内容的方方面面。同电视这类声画媒体和网络这类快餐媒体相比，多数平面媒体是一种"慢"媒体。书籍、报纸、杂志上关于景区的新闻、通讯、散文、游记等，往往能够从不同的角度对城市形象、景区甚至是美食文化加以细致展现。对于新闻事件和深度报道这类消息类内容而言，读者可以在几分钟到十几分钟的阅读时间内，通过一篇千字文章系统地了解城市魅力。

（二）传统媒介的影视传播

1.电视剧

从电视剧宣传呈现的发展趋势来分析，在表现题材上，都市题材为多数。占优势地位的都市生活题材已成为城市品牌形象传播最为理想的电视剧题材，利用都市的自然、人文景观，运用高潮起伏的情感故事，赋予城市内在品质与人文气息，使城市品牌形象在景、情、人的交融中成功地塑造并传播出去。在地理位置上，拍摄城市多以经济发达地区为主。在电视剧拍摄地分布方面，北京、上海两地占绝对优势，东部沿海一带次之，西部内陆较少。电视剧城市背景的选择在其中便显得尤为重要。选择的城市应该与电视剧主题、旋律保持一致。在拍摄方式上，表现为拍摄的跨区域性。电视剧拍摄地呈现出跨区域性，随着经济的发展和交通的日益便利，跨区域拍摄成为当下电视剧选取场景的一大趋势。城市与城市之间联手进行城市品牌形象宣传，不仅可以节省经济投入，而且可以丰富电视剧拍摄的场景，使电视剧本身和城市达到双赢。

从电视剧宣传呈现的传播途径来分析，可以选取城市的某处景观。一些电视剧为了反映特定城市的生活环境和历史面貌，会在这个城市中选取最具有代表性的景观作为拍摄外景地。城市管理者应该抓住这种良好的宣传机会，进行宣传报道，有助于扩大城市的知名度，增加具体的城市标志性建筑的文化影响，带动城市旅游业的发展。另外，也可以以一座城市为故事背景，并直接在电视剧中明确标注城市的名称，那么作为承载着整个故事发展的背景城市，其城市品牌形象在客观上会随着电视剧播出的影响而得到广泛传播。观众在收看时会把电视剧中的人物、故事与真实的地点结合起来，想象这里曾经发生过什么，有过怎样的悲欢离合，使得城市品牌形象有血有肉，进而打造出拥有自己特色文化的城市形象品牌。电视剧主题曲及台词可对城市名称进行再强调，电视剧往往以主题曲、插曲、台词以及字幕等多种方式强调故事的发生地。这在一定程度上不仅推动了故事情节的发展，也加大了城市品牌形象传播的力度，达到传播的有效性。

从电视剧宣传反映百姓真实生活角度来分析。方言是进行城市品牌形象传播时不可忽略的元素。每个城市都有当地独特的方言，一方水土养育一方人，方言也是一座城市独特文化的重要组成部分。通过电视剧演绎故事的方式，将城市的方言文化传播出去。如果这部电视剧成为全国大热的电视剧，那么观众不仅能看到城市的外在风光，也能感受和体会到城市的内涵，会使这座城市的文化更加引人注目。在内容的演绎上，城市包容性也成为城市品牌形象传播的主要内容。像上海、北京这样的大都市，其现代化建设和基础设施的配备，没有必要再在电视剧上进行大肆渲染和宣传，而更应关注城市本身的人文精神和内涵。展现属于普通百姓的娱乐文化生活也是进行城市品牌形象传播的重要手段。每一座城市都是一个多元素集合体，不仅有外在的风光，人文内涵也是展现城市品牌形象不可忽略的重要因素。

从电视剧产业文化角度来分析，电视剧产业作为一种文化产业，包括电视剧的拍摄基地、电视剧生产以及电视剧文化产业服务链。城市应充分利用各种资本和本地文化资源，大力发展电视剧产业。城市可以从电视剧市场中获得利润。由拍摄活动引出的影视基地建设、影视文化旅游、影视文化产品等相关产业，可以吸引游客，塑造城市文化形象。

2.电影

从城市的发展现状角度来看。城市之间的竞争也上升为经济实力、文化实力、影响力等多方面的竞争。因此，利用电影这种既具有声画效果，又包含情节渲染的传播平台，便成为城市品牌形象宣传的重要手段。面对电影产业的繁荣发展，城市品牌形象的推广者并没有忽视这一巨大市场。越来越多的电影开始具备宣传城市品牌形象的功能。这些电影在场景选择、情节铺陈等方面，选择与某一城市的风景或者人文相结合，在拍摄电影的同时，宣传城市的独特形象。

我国城市宣传与电影的合作初始于影视城的建立，城市通过投资建设影视基地，吸引电影制片商来此取景，接着开始以协助拍摄的方式出现在电影字幕的鸣谢部分。城市与电影的合作程度越来越深，城市品牌形象在电影中的表现形式也越来越多，各种新的合作形式层出不穷。

从城市品牌形象的呈现方式来看。首先是电影的片名。电影的片名最能直接反映影片与城市的关系，如《爱在廊桥》《港囧》《阿佤山》等，它们的片名就直接点明了影片发生的地点和背景。这样直白的呈现形式，能够提高该城市在电影拍摄和宣传中的出现率，不断刺激观众的听觉和视觉，让观众在收看影片的同时，也接受了与影片相关的城市信息。其次，是电影的台词和道具。电影情节的推动需要依靠演员的台词和道具的使用，台词和道具的使用常可直接点明或显示影片拍摄地点。电影《高海拔之恋2》中的重要道具女主角的货车上可以明显看到"云R"的车牌标志，代表云南迪庆藏族自治州，香格里拉市就在这里。旅馆内摆放着各种具有典型藏区风格的披肩、茶具、煮酥油茶的器皿等，也展现了香格里拉地区特殊的民俗文化。再次，是电影的风景。植入风景展示是城市品牌形象宣传中最常见的呈现形式。电影拥有的极佳视觉呈现效果能够更好地展现城市的外在景观形象。对于城市而言，电影独有的光影艺术和镜头语言能够让观众们沉浸于电影所营造的美景之中，从而对该城市形成良好的印象。风景植入这种呈现方式已经成为电影和城市的双赢之举。此外，还有电影的鸣谢。鸣谢主要出现在正片结束后的字幕部分。当城市参与影片的联合摄制或者协助影片拍摄的时候，协助单位就会出现在"鸣谢"之中。鸣谢内容除了对城市政府表示致谢之外，还会出现对风景区、房地产公司甚至酒吧的鸣谢，这些都是城市品牌形象中重要的组成部分。最后，是电影中的语言。一座城市的形象不仅包括外在景观，还包括内在的文化底蕴和风俗习惯。如何在电影中表现一座城市特有的文化、风俗，一直是让城市推广者感到为难的地方。语言是城市品牌形象中的重要组成部分，处于不同区域的城市拥有发音、逻辑不同，以及反映地方历史风俗的俗语和俚语。

3.纪录片

从纪录片的发展现状分析，一部《舌尖上的中国》让中国人对纪录片有了新的认识和热情。而近年来，随着城市宣传工作的需要，纪录片开始越来越多地用于传播城市品牌形象。城市纪录片不仅开始在纪录片中占据一席之地，也在城市品牌形象的传播中发挥巨大的作用。

作为城市品牌形象传播的一种途径，城市纪录片也开始在城市品牌形象的传播中大放异彩，越来越受到重视。在城市品牌形象的类别中，城市的视觉形象是城市品牌形象最直观的展示，而通过媒介的影像文本表现出来的城市缩影，必须包含大量的符号才能够支撑一个城市的外在形态。纪录片作为一种影像传播的方式，可以用最真实的镜头语言向观众展示一个城市的历史和现在。

纪录片的传播内容分为城市风光、城市变迁、历史文化、城市美食、百姓日常生活。从城市风光角度来看，城市的街道、古建筑或者现代建筑、公园、雕塑、交通等犹如城市的外衣，向人们展示着城市的外貌。城市风光作为城市环境中最有特色的部分，是一个城市的标签和名片，因此，也成为城市纪录片的主要记录对象。从城市变迁角度来看，纪录片可以最大程度真实地记录一个城市的发展进程和历史变迁。《西安2020》这部纪录片立足于改革开放以来西安的沧桑变化，回望了长安古城历史深厚的文明，展望了西安新城未来宏伟的图景。从城市历史文化的角度来看，文化是一个城市所拥有的独特记忆，从历史遗留下来的街区到现代化的生活社区，从传统技能到风俗习惯，物质和非物质的各种文化形态组成了一座城市的记忆。城市文化可以为城市增添一些多样化的符号要素，弥补视觉上的雷同所带来的审美疲劳。通过诉说该城市的历史与文化，来表达其独特的民俗文化和精神意境。从城市美食角度来看，民以食为天，食物自然成为记录城市的上佳素材。总导演陈晓卿介绍该片时说道：《舌尖上的中国》一部分是舌尖上的感动，另外一部分是正在变化中的中国，观众从中国人对美食的热爱里读到中国人对生活的热爱，从中国人对生活的热爱里看到中国社会经济的飞速进步和发展。从百姓日常生活角度来看，城市纪录片往往把镜头对准一座城市的宏大历史和名人名景，似乎这样才有记录的意义。但除去历史的光环和名人的荣耀，一座城市仍然具有打动人心的城市魂，那就是这座城市容易被忽略的当下，当下普通百姓的日常生活。

4.城市宣传片

从城市品牌形象宣传片的发展现状可以看出，传统影像仍是主流中国城市品牌形象宣传片的表现形式，主要有MV形式、"解说+画面"形式、"音乐+画面"形式，后两种是最为常见的形象宣传片的表现形式，是国内大多数城市摄制城市品牌形象宣传片的主要表现形式。

2012年5月30日，中国首部城市旅游微电影《我与南京有个约会》上映，开启了中国城市品牌形象宣传片的"微电影时代"，旅游微电影兴起。与以往普通旅游推广宣传片不同，《我与南京有个约会》以一段在南京的跨国恋情为主线，将旅游景点和故事情节巧妙地结合起来，为城市增添了亮色。

同时，内容开始凸显人城互动。中国城市品牌形象宣传片发展十几年来，由最初单纯地展示城市地标性建筑，渐渐过渡到专注城市中的人来体现城市的精神风貌。由"物"到"人"，从高大壮观转向平凡亲切，是近年来城市品牌形象宣传片差异化竞争的结果，也是未来发展的方向。

而从城市品牌形象宣传片的趋势来看，一为主题突出城市，设定主题，赋予城市人性，更能体现城市不仅是建筑之城，更是人们生活之城的内涵。比如西藏地区的宣传片，将西藏之旅上升为心灵的净化之旅，神圣而庄重。二为纪实手法介入城市品牌形象宣传片的拍摄，在此前较为少见。镜头讲究、画面唯美、剪辑成熟是以往城市品牌形象宣传片的一贯风格，城市品牌形象宣传片出现了纪实手法，以朴实、原生态反映城市的真实面貌。三为以"我"为主线，主讲传统城市品牌形象。宣传片以综合介绍城市的地理位置、生态环境、经济发展、人民生活等为主要叙述特点。以"我"的游历为主线，采用第一人称讲述城市景观故事的形象宣传片较为多见。四为投放国际平台，随着中国经济的发展、国家综合实力的提高，中国在国际经济市场中占据越来越重要的地位。同时，国内越来越多的经济活动正走出国门，走向世界，中国城市品牌形象宣传片的宣传视野已经走向了国际。

（三）互联网的舆情传播

1.政务微博

从政务微博与城市品牌形象的关系来看，政务微博作为城市品牌形象的展示渠道，通过网络这个多媒体平台，信息的多样化传播使信息更具有说服效果。不少城市在其政务微博主页中都插入了城市品牌形象宣传片，另外还以图片、文字形式传播城市品牌形象。政务微博可以通过多元形式传播城市品牌形象，从而使得相关信息在传播的过程中更为深入人心。

一方面，作为城市品牌形象传播的互动者，政务微博在进行城市品牌形象传播时能做到及时互动，这极大地消除了群体心理的负面效应，发挥了城市品牌形象传播的正面效应，从而更好地传播城市多元形象。另一方面，作为城市品牌形象传播的权威者，政务微博无疑是网络世界的权威信源，它可以及时发布没有经过其他媒介解读过的关于城市品牌形象的权威的"一手信息"，并直接地将这些信息"推送"到受众面前。

通过与城市品牌形象相互促进的方式，政务微博在城市品牌形象传播上的优势体现在它不仅降低了单个城市进行形象传播的成本，也降低了城市间联合进行城市品牌形象传播的成本，城市间可以充分利用政务微博平台实现彼此间的合作，联合互动。这些都间接地增加了城市品牌形象传播的效力。运用政务微博宣传城市品牌形象，则需要以下步骤。

做好服务者。微博本身缺少有效的信息把关人，微博平台中的信息显得尤其繁杂而难辨真假。这无疑增加了网友搜集有效信息的难度。对此，政务微博较其他微博用户而言，在搜集有效信息方面的效率较高，能够有效地实现资源整合。立足于城市进行信息传递，所以信息发布更贴近民众生活，这也是政务微博较其他微博用户而言的核心竞争力所在。

做好引导者。微博世界里的信息鱼龙混杂，同时也不免存在一些为了满足自己出名的欲望而故意制造噱头、试图赢得他人关注的微博用户。这就要求政务微博在遇到突发事件时，能够运用自己整合及搜集信息的高效率，迅速对信息的真伪进行核实，并第一时间发声，做事件的权威定义者。做好舆论的引导者，对内才能赢得更多粉丝的信任，其发布的信息才会有更强大的传播力。

做好策划者。在信息庞杂的微博世界，要想让自己发布的信息不湮灭在浩瀚的信息海洋中，发布信息前做好策划是十分必要的。既包括如何对微博信息进行议程设置，还包括怎样利用微博信息开展城市品牌形象营销策略，甚至还具体到微博文本的构建和语气的选择。只有做好策划者，才能以网友喜闻乐见的方式发布信息，才能达到与粉丝共同构建城市品牌形象的目的，才能利用微博营销使城市品牌形象传播取得更好的效果。

做好合作者。政务微博必须要有合作意识，使合作双方共赢，只有强强联合才可能使城市品牌形象传播取得突破性进展。这就要求政务微博自身要拥有专业的运作团队，只有提高了自身水平，在与城市政务微博群内的其他微博用户合作时才能使联动效应最大化，而且这也是与其他城市政务微博合作的前提。

2.舆情

舆情中突发事件可以在第一时间被快速传播，这就为城市品牌形象传播提供了新的途径。从某种程度上来说，突发事件是一种被动式的城市品牌形象传播途径。积极妥当的应对方式，非但不会破坏城市品牌形象，还会为城市品牌形象加分。而且，突发事件往往牵涉公共性，具有较强的冲击力，所以更应该受到城市品牌形象传播者的重视。通过舆情进行城市品牌形象传播，则需要以下步骤。

建立健全危机预警预案。度过危机传播中的危机潜伏期，政府应该从以下几个方面努力：准备预案、建立和培养各种合作关系、搜集各种相关建议、检验信息渠道是否畅通、进行新闻发布会的模拟和演练。

具备优秀的新闻发言人。优秀的新闻发言人是城市品牌形象的名片，新闻发言人不仅仅是一个特定的人选或者职业，在危机面前，每一位官员甚至是普通公职人员都有可能充当对外展示城市品牌形象的新闻发言人。所以，政府部门一方面要培养优秀的专职新闻发言人，另一方面也要加强对所有公职人员媒介素养的培养。

加强城市品牌形象舆情监测工作。城市品牌形象舆情监测是一项常态化的工作，需要政府配备专职人员或者与舆情监测机构合作，以一定的时间周期为间隔，对一个城市的某些方面进行媒体和网友观点的汇集与整理。在重大突发事件发生后，进行不定时和重点监测，从而为政府及其他组织的危机应对提供事实依据和参考建议。

提高城市品牌形象建设的公众参与度。一个城市良好形象的建立与维护，仅仅依靠政府的力量是不够的，更需要城市的企业与广大普通市民的积极参与。通过政府号召这类公众集体参与的方式，提高城市品牌形象的知名度和美誉度。

（四）公益活动传播

1.概念

一般而言，城市品牌形象是指城市带给人的印象和感受。一口地道的方言、一份美味的小吃、一套精美的服饰，都可能形成人们对相关城市品牌形象的长久印记。而社会公益活动，又将城市的公益性特征引入了城市品牌形象的讨论。

社会公益活动，是指一定的组织或个人向社会捐赠财物、时间、精力和知识等的活动。公益活动原本是一些经济效益比较好的企业用来扩大影响、提高美誉度的重要手段。但是从2010年开始，公益活动逐渐走出企业，开始贴近群众、贴近生活，从人们生活中的细节处着手，以政府相关部门为依托，创办了一系列便民、利民的特色公益活动。这些公益活动虽然类别各异，但本质核心却是一致的。

对于一个城市的发展，公益活动不仅可以提高该城市的美誉度，还可以提升城市整体形象。从2011年开始，全国各城市社会公益活动的数量和质量的评比活动——"中国城市公益慈善指数"拉开了帷幕，慈善指数最高的城市可以为该城市的整体形象加分。

2.传播的影响方式

在公益文化方面。现阶段我国发展的总体目标之一就是建成"文化强国"。文化是综合国力的重要标志和重要组成部分，也是增强综合国力的重要力量。近年来，各种形式的公益活动逐渐走进普通人的生活，衍生出了生命力顽强的公益文化。相对于经营性文化而言，公益文化具有非营利性和大众性，旨在为全社会提供非竞争性、非排他性的公共文化产品和服务的文化形式。公益文化在城市中的有效传播，不仅有利于社会公共文化事业的发展，有利于尊重和保障人民的文化权益，更有利于提高城市的文化生产力，成为衡量城市文明程度的重要标志。对于城市的形象建设来说，公益文化的传播使命还在于使市民确立起具有高度社会责任感的文化理念和意识修养，维护良好城市品牌形象的坚强后盾。

在公信力方面。对于社会公益活动来说，公信力则是一个公益组织或个人具有的号召力和社会影响力。社会公益活动属于公共事业，因此，公益组织有责任接受公众的监督、质疑，并且维护自身的公信力，保证公益活动的公开性。一个城市公益组织的公信力如何，将会直接影响到该地区的政府形象，而政府形象又是城市品牌形象的重要因素。这就使得公益组织的公信力与城市的形象建设有了直接的联系。因此，对于城市品牌形象而言，社会公益组织的公信力是很重要的，它直接影响到媒体对该城市的宣传以及市民对政府的认可度。很多公益组织都是依靠政府支持运转的，这样的方式不仅有利于公益慈善活动帮助更多需要帮助的人，还有利于公益组织自身的可持续发展。

在微公益方面。一些民间公益人士依靠网络工具，激发普通公民的公益热情，展现出积少成多的巨大力量，因此也被称作"微公益"。2011年迎来了民间公益事业的崛起，也因为如此，2011年被认为是中国民间公益的"微公益元年"。微公益的诞生标志着普通公民慈善责任意识和慈善权利意识的觉醒。

3.公益活动的意义

提高公益组织的可信度。建立公益活动的公信力，维护良好的城市公益形象，可以提高公益组织的可信度。当公益组织的可信度越高，对活动宣传和传播的效果就越好，因此，对城市形象的建设有良性影响。但是，除了城市公信力的建立，也要注意城市的自身建设，公益影响力只是城市品牌形象的短期效果，要想长久，就要全社会共同努力。

名人效应影响传播形象。"名人效应"是在社会群体中处于意见领袖地位的人，由他们传播的信息会比普通人传播的效果好，而且更符合受众的心理需求。公益活动利用明星的知名度以及其与活动价值的契合度取得良好的传播效果。

蝴蝶效应影响城市品牌形象。微公益以其自身力量的微小而著称，但它能够集合每个个体的力量，从而凝聚成巨大的、具有一定社会价值的力量，是任何一个普通人都可以参加的慈善公益形式。与传播效果中的"蝴蝶效应"有着异曲同工之妙。对于城市的形象传播来说，微公益带来的"蝴蝶效应"使这种社会正能量传送到每一个公众的手中，使公益不再仅仅属于个别的少数人群，也使一个良好的城市品牌形象建设在无形的微能量中得到发展。

二、城市品牌形象的推广系统

城市品牌形象的推广系统是品牌形象与受众间紧密联系的纽带。城市品牌形象的管理者要采用一定的推广方法和手段，将城市品牌形象推广后形成大众知晓的品牌。依据推广的手段和城市品牌形象的特点，城市品牌形象推广系统包括活动推广、媒体推广、旅游推广和信息网点推广。

（一）活动推广

活动推广，是城市品牌形象提升的重要途径。活动推广主要是指选择富有城市属性和文化特色的各种论坛会议、节庆活动来传播城市品牌形象的方式。城市文化融入经济活动之中可以提升城市的经济价值和文化品位，形成城市品牌形象的辐射力和凝聚力，增强城市的文化魅力。

经济与文化活动就是活动推广的一种重要形式。这是因为经济是城市发展的原动力，经济的发展可以提升城市品牌形象的知名度，提高城市品牌的竞争力。经济发展可以为城市品牌形象提供能量，城市的经济发展通过发展名牌产品、名牌企业等个体优秀品牌，形成城市经济的比较优势和发展特色，提升整个城市的经济发展实力，形成城市的品牌形象。城市不仅要追求经济的发展，还要重视城市文化建设。城市文化的发展，提升城市价值品位，形成城市的吸引力、凝聚力和辐射力，进而带动经济发展。

经济的发展也依赖城市品牌形象的提升，城市品牌形象的推广可以带动城市经济的发展，良好的城市品牌形象可以吸引资金的聚集，形成经济的二次飞跃。上海是全国除香港、澳门、台湾地区以外第一个跨入世界中等收入地区行列的省级行政区。2001年10月15日至21日，第九次亚太经合组织（APEC）会议选择在上海举行，这是中国首次承办的规模最大、规格最高的多边国际活动。APEC将促使上海加速建成国际经济、金融、贸易发展，带动我国长三角经济的快速发展。通过APEC会议，上海成为全球和区域经济合作受惠的地区，成为发达国家和新兴工业化国家、地区国际资本进入中国的首选地。上海借助经济活动在国际上树立了"国际大都会"的城市品牌形象。

城市文化不仅可以提高城市的品位，而且可以使城市品牌形象独具特色。文化是城市的内涵，城市的人文历史、民族风俗、节庆传统、名人文化等城市的文化乳汁，滋养着城市成长。城市品牌形象的推广借助文化活动，一方面提升城市的文化品位，形成独特的优秀文化品牌资源；另一方面借助城市品牌形象的推广，形成城市的品牌文化价值。

随着城市品牌形象竞争逐步白热化，城市文化活动推广策略成为提升城市品牌形象的制胜法宝。哈尔滨国际冰雪节是城市品牌形象文化活动推广的典型案例。目前，哈尔滨国际冰雪节已发展成为集冰雪文化推广、旅游、经贸洽谈于一体的盛会，也成为人们了解哈尔滨的一个窗口，形成了独特的城市品牌形象。

（二）媒体推广

媒体推广，是指城市品牌形象借助一定的信息传播媒介宣传城市品牌形象。媒体是城市品牌形象推广的途径和通道。随着技术的发展，出现了传统的平面媒体、电视媒体、户外广告媒体和新兴的网络媒体，要根据目标受众的特点选择合适的媒体。

1.平面媒体

传统的平面媒体包括报纸、杂志、宣传册等，凭借着信息量大、报道深入、传播面广、成本低、影响深刻的特点，依然是城市品牌形象推广的重要载体。报纸往往通过新闻、通讯或报纸广告的方式宣传城市的全方位信息，成为人们了解城市的主要信息渠道。杂志以其分类多（如旅游休闲类、金融投资类、求学就业类等）、专业性强、针对性强、影响持久的特点成为城市品牌形象推广的理想媒介。城市品牌形象宣传册多以招商引资、就业置业等方式推广城市。例如，云南丽江根据城市品牌形象的定位，制作精美的宣传册，对城市品牌形象起到一定的促进作用。

2.电视媒体

电视作为现代信息社会中具有影响力的媒体，在传达公共政策、引导社会舆论、影响消费者决策等方面起着举足轻重的作用。❶电视媒体以其灵活多变、手段多样、声形兼备、表现形式丰富、普及率高、娱乐性强的优势成为城市品牌形象推广的主打媒体。据中国城市发展网统计，截至目前，我国省辖市几乎都有自己的城市品牌形象宣传片，县级城市拥有城市品牌形象宣传片的比例达到50%左右。这些数据足以表明，电视媒体是城市品牌形象推广的主战场。

3.户外广告媒体

户外广告媒体，是指主要建筑物的楼顶和商业区的门前、路边等户外场地设置的发布广告信息的媒介，主要包括路牌、霓虹灯、电子屏幕、灯箱、气球、车厢、大型充气模型、高档小区走廊楼道等。户外广告是城市视觉形象的主要组成部分之一，户外广告媒体是城市品牌形象的主要推广媒介。

美国著名规划师凯文·林奇把道路、节点、区域、边界、标志物定位为城市景观形象的五大要素，这五大要素共同组成城市的"可读性"和"可意象性"，而这些要素更是设置户外广告媒体的重要区域。城市火车站、机场、码头或港口、高速公路收费站、旅游风景名胜区等场所是民众密集区，这些地方投放的广告与受众的接触度较高，投放大面积色彩明快、主题突出、设计新颖的户外广告容易使受众形成对城市深刻的第一印象。

---

❶ 张猛. 浅议电视节目主持人应具备的素质[J]. 新闻世界，2012（7）：114-115.

城市户外广告的设置一定要按照城市的整体布局和夜景效果做好统一的规划。首先，加强对风景点、城市门户地带、城市重要节点的布局控制；其次，规划城市商业街干道、城市界面区域等界域的布局；最后，突出旅游城市或特色城市夜景面的塑造，来形成富含特色的广告群景观和良好的夜景效果，并广泛利用各种高科技户外广告技术，体现城市的现代化特色。

4.网络媒体

网络媒体已经成为城市品牌形象推广的重要手段。它具有传播对象面广、信息量大、表现手段丰富多彩、内容形式多样化的特点。此外，网络媒体还具有较强的互动性、趣味性与亲和力，广告的投入不会受到时间和空间限制，观看者可以随时进入，信息更可以随时更新与完善。

当今，一方面新闻类网站成为最具潜力的主流媒体，覆盖范围广，并越来越多地得到公众的依赖；另一方面与其他媒体相比，利用互联网开展的境外传播有效性更高，扩展了城市品牌形象推广的国际化平台；同时，网络媒体的推广费用相对较少。

目前，多数城市都在城市门户网站上开辟城市品牌形象推广的专题页面，主要的任务是系统地宣传人文历史、自然资源、城市建设、经济发展等方面的突出优势并及时更新和完善。大部分城市将交通、住行、旅游、文化等项目做了技术上的链接，并建立大量的搜索引擎，以增加浏览量，提升影响面。四川省成都市开设了"大熊猫世界"英文网站，发布了大熊猫"恳亲"的消息和介绍成都市大熊猫繁育研究基地的情况，将成都市保护环境、爱护动物、关注可持续发展的城市品牌形象推向了世界。❶

（三）旅游推广

根据国家旅游局统计数据表明，2015年中国接待国内外旅游人数超过41亿人次，旅游总收入突破4万亿元，比2014年分别增长10%和12%。入境旅游在这3年来首次出现增长，2015年接待入境旅游1.33亿人次，较上一年增长4%，入境旅游外汇收入1175.7亿美元，同比增长0.6%。❷旅游业已经成为最具经济增长力和利润空间的行业，中国旅游投资已进入"黄金时代"，增长势头强劲，大额资本不断流向旅游企业。2015年，我国旅游投资持续强劲增长，全年完成投资10072亿元，同比增长42%，增幅比去年扩大10个百分点，在历史上首次突破万亿元大关。❸旅游业也日渐成为不可

❶ 殷好. 城市对外形象传播研究——以南京市对外形象传播为例[D]. 南京：南京师范大学，2007.

❷ 2015年中国接待国内外旅游人数超41亿人次[EB/OL].（2016-01-18）. http://travel.people.com.cn/n1/2016/0118/c41570-28064478.html.

❸ 中国旅游研究院. 2015年中国旅游经济运行分析与2016年发展预测[M]. 北京：中国旅游出版社，2016.

或缺的重要经济产业。2023年全国国内旅游出游3.08亿人次，同比增长23.1%，恢复至2019年同期的88.6%；国内旅游收入3758.43亿元，同比增长30%，恢复至2019年同期的73.1%。

旅游是社会经济发展到一定阶段后产生的文化精神消费活动，是一种社会文化现象，旅游是以人为载体的社会文化的交流。旅游者之间、旅游者与旅游地居民之间，从旅游活动发生开始就在持续进行着思想、文化、价值观乃至社会关系的交流。

由于旅游多数是一种自发行为，旅游所承载的社会文化交流更多的是一种民间的、平等的、相互的交流沟通。是人类文化成果在旅游活动中反映出来的观念形态及其外在表现。❶一方面，游客本身往往对旅游地的文化带来影响，尤其对于经济、文化不太发达的地区，游客本身带来的经济、文化和价值观都会对当地文化带来影响，往往体现为当地居民对游客行为、服饰、语言习惯的模仿；另一方面，旅游地本身的文化、风俗等也会对游客产生巨大的影响，强势的旅游地文化，如欧洲、北美洲的当地文化会反过来影响旅游者的认知、观念、态度和行为。

旅游业是国民经济中的第三产业。首先，加快发展旅游业，可以有效地推进我国工业的发展、扩大就业的领域和就业人数，一定程度上留住了将要迁徙的社区人员或将要外出谋生的本地居民，从而保证了当地社区结构的稳定和家庭结构的完整。这些居民多数将从事与其传统的生活形态相适宜的工作，又增强了对所在社区和文化的认同。其次，旅游业的发展有助于本地居民的文化认同，当本地居民习以为常的生活状态成为可供欣赏的旅游对象时，居民对自身文化的归属感往往会被不断地提醒和唤起，进而引起他们对自身身份表述的强烈关注。对于大多数的景区所在地，尤其是新开发的景区所在地而言，地方政府应当利用旅游带来的经济契机，发展旅游业及其相关产业，使得居民既能够获得经济收益，又能够实现对所在社区、民族乃至文化的认同。旅游推广是城市品牌形象营销的重要途径，主要体现在以下几个方面。

打造城市旅游品牌，以旅游品牌带动城市品牌形象推广。特色是旅游的精髓，也是品牌的精髓。要善于整合自然环境、民俗文化、城市建设、特色活动等资源，突出旅游产品的个性与特色，塑造国内外驰名的旅游品牌。

加强城市环境管理，以优美的城市形象提升城市品牌价值。在准确定位旅游目的地性质的基础上，结合国家卫生城市、园林城市、文明城市、旅游城市的标准，切实加强和改进城市环境管理，全面提升城市品牌形象。

让市民获得实惠，以广泛的市民参与促进城市品牌形象的可持续发展。除了政府和企业以外，广大市民是城市形象的主要营销主体。必须在政府、企业和个人之间形成更加紧密的利益共同体，扩大市民参与，真正实现旅游资源共享、旅游形象共同塑

❶ 陈文君. 节庆旅游与文化旅游商品开发[J]. 广州大学学报（社会科学版），2002（4）：51-54.

造、旅游市场共同管理，让每一位市民都成为城市品牌形象的推广大使。

例如，张家界市是全国优秀旅游城市，城市管理者结合自身资源，采取红色旅游与绿色旅游相结合的策略推广张家界的城市品牌形象。由张家界公园、索溪峪、天子山三大景区组成的张家界武陵源风景区，地质构造复杂，地貌风景奇特，大面积石英砂岩峰林地貌世界罕见。这里溪谷纵横，千山重叠，"雄、奇、险、峻、幽、秀、野"兼具，构成无与伦比的绝妙景观。❶张家界武陵源风景区 1992 年被联合国教科文组织列入《世界自然遗产》名录，2004 年又被列为"世界地质公园"。张家界还是贺龙元帅的故乡，是湘鄂西、湘鄂边、湘鄂川黔革命根据地的中心，是红二方面军战斗成长并开始长征的地方。在绿色旅游资源和红色旅游资源整体推广方面，张家界立足湖南、辐射全国、放眼世界，实现红色旅游与绿色旅游的和谐发展，通过红色旅游与绿色旅游的优势互补、共同发展，使城市形成了国内外知名旅游胜地的城市品牌形象。

（四）信息网点推广

信息网点是城市品牌形象推广的重要手段。城市的信息网点主要分布在城市交界处、高速公路休息区、城市中心、主要历史文化景点等人口密集地点。信息网点发布的信息包括城市所有的有关政治、经济、投资、资源产业、旅游、食宿、教育信息等综合与分类信息，使人们全面、系统地了解城市的形象。在美国纽约、芝加哥、华盛顿等和欧洲的伦敦、巴黎等大多数城市都有信息网点。一方面方便市民和外来人群生活、学习和工作；另一方面通过动态媒体、印刷媒体免费向公众提供城市旅游、置业、食宿等相关信息，使公众全方位地了解城市信息，加深公众对城市的印象。城市信息网点推广品牌形象的方式主要包括：城市信息系统的基本框架和城市信息系统的网点布局。

在城市建构原则上，城市信息系统网点建设要遵循一定的建构原则，即需求驱动原则、总体规划原则、分步实施原则、重点突出原则、适当超前与动态协调发展原则、整合发展原则。

在城市空间建设上，城市信息系统的网点布局要按照从大到小、从远到近、从外围到中心的特点进行网点的布局。有目的、有规划、有系统地进行，按照纸本、媒体、网络相结合的方式进行建设、布点，集中推广城市品牌形象。城市品牌形象信息网点推广的内容应该包括该城市的形象、发展历史、风景名胜、交通现状、经济发展、城市艺术（包括经典的建筑、绘画、音乐与设计等）、城市的非物质文化遗产等，简单来说就是这个城市的衣、食、住、行。

---

❶ 吴礼明. 仙界展翠迎来宾——访湖南省张家界市市长胡伯俊 [J]. 中国城市经济，2006（12）：21-24.

信息网点要注意布置在城市的各高速公路入口、城市的铁路入口（火车站）、城市的长途汽车中转站、城市的中心广场、城市的购物中心、城市的旅游景点等与受众接触面大的地点。在美国，城市的高速公路、城市节点、城市中心、历史文化遗址、交通枢纽等位置都设有信息中心，每个城市的企业、学校、医院、商店也有相应的信息中心，免费提供翔实的城市分类信息。城市的信息中心给外来人群提供方便的交通、住宿、旅游或者购物咨询，让外来人群对城市形成亲切感和认同感。

在城市品牌建设上，城市品牌形象中信息网点的建设应该：第一，建立由城市空间基础信息平台、城市综合信息平台和城市电信基础平台组成的核心系统，达到共享和支持；第二，建立各行业发展需要的应用系统，这是数字城市发挥作用的根本；第三，建立网络与信息接入设备，它们是数字城市应用的前端，直接面向最终用户包括城市中的每个公民和对外的形象展示；第四，建立相应的政策法规与保障体系，并为数字城市建设及运行提供法律、经济、标准、组织和管理等方面的保障。

总之，城市信息网点是城市品牌形象推广的窗口，信息网点建设是城市各部门、行业、领域的共同责任。城市信息网点也是城市对外交流的窗口，体现了城市现代化的管理水平。城市信息网点也是衡量城市信息化程度的标准，信息产业是信息网点建设的重要基础，信息网络是信息网点建设的重要支撑，企业信息化和社会信息化则是信息网点建设的具体应用。

第四节
全球化进程中的城市品牌形象

一、城市品牌形象的定位

全球化、信息化、网络化使得世界各地的距离越来越近，科学技术的发展使得物质文明越来越发达，我们步入了一个物质文明极为繁荣的时代。科技产物最大的特点就是雷同，科技的进步虽然解决了工业化时代城市人急剧增长的物质需求，同时也使得城市固有的个性逐渐消失。城市发展的趋同化现象使得城市间的经济、产业、文化以及人们的生活方式惊人相似，城市的建筑与设施、道路与交通、公共空间、生活环境也变得极为雷同。

在经济全球化和区域一体化的背景下，运用城市品牌形象战略来提高城市核心竞争力，成为当今城市发展的必然选择。❶这种发展趋势标志着现代城市已步入了以品牌形象为主导的知识经济时代。

　　城市要想在激烈的竞争中抢得先机，必须要有明确的发展战略定位，必须塑造鲜明的城市品牌形象。城市品牌形象是城市竞争的重要内容。城市品牌形象必须从定位开始。城市品牌形象的定位，是城市发展战略的前提和基础，是城市品牌形象塑造和传播的关键。

　　城市品牌形象定位，要找到该城市区别于其他城市品牌形象的不可替代的个性和特色，发现和提炼城市的核心价值观。正如余明阳所说："任何产品和服务在市场上的竞争都离不开独特的市场定位，同样，城市也不例外。因为市场定位的实质就是将城市放在目标受众心目中给它一个独一无二的位置，由此形成这个城市鲜明的品牌个性。"孙湘明同样指出："城市品牌形象的定位是指确定城市在发展过程中在目标市场的位置。换句话来说，城市品牌形象定位即为城市确定一个满足目标受众需求的品牌形象，其结果使城市获取人们的认可，进而提升城市品牌。"❷这种认可，具体是指城市的投资者、旅游者和居住者被该品牌城市独特的优势所吸引，来此投资、旅游或定居。这也是城市品牌形象定位所追求的最终价值。

　　可见，城市品牌形象的定位不在于城市的"强"与"大"，而在于"特"。一些小城市因为有突出鲜明的个性和特色，反而更具魅力和吸引力，比如丽江、平遥和拉萨等小而特的城市，吸引了众多游客去体验那份独特的城市风情和美丽。放眼世界，不少久负盛名的城市都具有独特的城市品牌形象（表3.1）。

表3.1　国际著名城市或地区的城市品牌形象定位

城市与地区	城市品牌形象定位	城市与地区	城市品牌形象定位
纽约	万都之都	东京	国际大都市
伦敦	创意之都	新加坡市	智慧岛
巴黎	时尚之都	中国香港	亚洲国际都会
威尼斯	浪漫水都	大阪	体育乐园
维也纳	音乐之都	迪拜	中东的运动之域

　　个性鲜明的城市品牌形象定位，凸显了城市的核心竞争力，为城市的科学发展作出了正确的战略选择。在城市品牌形象竞争的今天，我国不少城市也开始给自己一个定位（表3.2）。

---

❶ 刘湖北. 我国城市品牌塑造的误区及对策 [J]. 南朝大学学报（人文社会科学版），2005（5）：65-69.

❷ 凯文·莱恩·凯勒. 战略品牌管理 [M]. 卢泰宏，译. 北京：中国人民大学出版社，2009.

表3.2　国内著名城市的城市品牌形象定位

城市	城市品牌形象定位
上海	东方明珠、经济中心、金融中心、贸易中心
广州	花城、华南地区经济中心和交通中心
深圳	区域金融中心和经济中心、华南硅谷
天津	北方最大的国际港口城市、首都的海上门户
西安	世界四大古都之一、西部科技创新城市、西部文化旅游中心
重庆	山城、雾都、西南地区最大的工业城市
成都	休闲美食之都、西部商贸之都
杭州	世界休闲之都、生活品质之城

　　但是大多数城市在近三十年快速城市化的进程中，拆旧城建新城，修建同样的仿古建筑、步行街、大而无当的广场和博物馆以及空洞无物的所谓"标志性建筑"和"形象工程"。跟风的结果导致了"千城一面"的尴尬局面，所谓城市品牌形象也就无从谈起。或者，城市品牌形象的定位不够严谨、比较随意，以致城市品牌形象之间缺乏显著的区别度，差异化优势难以显示。比如，大连和珠海都是浪漫的沿海城市，定位难以区分，更不用说那些产业结构十分相似的中小城市，是怎样的泯然众人。又如，20世纪90年代以来，中国掀起了建设国际化大都市的热潮，有40多个大中城市都提出了建设国际化大都市的发展战略目标，这种不顾自身资源和发展逻辑，一股脑地赶潮流、好高骛远的做法显然是脱离实际、不科学、不理性的。盲目仿效和互相攀比，只会使城市失去个性和自我，失去优势和竞争力。

　　不少学者都指出了城市品牌形象的定位通常应遵循的一些原则，如中国社科院研究员李成勋提出了五大原则：认同性、美誉性、导向性、专属性（特色性）和真实性（图3.3）。❶

　　北京国际城市发展研究院城市发展研究课题组提出，城市品牌定位除了独特性与实用性之外，还要注意"延展性"，即城市品牌可以带动一个产业群，带动城市周边地区的发展。并列举了"国际影都"洛杉矶，不但以电影制片业为主力阵容，而且发展起演艺业、置景业、电影特技业、休闲旅游业、电影发行业、音像制品业等电影延伸产业。❷这对北京打造"东方影视之都"有很好的借鉴作用。

　　学者孙湘明在"真实性、认同性、差异性、导向性"之外强调了"可持续性"原

❶ 李成勋. 城市品牌定位初探[J]. 市场经济研究, 2003（6）: 8-10, 1.

❷ 北京国际城市发展研究院城市发展研究课题组. 中国的城市品牌之路[J]. 领导决策信息, 2002（8）: 17-21.

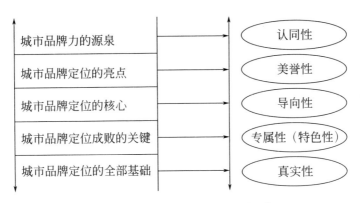

图3.3 李成勋城市品牌定位原则示意图

则，认为城市品牌形象的定位，要着眼于城市的长远发展，要有一定的前瞻性和稳定性，要能够在未来一个时期内引导城市的发展方向。❶以上学者提出的观点都是值得肯定、有价值、经实践考验证明是有指导意义的。

笔者认为，在这些共通的城市品牌形象定位原则外，还应补充一条"更新性"原则。城市品牌形象不同于一般产品，其具有丰厚的历史背景和文化积淀，持续性、稳定性更为突出。也就是说，城市品牌形象一旦定位，就具有固定性，一般不必在短期内频繁更改，但这并不意味着城市品牌形象就可以一成不变了。而是时过境迁后，也需要动态地把握时代发展趋势，与时俱进，适当进行改善和创新。

比如自18世纪工业革命至20世纪初，大英帝国的首都伦敦一直是世界上最重要的政治、经济、文化、艺术和娱乐中心之一。但进入21世纪后，随着经济全球化和欧盟的成立，伦敦作为欧洲经济中心的地位受到巴黎、慕尼黑等一些城市的挑战。伦敦过去的辉煌不再，还保留着老牌帝国保守、拘谨的形象。在新的时代语境下，伦敦开始重新定位城市品牌形象，建立了新的城市品牌识别系统。在"开放、迷人、自信和动力无限"的品牌格调的基础上，凸显了伦敦"文化多元性、无限创造性、充满机会以及无穷积极的推动力"的品牌价值，最后归结为伦敦城市品牌的核心价值——"不断探索"，并设计了一个活力无限、变化无穷的万花筒形象，作为伦敦新的城市品牌形象标识符号，一个新的伦敦的形象出现在世人面前。老牌工业城市伦敦在创意经济时代重获生机，成为独具魅力和竞争优势的世界创意之都。

二、全球城市网络的形成

城市在经济全球化的过程中具有核心作用，把城市引入经济全球化的分析中，有

---

❶ 孙湘明. 城市品牌形象系统研究[M]. 北京：人民出版社，2012.

助于我们再概念化经济全球化的过程，同时，尽管全球化确实影响了农村，但是全球的力量主要还是集中在城市。例如，周边地区提供劳动力、物质和技术等基础设施。

社会经济中的各类要素都与全球化的进程密切相关，而城市作为一个场址，则承担着将这些要素与全球化进程联系起来的节点作用。也应看到，对城市本身的分析实际上是在把民族国家的领域进行分解，至少在经济领域上是这样。

城市在经济全球化中发挥着巨大的作用，而这种作用的发挥是建立在城市与其他城市共同组成的全球城市体系的基础之上的。城市不仅与全球经济网络发生关系，而且这种关系的产生也同样来自全球城市体系。城市与城市之间的相互作用不仅建构了经济网络，而且其本身又改造着城市的体系结构，使每个发生作用的城市自身在此建构的过程中进行着重组。

全球城市网络的形成，还表现在城市本身的职能构成和城市体系的结构特征上。在过去的城市中，城市的经济结构是以经济活动的部类来进行划分的，在每个部类的经济活动中从管理到生产都在一个城市或地区内进行，每个城市担当着其中某个或多个部类的经济活动，因此，形成了诸如"钢铁城市""纺织城市""汽车城市"等的城市类型。

随着经济全球化的进程和经济活动在城市中的相对集中，城市与附近地区的城市之间、城市与周围区域之间原有的密切关系也在发生着变化。每一个城市的联系范围在扩大，即使是一个非常小的城市，它也可以在全球城市网络中建立与其他城市和地区的跨地区甚至是跨国的联系，它不再需要依赖附近的大城市而对外发生作用。从这样的意义上讲，任何城市都可以成为建立在全球范围内的网络化联系的城市体系中的一分子。

随着经济全球化的不断推进，全球城市或世界城市就成为全球化研究的重要领域，尽管全球城市的名称出现是新近的事情。全球城市或世界城市一些功能的发挥，是建立在经济全球化基础之上的，而且可以被称为"全球城市"的城市也不仅仅限于纽约、伦敦和东京，还有巴黎、法兰克福、苏黎世、阿姆斯特丹、洛杉矶、悉尼、香港等。这些城市之间高强度的相互作用，特别是通过金融市场、服务性贸易和投资的迅捷增长，并因此而构成秩序。

三、城市品牌融入世界话语体系

在经济全球化浪潮中，品牌已成为快速获得利润和持久发展的最有效途径，打造城市品牌是经营城市的必然选择。作为一座国内城市，要想塑造国际城市品牌形象，其传播策略的重点注意问题是要能够融入世界话语体系。

　　融入世界话语体系，首先是语言符号的使用问题。与一般的口头、书面语言不同，媒介语言一旦形成，就会借助现代化的传播手段迅速传播出去，在世界范围内产生影响。❶这就在客观上对媒体（特别是外宣媒体）的语言转换水平提出了很高的要求。

　　除了语言符号的使用之外，话语方式或表达方式的问题也不容忽略。❷一国信息传播的话语方式只有同目标受众的信息编码、释码、译码方式相吻合，传播才能顺利进行，才能取得预期的效果。❸否则，传受双方就会因错位而无法对接。这就要求形象塑造与传播主体改变以我为主、自说自话的表达方式，尽量寻找与信息流向地受众话语的共同点，并努力扩大这个共同点，以世人能够接受并乐于接受的方式表达。❹只有这样，所传信息才能引起人们的关注与兴趣，也才有可能经"二次传播"被更多的人知晓。

　　那应该如何做呢？这里举一个精彩案例，以资借鉴。2012年7月4日在伦敦奥运会开幕前，中国至少有7个城市在伦敦营销城市品牌形象，引起英国媒体极大关注，十分精彩。当时，与"熊猫巴士"争妍斗艳的，还有杭州市的旅游形象推广出租车，车身是西湖山水和一位端着茶杯的姑娘，上面印着"Unseen Beauty Hangzhou China"（中国杭州，无与伦比的美丽）。杭州计划在9个主要的游客来源国家投放约60辆公交广告车，还有伦敦的150辆出租车。早在2012年3月份，杭州诸多旅游单位和企业便组团到了伦敦，带去了书法、茶道以及美轮美奂的照片。

---

❶ 程曼丽. 大众传播与国家形象塑造 [J]. 国际新闻界，2007（3）：5-10.

❷ 黄丹萍. 纽约时报的涉华报道研究——以21世纪初重大事件报道为例[D]. 南昌：南昌大学，2009.

❸ 尹锐，孙培菡. 浅析新闻语言的开放性 [J]. 学理论，2011（10）：139-141.

❹ 黄丹萍. 纽约时报的涉华报道研究——以21世纪初重大事件报道为例[D]. 南昌：南昌大学，2009.

城市形象创造性构建：
设计学视角下的城市
景观形象设计与解析

城市，是人类文明和技术创新的主要发源地和汇集地。在城市景观设计中，人们首先感知的是城市形象，它是构建城市景观设计的物质条件，它既源于现实，又是景观人工加工而成的。❶城市景观形象设计的研究范围与城市规划、建筑设计、园林景观设计及城市设计有着众多交叉的领域，它包含了城市中一切可见的空间、景物、形象和事件。本章将对城市景观的形象构建展开论述。

第一节
不同等级城市的景观形象差异

从大城市到小城市，不同等级的城市承担着不同的社会职能，提供不同等级的社会服务。如国际级的经济中心城市承担着国家经济发展的引擎作用，是国家经济融入全球经济网络的节点，承载着大量人流、物流和信息流；而中心城镇则具有承上启下的重要作用，既是大中城市扩散工业的接纳地，又是分散农村工业的集中地，还是相应服务业的小区域综合中心。这样便可形成系统完整的区域化服务和基础设施体系，实现国家或地区的整体高效运转。

尽管城市不论大小均由各种形态的建筑实体、城市交通等基础设施网络和绿地系统组成，均应满足人们日常工作和生活的各方面需要，但不同的社会职能直接决定了大城市与中小城市在城市景观形象上有着诸多差异，具体表现在以下几个方面。

一、城市空间尺度

大城市与中小城市在景观形象上最显著的差异，便是城市空间尺度的差异。

大城市作为国家经济、文化或政治中心，承载着大量人流、物流和信息流，这里往往是高层乃至超高层巨型摩天楼的聚集地，人们常说的"城市长高了"形容的便是此种城市景观现象。单体建筑面积动辄十几万乃至几十万平方米，体量巨大且功能高度复合，建筑实体所围合限定的城市公共空间如城市广场、街道、绿地系统等尺度也相应宏大，城市轮廓线起伏而丰富，处处体现出现代化大都市的恢宏气势，以及接轨全球、辐射周边地区的引擎式巨大张力。人们身处其中更多感受的是人类文明对自然

---

❶ 邵靖. 城市滨水景观的艺术至境[M]. 苏州：苏州大学出版社，2003.

的征服力、作为个体的人其自身的渺小，以及现代都市的紧张感、快节奏和高效率。

二、城市交通网络

城市交通网络建构了城市的基本骨架，建筑实体附着在其两侧围合限定着城市空间。城市交通网络作为城市基础设施，其数量、等级和分布密度等的确定均有一定的科学依据，是与其城市规模和职能运转的需要相匹配的。

大城市与中小城市的交通网络在数量、等级、分布密度以及种类上均有着较大的视觉景观差异（表4.1）。例如，同样是城市主干道，由于每小时机动车流量的不同，大城市往往采用八车道、四幅路的道路形式，而中小城市则采用四至六车道、三幅路的道路形式；又如，某大城市其道路红线等级有14米、24米、30米、40米、60米、80米、100米之分，而某中小城市最高等级道路红线达到60米便已能完全满足城市交通负荷的需要；再如，由于交通流量及每日人流量的巨大，二维平面化的交通网络已无法满足大城市的高效交通运转，加之地价的昂贵，迫使交通向立体空间化方向发展，于是城市高架、地铁、轻轨等成为大城市中司空见惯的城市景观，而中小城市交通方面的压力则小得多，一般二维的城市交通网络结合局部的立交形式便可满足其城市运转的需要。

表4.1 大城市与中小城市交通网络的差异

城市等级	数量	等级	分布密度	种类
大城市	八车道，四幅路	道路红线等级有14米、24米、30米、40米、60米、80米、100米之分	大	城市高架、地铁、轻轨
中小城市	四至六车道，三幅路	最高等级道路红线达到60米便已能完全满足城市交通负荷的需要	小	二维的城市交通网络结合局部的立交形式

三、建筑单体的综合度

随着全球快速城市化进程及对城市土地集约化使用的要求，在各大中心城市的中心区出现了众多的集居住、办公、出行、购物、文娱、社交、游憩等城市中不同性质、不同用途的社会生活空间于一体的城市综合体，它们通常规模及体量、尺度巨大，有的甚至跨越一至几个街区，其建筑内部使人产生"城市"之感。此类建筑尽管投资巨大，科技含量高，功能、流线组织错综复杂，运行过程中对管理人员素质及软件要求极高，但具有极好的综合经济效益，为大城市社会职能的有效发挥提供了物质保障。

中小城市由于其所承担的社会职能相对简单，人口密度及土地集约化要求较低，投资回报率不如大城市，导致一次性投资规模较小。因此，统一规划指导下功能独立、便于管理的建筑单体模式具有更强的现实性和可操作性。

四、城市建筑风格

大城市与中小城市在建筑风格上存在着明显的差异。大城市中的建筑物往往体现出强烈的现代感和国际化倾向，而中小城市则更多体现出当地的地域文化特征，这也是由其各自承担的城市职能所决定的。

时下，关于如何保持城市的地域风格、传承传统建筑文化，成为业内人士的热门话题。但我们应清楚地认识到，一个地区的地域特征是在一定的条件下产生的，它受当地的地理位置、气候条件、生产力水平、生活方式及人们对建筑物的使用方式等多种因素制约，并以特定的物质形式与其相匹配。

如前所述，作为国家经济、文化或政治中心的大城市，担负着接轨全球、辐射周边地区的引擎职能，其超大的城市尺度、建筑综合度和全方位的立体交通成为确保其职能有效运转的必不可少的物质载体。与传统城市街区模式中的小体量、功能单一、平面化的二维交通模式相比，其所对应的生产力水平、生活方式及人们对建筑物的使用方式等相对于传统模式均发生了质的改变。它决定了大城市中的建筑物往往体现出强烈的现代感、高科技和国际化倾向，更多地呈现了融入全球大家庭的姿态，体现出地域文化的相对消隐。这是一种无奈，又是一种必然。

当然，大城市也可通过对传统街区的局部保护和改造来保留一些城市的"记忆"。但作为国际化的大都市，国际性必然是其主流景观视觉形象。城市职能同样决定了中小城市具有与传统城市模式相近的生产力水平、生活方式及人们对建筑物的使用方式，其城市中较小的空间尺度和建筑体量、较为单纯的建筑功能、平面化的二维交通模式等均与传统街区的景观视觉形象相关联。从投资的经济性来看，就地取材是中小城市投资方更易接受的方案，这些因素使中小城市在保留城市景观形象的地域特征方面显得更为顺理成章和得心应手。

第二节
城市不同区域的景观形象设计

一、城市居住区景观形象设计

（一）居住区景观形象构成要素

居住区相对独立和围合的空间给人以安全感，但理想的居所应该是自然场址和景观环境的完美结合。景观的基本要素不仅是住宅区的组成部分，而且还是人与自然交流的生命物体。景观要素不是孤立存在的，它只有与其他要素相结合并融为一体时，它的含义才是固定的、内在的。

居住区景观形象构成要素主要有：场地、地形、地貌、住宅建筑和辅助建筑、公共设施、开放性公共活动空间、水体、绿地、植栽、环境小品等显性要素和历史文脉等隐性要素。

（二）居住区景观形象设计的目标与步骤

1.居住区景观形象设计的目标

居住区整体环境设计所要达到的基本目标主要有以下几点。

第一，注重安全。居住区相对于城市开放性公共空间来讲是一个相对封闭和私密的空间环境，人们生活在这种居住环境中，不必担心来自外界的各种干扰和侵袭，使人具有安全感和家园的感觉。

第二，注重安静。居住区的功能和特点，决定了居住区有别于其他公共环境，人们在外工作之余回到家后，需要一个安静的休息环境，使疲惫的身心得以恢复。

第三，注重舒适。居住区的舒适性除了包含以上两点外，还应该具有良好的空间环境与景观、安全的生态环境、充足的光照、良好的通风、葱郁的绿化、良好的休闲运动场所等条件。

除了以上三点目标外，居住区设计还要结合国情，体现实用性、多样性、美观性、经济性的原则。居住区的景观形态是外在的表象，通过形态的创造来达到高品质的空间才是主要目的。

2.居住区景观形象设计的步骤

居住区的景观规划是建立在前期建筑规划的基础上的，前期规划方案的优劣对后面的景观规划有着重要的影响。居住区的景观规划通常分为以下三个步骤。

第一，总体环境规划。这个阶段规划师和建筑师已经开始了前期的设计工作与创意，若景观设计师能够早期介入前期的规划与设计，发挥各专业的优势，可以使设计方案更加完善，以便为后面的景观设计打下良好的基础。景观设计师需要了解新建居住区的开发强度，建筑的密度、容积率，建筑是多层、高层、小高层还是别墅，是自由式还是组团式，居住区的地形、地貌、周围的环境景观，以及与城市道路网的关系、日照和通风等设计因素。只有在合理满足使用功能的基础上，扬长避短，扬优避劣，才能设计出真正适合人居的环境。

第二，场地中的硬质景观设计。场地中的硬质景观包括了地形的塑造、建筑形态方面的因素，以及场地环境中的其他构筑物。

第三，场地中的软质景观设计，如树木、草地、水体等。只有充分发挥不同专业设计师的智慧与创造力，才能设计出充满生命活力的居住区景观。任何工程的设计步骤，都是一种工作程序和科学方法的运用，居住区设计理念的创新才是设计的真正灵魂。

（三）居住区景观形象的视觉化特征

居住区景观形象的视觉化特征主要体现在以下几个方面。

一是视觉上的稳定性。城市中质地均匀的斑块组群，具有视觉上的稳定性。居住区开发不同于某一单幢建筑，它具有一定规模，在城市的斑块中以组群面貌呈现。居住区开发又不同于其他商业、娱乐、学校等性质的建筑群，它旨在为人们创造一个温馨、宁静、放松而消除疲劳的环境氛围。从城市景观形象的构成来说，居住区形象通

常表现为稳定、连续的界面组合，将视觉上的一些单元要素如符号、色彩、材质的组合等通过一定节律加以重复，在视觉上予人以稳定感（图4.1）。

对于成组成团的空间形态和布局方式，依据居住区开发规模可以有多种不同的规划结构模式，如居住区—居住小区—居住组团模式、居住区—居住组团模式、居住小区—居住组团模式等。成组成团的空间形态和布局方式主要是根据居民

图4.1　居住区

图4.2　成组成团的空间形态和布局方式

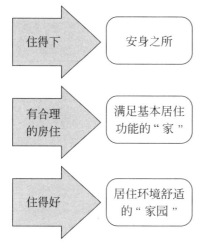

图4.3　住宅的要求

的物质生活上的需要，使居住区空间形成几个组团，可以提高居民的领域感和安全感（图4.2）。但无论何种模式，都摆脱不了集聚在一定的交通流线附近的成组成团的空间形态和布局方式，它们仿佛一片片"绿叶"被串联在等级各异的交通"枝干"上。这些成组成团的"绿叶"形成了居住区中最基本的单位——相对私密的院落或组团式院落空间，为邻里交往提供了尺度亲切的半公共空间，同时也便于增强人们对"家"的识别性。

二是"软""硬"穿插渗透的环境设计。近年来，市场对于居住区环境景观设计的要求越来越高，人们从最初的"住得下"，到"有合理的房住"，直到今天"住得好"的要求；从对起码的"安身之所"的要求，到一个内部功能合理的"家"的要求，进而转为对有舒适居住环境的"家园"的要求（图4.3）。这体现了社会的进步、文明的进步，体现了全社会对人的尊严的觉醒和对人性关怀的呼唤。

可见，买方市场迫使开发商转变思维，从一味追求高容积率获取高额利润，转为以风格独到、温馨舒适的良好居住环境为卖点。20世纪80年代风行一时的"四菜一汤"式的若干组团环绕一块中心绿地的做法，大有被打着强调"均好性""让更多的住户享受更高质量的绿地景观"旗号的带状绿地做法所取代之势。在大量受人追捧的居住区中，人们看到呈自由曲线形的带状绿地很随意地"流淌"着，与一幢幢钢筋混凝土铸成的住宅相互穿插渗透，绿草茵茵、花木掩映间带给每家每户一份宁静和清新（图4.4）。

三是除了在形态和布局方面把握"软""硬"穿插渗透的大原则外，在居住区环境设计中还体现出注重宁静氛围、可识别性和环境的公众参与性的营造。"宁静"是居住区景观环境最基本的氛围，无论是绿化还是环境场地，包括景观形象、空间布局、材质选取都应围绕着宁静氛围的营造而展开。每个居住区在拥有宁静氛围的共性的同时，还应拥有可识别性，即差异性。一方面，社区区别于其他居住区的环境景

图4.4　相对私密的院落空间

观标志特征，有助于居民产生对家园的归属感和自豪感；另一方面，各个院落或组团入口处与众不同的环境空间、形态、植被、小品等的具体处理，有助于人们虽身处造型外观相似的住宅群中，但依然能很快识别回家的路线（图4.5）。

图4.5　道路线图处理加强了可识别性

或许，居住区中优美的环境观赏性还尚居其次，更重要的是为社区居民提供大量供交往、休闲、锻炼、活动及亲近自然的场所，即环境的公众参与性的营造。应根据不同活动人群、不同活动人数设置不同尺度和形式的活动场所，且在接近人们活动的范围内选用安全、亲切、较为原始的材质，如木材、水、低矮的绿化、鹅卵石等作为造景材料。此外，居住区中的小品、雕塑等往往身兼数职，具有较强的互动性，可谓是孩子们的好朋友。

四是阴影丰富、尺度亲切、开放性强的建筑形象。住宅的建筑外观形象与其他类型建筑有着明显的差异，它是随着人们生活方式的逐步改变，使得住宅户型逐步进化而外化的结果。现代家庭更注重能够拥有一个观赏室外景物的阳台（通常用玻璃封闭），该阳台与客厅组合在一起，又称"阳光室"。对自然的向往要求建筑具有更大的开窗面积，使人能更方便地与自然环境进行交流，低窗台的出现大大满足了人们的这种心理，而空调的普及使用为此提供了技术可能（图4.6）。原先住宅山墙的外观是常常遭到忽略的部分，而现在的住宅边单元往往被安排一些大户型，山墙面通常结合外部环境设置客厅及观景阳台等，极尽浓墨重彩之能事；邻里间的交往要求使住宅单体平面不再是"兵营式"，而多了许多进退和围合。这一切便造就了居住区单体阴影丰富、尺度亲切、开放性强的建筑形象。

图4.6　观景阳台

图4.7　小区人车分流效果图

五是以人为本、强调环境形象的交通组织方式。在近几年的居住区实践中，可以看到人们为此所付出的种种努力：基于以人为本和强调环境形象原则的交通组织方式之中，完全人车分流模式和半人车分流模式已得到采用。

人车分流模式即小区人行流线与机动车行流线分开，通常机动车有单独的出入口或一进小区就沿小区的外围通行，而人行流线伴着主要的景观轴逐层展开，步移景异，人性在这里得到了充分的尊重。这种交通模式虽然获得了广泛的好评，但在实践中发现，由于受人们所能忍受的步行距离的限制，完全人车分流模式仅适用于一定规模的居住区。当规模逐步扩大时，半人车分流模式更具可行性，即仅对该居住区实行局部的组团级人车分流。居住区内实现人车分流后其实就相当于一个公园，特别是对于老人和小孩来说，人车分流更加安全，老人可以在小区内悠闲地散步，小孩可以在小区内尽情玩耍，不用再顾虑会有被行驶车辆碰到的危险（图4.7）。

（四）居住区景观形象的空间营造

在现代城市生活中，人们除了日常工作中的协作之外，彼此之间缺乏广泛的交流，长此以往，这种现状对人的身心健康将产生不利的影响。现代居住区集居住、娱乐、休闲等多项功能于一体，为居民创造了更多的相互了解与沟通的机会。因此，社区文化的建设是现代城市居住区管理的重要组成部分。一个优秀的居住小区要有好的硬件设施，同时更应该有好的软件设施。良好的软件设施在提高居民生活质量、营造高品位环境氛围等方面起着重要的作用，这是因为居住环境直接关系到居民日常生活质量。在小区内建立各种文体活动设施十分必要，由于现代城市社区规模小，而且场地又有限。因此，在新形势下，如何建设和完善一个良好的居住社区将是每个人都应该认真思考和努力探索的问题。

1.步行空间

对于步行空间的设计，首先要解决的是人车分流问题。车行道要有足够的回旋

余地。较长的路径可以延长人们的逗留时间，但更需重视感觉距离，富有创意和变化的路径会给人一种遐想。路径的线性、宽窄、材料、装饰，在赋予道路功能性的同时，和路径两侧的其他景与物构成居住区最基本的景观线，人们通过这条景观线去体验环境的美（图4.8）。

2.廊道空间

廊道是可通过的围合边界，通常可以作为建筑的延伸，同时又是相对独立的构筑物。廊道空间可以作为模糊空间，是一个内外交接的过渡区域，建筑的实体感被削弱，空间显示出整体独立性和多义性。❶它是一种能够有效促进人们日常生活交往的空间形式，具有流动性和渗透性。它既是交通空间，又可以作为休闲空间，具有不确定性。❷现代的花园式小区中不断将廊道运用其中，既增加了小区内错落有致的美感，同时也方便了居民的观景和休闲（图4.9）。

3.院落空间

根据住宅区的规划要求，建筑与建筑之间都会有大小不一的院落空间，而根据居住区院落的性质不同，院落空间又分为专用庭院和公共庭院两类。

专用庭院，是指设计在一层住户前面或别墅外面供私家专用的院落（图4.10）。

图4.8 道路与景观草坪的结合

图4.9 小区廊道

图4.10 专用庭院

专用庭院利用首层与地面相连的重要特征提供了接触自然、进行户外活动的私人场所空间，也成为保护首层住户私生活的缓冲地带。现代住宅区的公共庭院属于一个组团居民的共用空间，对于组团内的住宅而言，它是外部空间；对于整片居住区来讲，它

❶ 王锡鑫.潮州古牌坊骑楼商业街的景观分析与定位[J].南方建筑，2005（5）：22-24.
❷ 吴冬蕾.国内现代居住区景观设计分析[D].南京：东南大学，2005.

又是内部空间，和城市中的开敞公共空间是有区别的。

院落空间不仅能促进户外与户内生活的互动，而且院落空间强化了归属感和领域感，可以形成组团的内聚力，维护邻里关系的和谐。院落空间具有多元化的功能，它可以满足不同年龄层次人的不同行为方式的需要，成为居民休闲、娱乐、活动、交流、聚居的主要场所。

4.多层次的景观结构

居住区景观向内部围合成具有安全感、尺度适宜的内部生活交往空间，同时可向外借景，将城市良好的自然景观引入居住区的景观中，形成丰富开阔的景观层次。

满足功能需求，合理布局。居住区景观的基本条件是满足居住活动的基本要求。在此基础上，还要满足人们的功能需要，主要体现在以下几个方面。一则，满足居民对安全、卫生、舒适和交往的需要。二则，满足居住区绿化、美化、净化和改善环境的要求，以人为本，营造适宜的人居环境。居住区景观应注重人与人、人与建筑和空间的协调与和谐。三则，体现地域特色，体现人文精神。城市居住区景观应充分表现城市文化特色，反映本地经济、技术、发展水平，并具有良好的社会效应。

二、城市滨水区景观形象设计

（一）我国城市滨水景观现状分析

近年来，随着我国经济的发展，城市建设步伐的加快，产生片面追求政绩和经济效益的现象，造成了生态环境的严重破坏。再加上我国在城市生态研究上起步较晚，城市生态建设较为薄弱。突出表现在城市河流流域的生态质量降低，城市水陆生态失衡。主要表现在以下方面。

1.河流生态资源破坏严重

许多城市将工业、生活废水直接排入城市河流，引起河水富营养化和重金属污染等，严重破坏了动植物赖以生存的水环境，大大降低了城市生态的质量。由于城市用地盲目拓展与人们生态意识淡薄，河流周边的水系有许多被另辟他用，其中尤以内河湿地的减少最为严重。这直接影响到河流发挥生态效应的能力。

在水体遭到污染、环境遭到破坏之后，滨水植物群落赖以栖息的环境场所不复存在，直接威胁到河流生物资源的稳定。另外，城市的大规模无序建设，也间接地摧毁了原来稳定的生态平衡。❶

---

❶ 吴天华.基于生态价值的城市河流景观规划研究[D].南京：东南大学，2008.

2.城市滨水生态用地缺乏

随着城市河流景观价值的挖掘，城市滨水土地开发的强度虽不断加大，但却主要追求眼前的经济效益，以居住和商业办公开发为主，很少有真正从城市生态结构和河流生态质量出发而设置的生态绿地。最终导致城市河流两岸的地表硬质化程度很高，实际生态效能却很低，从而加剧了河流生态质量的下降。城市河流生态绿地系统的建设，对于解决以上问题具有重要意义。随着城市化进程的加快，城市河流两岸土地开发越来越集中，土地开发和使用程度越来越高；在人类活动影响下，城市河流所面临的水土流失、泥沙淤积、水质污染等问题日益突出。河流中的泥沙随着时间推移沉积下来，便成为生态系统的一部分，同时人类也会对河道内进行建设和维护等活动。因此，对城市河流两岸的绿地系统进行规划设计将能够有效地解决城市河流景观功能单一等问题。结合国内外一些成功案例和国内一些已建成的滨水生态系统，可以将上述思想融入城市滨水绿地系统中。

3.河流整治的生态化考虑不足

近年来，我国许多城市开展了城市河流治理工作，但大多数都是做表面文章，河流整治的目标没有体现生态要求，未能从河流自然生态过程考虑相应的整治措施。其次，河流治理的技术手段和生态科学性研究还较落后，从而未能对改善河流生态发挥真正作用。另外，城市滨水绿地系统建设也缺乏生态设计，在植被的适应性、层次性、多样性等方面都缺乏整体性考虑。

（二）滨水区景观形象设计要求

1.尽量突出特色魅力

河流的魅力可以分为两个方面，即河流本身及其滨水区所具有的魅力，以及人们与河流的亲水活动所产生的魅力。从河流滨水的构成要素来看，这些魅力主要包括河流的分流和汇合点，河中的岛屿、沙洲，富有变化的河岸线和河流两岸的开放空间，河流从上游到下游沿岸营造出的丰富的自然景观，还有河中生动有趣的倒影。城市滨水区作为户外活动的开放空间，具有自然环境与人工环境相结合的特征。滨水空间为长期居住在城市的人们提供了开阔的水域和绿地，让人们摆脱城市的喧嚣。在这里人们能感受大自然的气息，并获得了城市之中难以给予的空灵和安静的人造环境。人群聚集的城市滨水空间犹如城市的名片一般，对整个城市景观环境的塑造和提升具有重要的意义（图4.11）。

沿河滨水区所构筑的建筑物、文物古迹、街道景观以及传统文化，都显现出历史文化和民俗风情所具有的魅力。河水孕育了万物，是生命的源泉，充满活力的水生

图4.11　广州大桥历史文化区城市滨水景观设计

动物表现出生命的魅力。河流滋润了两岸滨水区及河中的绿色植物，不同的树木和水生植物表现出丰富的美感，营造出无限的自然风光，是河流滨水区最具魅力的关键要素。从古至今，城市滨水区一直发挥着交通贸易运输、活动交流等作用，一座城市的滨水区往往见证着这座城市临河而建的历史脉络。世界上的许多城市形象也是利用其城市滨水区开阔的水面和外形轮廓，依托城市景观特色而建立起来的，在承载着物质财富的同时，也承载了地域历史文化的精神财富（图4.12）。

当人类在滨水区从事生产活动、休闲娱乐时，滨水区的魅力从人们愉悦的表情中充分体现出来。人们那种愉悦的表情、各种活动本身和其他魅力要素构成了滨水区场所精神的全部，同时滨水区的构建也使人们感受到江河魅力。

图4.12　东钱湖韩岭水街改造方案

2.对滨水区的价值进行重新评价

城市中的大多数滨水区不仅有着丰富的自然资源和优美怡人的景观环境，而且成为市民向往的休闲娱乐场所。它与周边的自然环境、街道景观、建筑物构成有机的整体，并对当地的文化、风土人情的形成产生重大影响。因此，我们需要对滨水区所具有的价值进行重新评价，这对具有多种功能的滨水区用地结构的规划和更新有着重要的现实意义。

3.突出人文特色

当今科学技术和信息技术影响人类社会生产生活的方方面面，给人类社会带来的进步与发展有目共睹。但科学技术与信息技术全球化的结果却大大推进了场所的均质化，均质化的象征就是"标准化""基准化""效率化"作为城市整顿建设的目标，"千城一面"成为市民对我国城市建设的善意评价，城市化的进程使得人类正在遮掩体现生命力的痕迹。

在全球化的今天，学术界谈论最多的是民族性、地域性和个性化。作为城市环境的个性特色，它包含了自然景观的特色、历史的个性、人为形成的个性，这些个性特色是构成滨水区景观特色的要素（图4.13）。

城市的诞生和发展在很大程度上与滨水区域息息相关，因而滨水区域通常拥有许多历史性的要素，如城市中最原始的一段围墙、第一条马路、第一段铁轨等，这些都构成人们认识历史的强有力媒介。虽然许多的构筑物已不再使用，但它们应该被认为是未来城市中有意义的一部分，以体现城市发展的延续性。

湖南岳阳南湖水街拥有2500年的悠久历史，是中华文明的发源地之一，是楚越文化的交汇点，拥有得天独厚的地理环境与区位，是中心城区与环湖旅游带的交汇点（图4.14）。滨水环境的活力与其可达性密切相关，即人们从其他地方到达滨水区域的机会越多，就越能引起人们对滨水环境的好感。滨水项目由于规模庞大、涉及面广，往往需分为几个阶段，花费多年时间方能完成，各个地块、不同时期的建筑之间的协调就十分重要。如何将滨水环境特色反映在景观的规划设计中，是设计

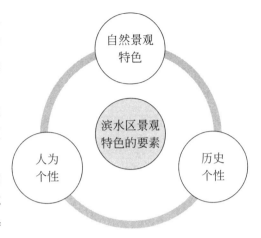

图4.13　滨水区景观特色的要素

图4.14　岳阳南湖水街

师需要研究的重点之一。如何让滨水区域这个城市重要的开放空间彰显出城市"门户"和"窗口"的作用，需要整体上的细致借鉴、学习、创新与把握。力求将建筑契合地融入城市山水，与南湖和远山形成"你中有我，我中有你"的城市生态区，人文与自然互相契合，相得益彰，体现人与自然共生的设计理念。

（三）滨水景观形象生态化设计

1.滨水景观形象生态化设计的方法

针对规划设计红线内场地基本认知的描述，一般采用麦克哈格的"千层饼"模式，以垂直分层的方法，从所掌握的文字、数据、图纸等技术资料中，提炼出有价值的分类信息。具体的技术手段包括：历史资料与气象、水文地质及人文社会经济统计资料；应用地理信息系统（GIS），建立景观数字化表达系统，包括地形、地物、水文、植被、土地利用状况等；❶现场考察和体验的文字描述和照片图像资料。

过程分析是生态化设计中比较关键的一环。在城市河流景观设计中，主要关注的是河流城市段流域系统的各种生态服务功能，大体包括：非生物自然过程，有水文过程、洪水过程等；生物过程，有生物的栖息过程、水平空间运动过程等，与区域生物多样性保护有关的过程；人文过程，有场地的城市扩张、文化和历史演变、遗产与文化景观体验、视觉感知、市民日常通勤及游憩等过程。过程分析为河流景观生态策略的制定打下了科学基础，明确了问题研究的方向。

现状评价作为生态化设计中的重点，以过程分析的成果为标准，对场地生态系统服务功能的状况进行评价，研究现状景观的成因以及景观生态安全格局的利害关系。评价结果给景观改造方案的提出提供了直接依据。

模式比选也是生态化设计中的重要步骤之一。生态化设计方案的取得不是一个简单直接的过程。针对现状景观评价结果，要建立一个既利于景观生态安全，又能促进城市向既定方向发展的景观格局。在当前城市河流生态基础普遍薄弱，而且面临诸多挑战的前提下，要实现城河双赢的局面，就要求在设计上应采取多种模式比选的工作方式，衡量各方面利弊因素。

景观评估也是必不可少的。在多方案模式比选的基础上，以城市河流的自然、生物和人文三大过程为条件，对各方案的景观影响程度进行评估。评估的目的是便于在景观决策时，选择与开发计划相适应的模式比选的工作方式，这可以为最终的方案设计树立框架。

景观策略是生态化设计中的必要环节之一。在项目设计中，根据前期模式制定性条件，提出针对具体问题的景观策略和措施，由此可以最终形成实施性的完整方案。

---

❶ 吴天华.基于生态价值的城市河流景观规划研究[D].南京：东南大学，2008.

以上六步工作方法是渐进式的推理过程。其中每一步骤的完成都能产生阶段化的成果，即使没有最终的实施策略，之前的阶段成果也能为城市河流景观的生态化设计提供有指导性的建议。

2.滨水绿地设计

城市滨水绿地的景物构成和自然滨水绿地之间存在着共同之处。但是，城市滨水绿地并不是对自然滨水绿地进行的不合理模拟。对于现代城市滨水绿地的景观来说，就仅对其构成的要素而言，除了构成滨水景观的多种因素如水面、河床、护岸物质之外，还包括了人的活动及其感受等主观性因素。

城市滨水绿地的形式比较多，应依据具体的情况对其要素进行合理的布置，下面以邻近市区或市区内比较安静的滨水绿地为例加以论述。这种滨水绿地的面积通常较大，居民在日常生活中利用也较多，它能为居民提供散步、健身等多种文化、休闲、娱乐功能。这类滨水绿地的构成要素有：草坪广场、乔灌木、座椅、亲水平台、小亭子、洗手间、饮水处、踏步、坡道、小卖店、食堂等。在绿地要素的配置上还要注意下列问题。

第一，应让堤防背水面的踏步和堤内侧的生活道路之间相互衔接。第二，散步道的设计要有效地利用堤防岸边侧乔木的树荫，设计成曲折蜿蜒状。同时，在景观效果相对较好的地方设置适当的间隔来安置座椅。第三，设计一个防止游人跌落入水中的设施。第四，在低水护岸部位以及接近水面的地方设置一个亲水平台，以满足游人亲近水面的需求。第五，应尽可能地让堤防迎水面的缓斜坡护岸在坡度上有一定的变化，并铺植一些草坪，以防景观太过于单调，并适当地增加一些使用功能（图4.15）。

图4.15　滨水绿地设计效果图

同时在进行滨水绿地设计时，空间上要因地制宜地配置植物，通过具体的疏密、大小、高低错落等的划分，巧妙开辟疏密有致的不同绿地空间，如坡地景观、疏林草地景观、密林景观等；在时间上，要根据当地一年四季的季相变化，对植物进行四季搭配，使植物景观做到春季桃红柳绿，夏季花繁叶茂，秋季丹枫如火，冬季疏影暗香。

3.城市滨水护岸生态化设计

人类各种无休止的建造活动，造成自然环境被大量破坏，人们更加关注的是经济的增长和技术的进步。然而，当事物的基本形态有所改变时，人们的价值观也会发生变化。为了保护生存环境，应该抛弃所谓的"完美主义"，对人为的建造应控制在最低限度内，对人为改造的地方应设法在生态环境上进行补偿设计，使滨水自然景观设计理念真正运用在设计实践中。

建设自然型城市的理念落实在城市滨水区的建设中，对河道护岸的设计处理十分重要。为了保证河流的自然生态，在护岸设计上的具体措施如下。

首先，是植栽的护岸作用。利用植栽护岸施工，称为"生物学河川施工法"。在河床较浅、水流较缓的河岸，可以种植一些水生植物，在岸边可以多种柳树。这种植物不仅可以起到巩固泥沙的作用，而且树木长大后在岸边形成蔽日的树荫，可以控制水草的过度繁茂生长和减缓水温的上升，为鱼类的生长和繁殖创造良好的自然条件（图4.16）。其次，利用水生植物的根、茎、叶在河岸形成防护地，从而保护岸坡稳定。自然草木护岸的优点显而易见，利用植物吸收水中的氮、磷等有机物净化水体，同时为各种水生动物提供栖息地，当植物生长茂盛后亦可作为一道亮丽的风景线。而且工程量比较小，方法简单，造价低，维护费用低，主要适用于农村河道工程。最

图4.16 植栽护岸

图4.17 人工护岸

后，是石材的护岸作用。城市滨水河流一般处于人口较密集的地段，对河流水位的控制及堤岸安全性的考虑十分重要。因此，采用石材和混凝土护岸是当前较为常用的施工方法。这种方法既有它的优点，也有它的缺陷，因此在这样的护岸施工中，应采取各种相应的措施。如栽种野草以淡化人工构造物的生硬感，对石砌护岸表面有意识地做出凹凸，这样的处理给人以亲切感，砌石的进出可以消除人工构造物特有的棱角。在水流不是很湍急的流域，可以采用干砌石护岸，这样可以给一些植物和动物留有生存的栖息地。石材具有抗冲刷、抗侵蚀及耐久性好的特点，采用石材作为护岸的主要材料，可以很好地保护河岸、湖岸免受水浪的冲击、侵蚀。现代护岸设计的内容广泛，在满足技术和功能需要的前提下，更强调它的景观性、亲水性和生态性（图4.17）。

三、城市CBD景观形象设计

（一）CBD概述

"CBD"为英文Central Business District的缩写，即中心商务区或中央商务区。通常指大城市中金融、贸易、信息和商务活动高度集中，并附有购物、文娱、服务等配套设施的城市综合经济活动的核心地区，纽约的曼哈顿、巴黎的拉德芳斯、东京的新宿、上海的陆家嘴、北京的朝阳、香港的中环等均为国际著名的CBD。这些地区在形态及内容上具有一些共同的特征，具体体现为以下几点。

地价昂贵。中心商务区通常设置在公认的国际大都市的黄金地段，因此地价昂贵，是所在城市的精华集中地，代表着该座城市的公共形象。

发挥核心功能。中心商务区是城市的经济、科技、文化的汇集地，发挥着城市的核心功能。这里通常云集了大量的金融、贸易、文化、商务办公活动，以及高档酒店、公寓、服务机构等设施，吸引着大批国际著名的跨国公司、金融机构、企业、财团来此开展各种商务活动、设立总部或分支机构。

规模巨大。建筑密度高，容积率高，多功能综合性的现代化中心商务区规模通常在3～5平方千米，建筑量在4平方千米以上，甚至十几平方千米，其中约50%为写字楼，商业设施及酒店、公寓各占20%，其余为各种配套设施。交通便捷，人口流动量巨大。

（二）CBD景观形象的视觉设计

CBD在其城市景观形象上呈现出许多共同的视觉特征，因此，在设计时主要注意以下几个方面。

建筑通常以地标性的高楼为主。CBD所处地段一般为城市的黄金地段，地价极为昂贵，建筑密度和容积率偏高，致使建筑物向高空发展，形成城市空间尺度巨大、高楼林立的景象——令人瞩目的"城市屋脊"，从而丰富了城市的天际线，为其增添了一道靓丽的风景，同时构成城市标志性群落或称"地标群"，强化了城市意象。❶北京CBD中心区是众多世界500强企业中国总部的所在地，也是国内众多金融、保险、地产、网络等高端企业的所在地。北京作为中国的首都，发展和建设CBD中心区，是首都经济功能扩展的必然需要，对推动北京经济社会发展、改善北京城市形象、确立北京在经济全球化中的地位，都有重要的意义（图4.18）。

---

❶ 彭玥. 口袋公园设计初探[D]. 无锡：江南大学，2009.

图4.18 北京CBD中心区夜景

图4.19 北京银河SOHO办公楼

图4.20 上海CBD地标群

城市地标性建筑通常以单体时尚、前卫为主，且将新观念、新技术、新材料融进设计中。例如，银河SOHO使用了多项绿色建筑的先进技术，比如高性能的幕墙系统、日光采集、百分之百的地下停车、污水循环利用、高效率的采暖与空调系统、无氟氯化碳的制冷方式以及优质的建筑自动化体系（图4.19）。CBD作为城市综合经济活动的核心，高度集中了大城市中金融、贸易、信息和商务等各类活动，是各国家和地区参与国际大家庭经济、文化、贸易等各项活动的窗口和纽带，这就决定了这里所有的建筑均需向世界表达一种开放和包容的姿态，一种勇于接纳一切新思维、新观念的气概。❶

CBD中的建筑单体也同CBD总体规划一样，常采用国际竞标的方式决定其最终方案。加之这些项目往往由政府或国际大财团斥巨资建设开发，因此使其建筑单体风格呈现出明显的国际化倾向，而地域文化特色相对隐退。

CBD建筑的形式往往融合最高新技术的理念，建筑的外装修材料总是为最新科技产品所占领，建筑的色彩与其高度综合的功能相匹配，闪烁着理智和中性的光辉；名师的设计、高新工艺、技术的运用赋予大多数CBD建筑在城市空间中适宜而别具匠心的视觉形象，其中总有若干幢成为CBD地标群中的标志性建筑——城市地标。❷CBD功能的有效发挥及城市活力的持续追逐，均依赖CBD功能的多元化及建筑形态的高度集成，这也决定了建筑单体功能定位必然向城市综合体方向发展和演化（图4.20）。

---

❶ 史明. CBD地区视觉景观形象特征解析 [J]. 设计，2004（9）：93-94.
❷ 彭玥. 口袋公园设计初探[D]. 无锡：江南大学，2009.

街道断面多呈狭窄的长矩形。由于用地紧张及建筑单体多为高层建筑，CBD街道空间常常表现为类似"一线天"的狭窄长矩形的断面形式，常令行走其间的人产生封闭和压抑感。日本建筑师芦原义信就外部空间街道尺度曾提出一组很有价值的参考数据。❶这一理论再次印证了CBD街道尺度非人性化的客观存在。

城市空间体界面需要连续完整。城市密度高是CBD的一大主要特征，其街道空间界面由一座座建筑实体的裙房共同围合而成，通常为连续完整界面围合成的线性空间，裙房之间通过地面或地下的人行步道系统完成最紧密高效的相互联系。❷通过对近人部位的裙房和街道公共空间尺度的把握、细部的刻画及绿化的引入等方式，为人们贴身打造了人性化的交往场所和活动空间，塑造了正面的城市意象。

以人为本也是非常重要的，多渠道人性化设计对城市"巨构"空间能作出调适。一座充满活力和魅力的CBD必须同时把握两大基本原则：高效原则和以人为本的原则。

成功的CBD并非均质高密度状态，而是疏密有致、组合生长的。当今国际中心城市纷纷推出与其中心商务区功能相呼应的新兴产业区——RBD（休憩商务区），则充分体现了以人为本的原则。它将休闲娱乐、科普博览、主题旅游、精品购物等各类项目加以整合，形成与商务相结合的休闲产业，从而创造出现代都市新亮点。

RBD的分布总是与大规模的中心绿地、公园、滨江（海）大道等联系在一起，这里除了有完善而人性化的休闲配套服务，更有钢筋混凝土所无法提供的鸟语花香、湿润的海风。造型别致、尺度宜人、手感舒适的各种环境设施总是会在人们最需要它的时候默默地出现，让人们体会无尽的逍遥、自在和放松。

这一切有力地调适了基于高效原则所产生的城市"巨构"空间造成的非人性化影响。在一些国际大都市的CBD中，已能看到RBD的影子。"休憩商务区"已成为中央商务区的有机补充。如纽约的曼哈顿南区、东京的银座、多伦多的伊顿中心、香港的中环等，RBD与金融贸易中心同步成长，并且成为闻名全球的观光产业区。

便捷高效的交通体系。CBD要拥有高度发达的立体交通系统，例如北京CBD内包括了东长安街、东三环路、朝阳北路、通惠河北路等主干道，地面与地下交通错综复杂，几乎覆盖了所有类型的城市交通出行方式（图4.21）。便捷高效的交通体系是CBD高速运转的基础保障。许多城市的CBD，如拉德芳斯和香港中环甚至还采取了完全人车分流的交通方式，城市高架和过街天桥、地铁隧道、轻轨等成为CBD视景

---

❶ 街道的宽度与两侧建筑的高度比值$d/h=1$时，存在某种匀称感；当$d/h<1$时，随比值减小，两侧建筑就易相互干扰，甚至产生封闭、恐怖感；当$d/h>1$时，随比值增大，两侧建筑呈游离状，使街道显得空旷、萧条；而$d/h=1.5\sim2$时，空间尺度是比较亲切的，人漫步其中会产生愉快感，这也是我们在商业步行街中最常感受到的尺度。

❷ 彭玥. 口袋公园设计初探[D]. 无锡：江南大学，2009.

图4.21　北京CBD交通系统

要素中不可或缺的一员。

完善的城市信息导向系统也是高效交通的必要组成部分，同时它也体现了现代文明对人性的关怀。这些路面上的各色醒目标示箭头以及色彩缤纷、形态各异兼有城市公共艺术身份的指示标志，不仅可以帮助所有初来乍到的人们快速建立对该地区的信任、友好的态度，并帮助其迅速恢复自信、良好的自我感觉，以应对即将面对的各项事务。同时也在中心商务区谱写了一首轻松欢快的浪漫曲，成为又一道别具特色的都市风景。

四、商业步行街景观形象设计

（一）步行街概念的界定

现代意义上的步行街从产生到发展不过只有短短几十年的时间。目前，学术界对步行街提出如下的相关概念。

1.游憩商业区

主要是指以吸引游客和市民为主的特定商业区，简称为RBD。一个城市的自然、文化、交通、工商业、旅游业、金融、城市环境、社区、政府、媒体等因素都会影响游憩商业区的发展。游憩商业区的形成与发展，既要有持续旺盛的游憩需求，又要有持续的游憩吸引力，同时也需要有良好城市大环境的支持以及积极主动的宣传、培育和引导（图4.22）。❶

2.商业中心

是以一条步行街、某个区段为特征的，由单一的结构变成包容一到两个广场的综合体建筑群，和由人行道、高架人行道、升降梯、地下购物中心组成的场所。都市级商业中心是指商业高度集聚、经营服务功能完善、服务辐射范围超广域型的

图4.22　游憩商业区

❶ 梅青，金岩.构建特色商业游憩区实例分析[J].商业时代，2005（15）：91-92.

商业中心或商业集聚功能区，是最高等级的城市商业"中心地"。都市级商业中心辐射能力强，业态丰富多样，并在城市中占据中心重要地位，具有城市最为繁华的商业和最具活力的市场，服务范围和影响面一般涵盖整个城市、周边地区甚至国内外更大的范围，一般在都市级商业中心，其购买力有50%以上来自该商业区以外的地区（图4.23）。❶

图4.23　商业中心

3.购物中心

一般指综合性强、内容多、规模大的以步行为特征的购物环境，由一系列零售商店、超级市场组织在一组建筑群内（图4.24）。❷购物中心业态倾向体验性业态。当前整体达到了零售∶餐饮∶其他（亲子、娱乐等）=4∶3∶3的比例。从近年来购物中心业态调整变化数据看，零售业态整体配比有所减小，体验性业态配比呈上升态势，特别是儿童亲子及服务类业态增长幅度相对较大，购物中心对此类业态的需求看涨。

图4.24　购物中心

4.步行街

城市中以步行购物者为主要对象，充分考虑步行购物者的地位、心理和尺度而设计建设的具有一定文化内涵的街区称为步行商业街区，简称步行街（图4.25）。

图4.25　步行街

从城市发展的历史进程来看，多数步行街都是在城市中心区或老城区商业街的基础上改造而来，但在城市新区的建设中，也规划设计了具有现代气息的步行商业街。传统意义上的步行街与现代一般购物中心或商业区的本质区别在于，步行街一般是由旧城

❶ 翁璇.基于商圈理论的商业建筑设计策略[D].哈尔滨：华南理工大学，2012.

❷ 郭彬.公共空间环境设计与文化品位的塑造——以城市中心区步行街文脉化环境设计为例[D].南京：东南大学，2007.

区的商业中心发展而来，它不仅是商业空间，更重要的意义在于它的历史文化价值。

步行街环境设计包括很多方面，主要包括视觉上的物质空间形态和意识上的文化形态，有形的空间形态是步行街承担购物、休闲、旅游等活动的形态环境，是为人们所参与感知和改造的物质要素。❶物质要素主要包括了步行街的空间格局、建筑造型、店面装饰、街道家具、景观小品、广告与标志等。而文化形态主要是指步行街环境中所包含的人文精神要素，人文精神要素包括人们的生活结构、生活方式、价值观念、风俗习惯、审美情趣等。

（二）步行街的景观形象视觉特征

商业步行街作为最富有活力的街道开放空间，已经成为城市景观形象视觉设计中最基本的构成要素之一，其通常具备下列景观形象视觉特征。

1.面向最广泛人群的体验

成功的商业步行街总有着许许多多的出入口，与周边城市道路或街区相连通。除了主要入口作重点处理、空间尺度大一些外，其余入口均不会很大，且在这些出入口附近都会设置一些停车场，保证了商业步行街拥有极为便捷的可达性和易达性，街上的行人往往在不经意间便已"流入"了这一空间。

2.强烈、夸张的视觉效果

每个商业步行街都有一至两个主要出入口，这些入口往往被处理成一个个尺度亲切而精致的街头小型休闲广场的形式，以吸引人流在此停留，同时借助广场的铺地、绿化、路灯、小品、指示牌及空间界面等形成强烈的视觉轴线和导向暗示，将大量人流引入商业步行街中。尽管商业步行街中的店面都不是很大，但几乎每一间商店的入口门头都经过精心的设计。此外，大大小小、效果强烈而富有刺激性的商业广告闯入人们的视线，且广告往往色彩鲜明、联想丰富，起到了刺激人的视觉效果。

3.界面的连续性及大量二次空间的涌现

商业步行街在设计上有着亲切的尺度空间，这些空间主要是由构成街道空间的两侧建筑物连续的立面围合，以及大量二次空间的存在作为补充所共同构成的。商业街连续的界面，使得"商气"不断，而事实上，这些建筑物连续的面大多呈"虚"象（多为开敞的门和窗），其连续的实体空间感大量依靠"非建筑实体元素"进行补充和加强。

此外，为了振兴零售业，恢复城市中心区的活力，许多过去通行机动车的商业街

❶ 郭彬.公共空间环境设计与文化品位的塑造——以城市中心区步行街文脉化环境设计为例[D].南京：东南大学，2007.

都被封闭为商业步行街。但由于原先的道路太宽且一眼能看到底，街道就显得空旷冷清，缺少人气，缺少让人逗留的场所，缺乏满足人们猎奇的空间悬念，不能满足商业步行街的现实功能要求。如将两侧已经形成的建筑实体推倒重来，则牵涉面太广且代价太大，缺乏可操作性。而最行之有效的办法就是大量运用街道中的二次空间，创造多层次、复合型、人性化的商业氛围，这也是众多商业步行街改造的成功经验。

4. 人性化的街道铺装

成功的商业步行街对于人性化的路面铺装从来都是不遗余力的，一般均采用与步行街风格相一致的色彩和材质，同时利用不同图案、材质的变化，配合不同功能区段的划分，组织和加强空间的限定及导向。亲切的商业步行街氛围的营造，其地面铺装材质的选择并不在于其价格的昂贵或材质的时尚和华美，只要尺度和风格适宜，遵循价格低廉、表面原始、就地取材的原则往往更容易使人获得对地域文化的认同感和亲切感，增强其地方特色。

5. 小开间密集型店面及同类经营品种的集聚

商业步行街由于受租金昂贵的影响，且其多以零售业为主，因此其店铺多呈狭长的矩形平面，在建筑立面上表现为一小间店面紧挨着一小间店面。由于同类经营品种的相对集中会使购物者具有更大的挑选余地，从而吸引更多的顾客群并产生更多商机。因此，商业步行街中多呈小开间密集型店面及同类经营品种集聚的视景特征。小开间密集型店面又直接或间接地造就了店招纷纷外挑、密不透风且高低错落的景象，有的甚至利用跨街横幅预示店招，形成商业步行街的又一道风景。

6. 设施与建筑风格一体化

成功的商业步行街中的一切都给人以舒适亲切感，即通常人们所说的"顺眼"。仔细观察，人们会发现这里的所有设施包括交通指示系统，从材质到风格乃至细部均与整个街区的建筑风格一脉相承，从而加强了整个商业街区空间的整体感和品位，突出了商业步行街的地域特征，强化了其城市意象，给所有来过此地的人们留下强烈而深刻的印象。

（三）步行街景观形象设计的思路与方法

1. 步行街风格的延续

有主题或传统风格、地域性风格较为突出的步行街环境的识别性较强，容易形成清晰的环境意象，从而使人们产生较强的归属感和场所感。对于步行街风格的延续主要有外在形式的模仿和对形态的抽象表现两种方法。

模仿是将步行街中固有的建筑形式特征直接运用到新的形态设计中，模仿的方法

图4.26 苏州博物馆

对历史步行街区的改造很有用处，对建筑的形态、空间布局、细部装饰等的模仿，可以延续街道建筑的整体风格。当然，完全模仿是不可能的，著名建筑师贝聿铭先生曾说过"我注意的是如何利用现代的建筑材料来表达传统，并使传统的东西赋予时代的意义"，苏州博物馆的设计便是最好的例证（图4.26）。苏州博物馆新馆特色体现在：建筑造型与所处环境自然融合，空间处理独特，建筑材料考究，内部构思精巧，最大限度地把自然光线引入室内。

白色粉墙作为苏州博物馆的主色调，很好地把该建筑与苏州传统的城市肌理融合在一起，那些到处可见的、千篇一律的灰色小青瓦坡顶和窗框将被灰色的花岗岩取代，以追求更好的统一色彩和纹理。❶博物馆屋顶设计的灵感来源于苏州传统的坡顶景观飞檐翘角与细致入微的建筑细部。然而，新的屋顶已被重新诠释，并演变成一种新的几何效果。玻璃屋顶与石屋顶相互映衬，使自然光进入活动区域和博物馆的展区，为参观者提供导向并让参观者感到心旷神怡。玻璃屋顶和石屋顶的构造系统也源于传统的屋面系统，过去的木梁和木椽构架系统将被现代的开放式钢结构、木作和涂料组成的顶棚系统取代。金属遮阳片和怀旧的木作构架将在玻璃屋顶之下被广泛使用，以便控制和过滤进入展区的太阳光线。建筑与创新的园艺是互相依托的，贝聿铭设计了一个主庭院和若干小内庭院，布局精巧。其中，最为独到的是中轴线上的北部庭院，不仅使游客透过大堂玻璃可一睹江南水景特色，而且庭院隔北墙直接衔接拙政园之补园，新旧园景融为一体。

抽象也是现代步行街建设改造中常用的手法，在抽象形式上可以采用形象抽象和空间抽象。形象抽象往往表现为一种概括的象征符号，通过这些符号唤起市民对街道传统特征的记忆，把历时性的特征用共时性的形式表现出来。空间抽象是通过对空间组织的抽象来体现街道的传统特征，意在延续街道的空间组织原则而非形式。

2. 步行街形态的延续

形态延续主要是从视觉上要求新形象与旧形象形成统一的整体，任何微观形态上的不协调都会影响到改造后的步行街环境的文化品位。另外，还要保持几何关系的相似性，如建筑的高度、体量、立面以及轮廓的相似性，以保证步行街整体环境的视觉连续性和整体效果，这是保证步行街形态统一协调的基础。

❶ 吴振垠. 皖南地区建筑创作中传统元素的继承与发展研究[D]. 合肥：合肥工业大学，2009.

多数步行街都是在原来结构的基础上发展起来的，原来的结构是步行街空间依附的骨架，也是街区生活的血脉。步行街结构分为表层结构和深层结构。表层结构包括步行街建筑的组合模式与开放空间的组合模式等；深层结构是指步行街的环境意象，主要包括环境中所寄托着市民情感的、具有场所性的记忆空间以及标志性的物体。商业步行街承载着一个城市的历史和文化，是城市的重要组成部分。在建筑中加入一些具有历史感的符号，可以使这个城市的传统文化得以展示（图4.27）。所以，在环境改造中，新的设施的加入要与原来的结构相联系，以达到步行街表层和深层结构的延续。

图4.27　历史符号的运用

3.步行街色彩的延续

城市步行街的色彩在历史中形成了连续性的特点，保持了街道总体视觉效果的统一性与完整性。当新建筑介入老建筑群时，要注意新建筑与原环境之间的色彩关系，照顾到相邻色彩间的协调和主次关系。不同地域和历史条件下形成的街区给人的感受是相对既定的。因此，人们在步行街中接受色彩信息的方式，如视觉距离、视野范围等，便具有了相对的既定模式。

作为一个有效的视觉语言，步行街色彩的整体协调性有十分重要的意义，对改造后步行街景观特征的形成非常必要。城市步行街的发展伴随着不同时代而发展，不同的历史时代又会给步行街打上时代的印记。不同年代、不同功能的设施决定了各自色彩的不同。因此，步行街在整体色彩上要突出重点，层次关系明确，使整个步行街景观色彩有张有弛、节奏分明，充分体现步行街色彩的层次性和丰富性。

4.步行街空间尺度的关联

城市中传统步行街的形制，是生活在其中的人们世代与环境磨合而生成的。街道中建筑的体量和空间尺度形成了街道的整体关系，在环境风格的形成上起了重要的作用。步行街的空间尺度，可以反映出当地市民的日常生活与休闲方式，充分表现街道的人文和美学内涵。

5.城市街道材质的关联

城市街道的连续界面或形体制连续出现相同或相似的材质，在视觉上给人们一种连续性，步行街区功能的多样性造成街道界面材质构成的繁杂性。一般来说，在步行街的建设改造中，应该首要保持街道两侧建筑立面材质的一致性。新介入的建筑要运用相同或相近的材质和色彩的材料，这样可以保证建筑立面形成统一的质感。其次，步行街铺地的材质也需和整体环境协调统一，铺地材料如果种类、色彩过多，组合形式繁杂，往往导致整体形象混乱，破坏了步行街的整体感。

6.生活方式的延续

步行街文脉连续的根本出发点在于促进城市生活的延续。有的城市步行街在改造中只注重了街区空间本身文脉的延续，而忽视了城市生活方式的延续。步行街是一个城市文化的集中体现，以传统文化为代表的街道，一般都有自己悠久的历史和独特的文化，比如吴文化、老北京文化、楚文化、岭南文化影响下的步行街都表现出不同的文化特征。步行街的建设应充分尊重该步行街文化生存的规律，尊重当地人的生活习惯、生活方式和审美意识，从深层次来理解步行街环境设计与文化生存之间的关系。

对于步行街来说，如何处理好传统文化与现代生活的关系是步行街改造需要关注的问题。因此，对人们生活影响深远的生活方式要注重保留，用一定的空间和场所延续这些有意义的生活内容。对与步行街有关的生活场景用景观的方式记录下来，是

图4.28 步行街雕塑

一种延续文脉的有效方式。对人们产生较大影响的生活方式或生活情境可以用环境小品的形式表现出来，从而增强人们的场所精神，延续步行街的历时性文脉（图4.28）。步行街环境通过历史变迁而逐渐形成一种文化氛围，这种文化氛围凝结着步行街空间的场所精神，而延续这种无法用语言表达的街区场所精神对步行街文脉的传承具有积极的意义。

7.传统活动的延续

在传统步行街中，尤其是遇到我国传统节日，步行街就成为展示民俗传统文化的聚集地。各种传统文化活动在此地举行，更容易得到市民的认同。这些活动对凝聚步行街的人气、文气，活跃商业气氛，营造生活氛围有着积极的作用。

西藏拉萨的八廓街，两边商店林立，一年到头都有川流不息前来朝圣转经的信徒。他们手持转经筒，周而复始地行走在这条街道上。八廓街保留了拉萨古城的原有风貌，街道由手工打磨的石块铺成，旁边保留有老式藏房建筑。街心有一个巨型香炉，昼夜烟火弥漫。街道两侧店铺林立，有120余家手工艺品商店和200多个售货摊点，集宗教、文化、旅游、商业于一体，是全国乃至世界最具特色和魅力的历史文化街区之一，成为西藏从古至今发展的历史缩影（图4.29）。

西安老街洒金桥，据《唐书》记载，唐玄宗将成片的金币从城门泼洒下去，散落

在桥上，以便官员拾取，故此得名洒金桥，也有吕洞宾成仙洒金一说。《废都》中写："那是一个偌大的民间交易市场，主要营生的是家养动物、珍禽花鸟鱼虫，还包括器皿盛具、饲料辅品之类。赶场的男女老幼及闲人游客趋之若鹜，挎包摇篮，户限为穿，使几百米长的场地上人声鼎沸，熙熙攘攘。"❶

图4.29　西藏拉萨的八廓街

昆明老街则无疑是云南千年历史文化的浓缩窗口，作为滇文化的发祥地，在漫长的历史长河中，昆明的老街旧巷不仅留下了绚丽斑斓的文物古迹、人文资源、文化遗产等历史文化脉络，更寄托着滇商的血脉亲缘，演绎着渐行渐远、迷离悠长，但始终让人无法释怀的滇商云起沉浮的历史变迁。例如昆明老街的建筑群落中，最古老的有近900年历史。这些建筑承载着这座城市太多的记忆与故事，同时又承载了当代人的童年欢乐和当下的生活趣味（图4.30）。

图4.30　昆明老街

8.社会结构的延续

社会结构是城市文脉结构的重要组成部分，也是步行街文脉的根本要素。延续原有的城市结构，对步行街的环境设计尤为关键。生活在步行街周围的市民，与周围人群或步行街的物质环境结成了亲密的社会网络，步行街文脉设计的本质之一是支持和培养市民的社会网络。因此，要把与步行街环境有关的市民社会生活通过空间的形式表现出来。

对于城市步行街来说，文脉在构成层次上表现为显性和隐性，显性文脉在步行街的环境中表现为地域性和场所性；隐性文脉在发展中表现为传承性和变异性。文脉的地域性和场所性决定了城市步行街环境改造要遵循系统性原则、保护与开发原则；文脉的传承性和变异性要求步行街在改造中要坚持传统与现代结合的原则。而审美性和多样性既是步行街空间要素发展的依据，又受时间要素发展的制约。因此，总结出基于文脉的步行街景观设计方法，才能实现步行街横向和纵向文脉的延续。

---

❶ 贾平凹.废都[M].南京：译林出版社，2015.

第三节
城市景观形象设计案例解析

一、居住区景观设计案例解析

（一）杭州住宅小区设计分析

杭州住宅小区位于杭州市西郊，用地面积为6万平方米，原地形特征比较丰富，以低缓的丘陵坡地为主，并有两座小山丘。建筑规划在地块上共布置了十余幢高层，配以少量多层住宅以及公建设施。

1.设计理念和功能分区

设计者将其定位为具有江南传统风韵的新住区景观，但坚决反对简单地套用传统或照搬经典。该设计在广泛借鉴传统园林和江南水乡等优秀造景原理的同时，参照现状条件进行梳理整合，并有所创新。

由于地形比较复杂，前期的规划造成了不少的高差地形，给景观设计带来了很多难度。所以，在前期设计中首先要面对的问题是如何在遵循场地特征的同时结合建筑规划结构，构建出最佳的景观格局，以使环境得到充分优化？如何充分应对地形复杂的情况，整合原生植物、地形坡向等，以及规划道路场地的分割状态？这些都需要在具体的景观设计中去解决。

景观设计在讲究私密性的同时，也讲求疏朗的公共空间。在主入口和公共性较强的一些地方，设计加入了较大尺度的石铺广场、适合阳光浴的大草坡、明净疏朗的水面平台等，比较适合人们的活动，如小群体跳舞、打羽毛球、喝茶聊天等，可满足对住区娱乐和交往功能的需要。在住区最西面的宅间绿地内，由于这里车行量较少，设计布置了较大面积的儿童活动场地，安静、安全；在原有几个生态山地的基础上，设计改造为山地活动区，可进行慢跑、爬山、打太极、滑板等健身活动，形成了本小区的特色景观。山地景观也因其较好的地形起到了对外部城市道路噪声和粉尘的隔绝作用，形成了屏障绿化带。经过全面的设计规划后，小区的景观不仅优化了环境，同时也满足了不同居民的娱乐与交往的功能需求（图4.31）。

2.山水空间骨架的构建

该小区属高层住宅小区，也要考虑高楼俯瞰效果。高层围合的场地也利用了山地的层次打破了地面的单调和压抑感，丰富了楼宇间的俯瞰效果和视觉层次，使得立体山水景观贴切于高层住宅的空间状态。绿色的亲切感从通常的一、二层楼蔓延至五、六层楼的高度，使得在较高的住宅内也可有极佳的自然感受和立体的观赏视野，极大地拓展了户内的观景价值。楼层交错，曲径通幽，"俗则屏之，嘉则收之"，令人烦躁的高层硬质界面终于变得温和并富有生机起来。

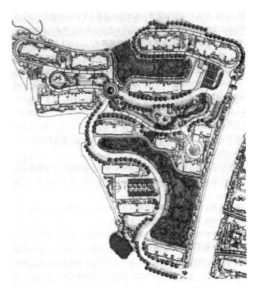

图4.31　总平面图

对环境的各种形态的控制，起、承、转、合等设计手法都是必要的。所以，在设计中尤其要注重对这些关键点的营造，使其串起整个脉络，而不使之散乱无序。对视觉对景、空间焦点等的控制尤为重要，结合关键构筑物以作点睛之物，而不是相互独立和凌乱。以少胜多、少费多用也具有特殊价值。在重要的转折点和景点上均精心布置，塑造意味不尽的空间形态。经过主景草坪时，借高层楼间的强烈对比达到疏朗的效果，发挥场地的优势以获得独特的空间意境。小区绿化充分结合建筑规划的前提关系，景观与园路巧妙结合，盘折逶迤，逐渐展开，以期获得"庭院深深"之主题以及"通幽"之意（图4.32）。设计者在主入口的水系之后继续以曲水作为线索组织空间脉络，并贯连游步道，借灌丛、石桥等体现出些许入口绿地形态狭长、大中做小的意味（图4.33）。

图4.32　小区绿化

图4.33　登山小道与入口的水景

在本案例设计中，强调有一定的透景线，强调若干通透的视野轴线，在林立的高层板楼之间追求某些俯瞰与邻视视线的通透性。重视景点之间的视觉联系，比如园区内两个最高山头之间各自坐落一亭一廊，遥相辉映成趣，化解了规划层面上各自为政的孤立感。同时利用构筑物、植物、山体掩映重要视线，以衬"不尽之境"之致。

3.对意境美学的细部设计

本案例设计重视"形"与"意"之间的关联，"形"有限而"意"无尽，"意"即是意境、意味。古代文人对一石一木都寄托了浓郁的感情。在本案例设计中，根据诗词的意境赋予各组团内景点的氛围，山体景点也以主题的形式展现，合理地运用传统文化中的范式和符号，配置与情景相融的小品石雕，亭廊架也缀以楹联，小中见大，达到点题的作用，不失时机地营造浓郁的居住氛围以及对更多审美感受的共鸣。

由于地形复杂，竖向设计需作较多的考虑，挡墙和驳岸解决了高差问题，但是成为空间的消极界面，必须对其进行推敲。其中，根据地形高差设计了硬质条石挡墙，采用的是水乡古镇中"河埠头"的砌筑方式，既便于地形塑造，又构成了黄馨种植的梯级绿瀑，最后形成了与建筑立面相互对照的户外景观，比对明朗而丰富。在水岸交接处理时，驳岸、草坡、卵石浅滩、水生植物自然结合，体现了自然意趣。❶

对于入口广场的效果，设计师以自然切割形的石板铺地、树池，构筑了一个舒适的休憩停留空间（图4.34）。正面以片石墙加以诗文点题，加之以卵石槽、溢水陶皿、

图4.34 休憩景观

潺潺涌泉、弧形小石桥为细节元素，这些元素均是从传统中提炼出的，但其构成的形式关系却是简洁的。材料的选择亦朴素大方，六棵在当地苗圃精挑细选的广玉兰守望着既风雅又恬静的入口景观，使得这个入口空间虽以硬质铺装和小品为主，但仍然生机勃勃。

（二）居住区私人庭院设计分析

如图4.35所示，设计呈现的是新古典主义形式，凸显典雅大气的气质。花园的设计主要突出建筑风格特征，同时体现简约、明快及温馨的庭院生活氛围，花园的风格与建筑形式之间形成统一感。大面积的草坪为室外空间提供了欣赏建筑本身的场地空间，并保证厚重的建筑形式不至于使人产生压抑感，设计充分考虑了场地空间中建筑

❶ 赵衡宇，陈炜.山水情致，现代物语——一次建构的传统园林文化意匠尝试[J].装饰，2009
（5）：143-144.

与庭院的视线关系。

花园用大面积的草坪作为室外景观，考虑了室内外之间的相互对应关系，保证了整体大气、简约的设计风格在室内外之间的衔接与过渡。花园内边界空间造型采用圆形作为主题元素，通过这种手法与建筑的风格相协调，增强总体环境的统一感。通过不同的装饰材质来围合不同的空间区域，这样在视觉上给人以富于变化的统一感，同时也丰富了花园空间的总体层次（图4.36）。

图4.35　私人建筑花园设计

图4.36　丰富花园空间层次

1. 入户区石子铺装的开阔空间

庭院主体建筑由玻璃围墙构成，植物与建筑之间形成了良好的对应关系，统一感强，突出了典雅大气的气势。而围墙与门前铺地绿化成为地面与墙面之间的过渡，软化了大面积石材形成的压抑感。造型优雅的大树，点缀在小径两旁，成为进入私家空间的标志。经过精心修剪的灌木与石块筑成的围墙之间，形成了柔和的色彩对应关系，使视觉空间的过渡变得自然而亲切（图4.37）。

图4.37　植物与建筑的对应关系

2.亲密的对应关系

在住宅周围还有一些不同的植物环绕。树木和植物都乃自然之灵，给住宅平添了一份宁静和灵动。树木和植物的这种对应关系，增强了呼应的美感，是造园空间设计中常用的手法（图4.38）。在庭院中还可以欣赏到四季的美景，春天的玉兰，夏天的丁香，秋天的桂花，冬天的蜡梅。它们和住宅周围四季常绿、四季常青的树木相互映衬，构成了一个优美和谐的园林景观。在庭院中可以感受到自然与建筑完美结合，建筑与自然和谐共生。从庭院中还可以看到许多与树木和山水相对应的建筑造型，如池塘、山石、石桌、曲廊等。

3.巧妙的材质过渡

整个设计过程使用的天然原料有原木、砖块和石头，利用石材作为花池的边界，与草坪空间之间形成了良好的分割关系；花池与草皮之间的过渡采用低矮的草本植物作为装饰，弱化了过渡的生硬之感，颇具"苔痕上阶绿，草色入帘青"的情趣；砖红的土地与碧绿的植物搭配极为入眼，田园感充满了园子的每个角落（图4.39）。

图4.38　树木和植物的呼应

图4.39　边界的巧妙过渡

二、滨水区景观设计案例解析

本案例为沿长江某城市新区的滨水区规划。该城市为国家历史文化名城、风景旅游城市，具有良好的自然资源和人文资源。项目的生态规划策略是利用原有场地格局保护意杨林。本案例规划区域以滨湖景观为特色，滨湖湿地森林公园的生态系统规划设计是其重要亮点（图4.40）。利用道路交叉节点及林隙场地局部改造，形成人流活动场地。通过人工定向演替，形成丰富的植物多样性林地及湿地景观，总面积近550公顷（图4.41）。

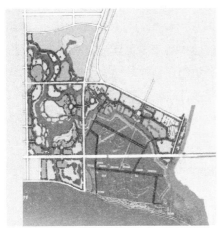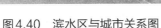

图4.40　滨水区与城市关系图　　　　图4.41　滨水区规划总图

（一）调查分析

滩涂地段地形改造结合植物形成多种生境的湿地及草地树丛区。项目整体采用排涝灌溉和循环系统一体化设计，湿地水循环主要是十五里河入巢湖处设节制闸，内部单独进行水循环。森林水循环内部在原有水渠基础上整理形成外围环型水渠，与原有东西向主渠形成日字型主循环系统。❶规划区水体水质较好，四周具有开阔的天际线和自然性岸线，野生植被丰富，人口密度低，建设基础良好。大坝是重要的景观要素，必须予以合理的改造。

在现状调查的基础上，制作土地利用现状图、高程图、坡度图、坡向分级图，这些图纸能使设计者直观地把握地块状况。

（二）确定滨水区的功能

经过与委托方协商，以及对周边城区需求的分析，确定滨水区功能为展现新区风貌形象的窗口，是集湿地游憩、森林体验、展示教育于一体的"休闲旅游度假目的地"。项目采用保持原生态植被完整性，不破坏、不拆除，通过科学手段促进生态循环的设计原则，具体功能为以下三点："整体保持"，即最大限度保留原生态环境完整性；"局部改造"，即严格控制建设量，利用现状进行改造提升，增加必要服务设施；"线性提升"，即打造亮点，根据本地资源特色建立丰富的旅游产品体系及游览路线。❷

❶ 潘林杉.合肥南郊湿地森林公园[J].诗词月刊，2014（3）：71.

❷ 王健.城市中心区公共空间生态设计分析[J].山西建筑，2014，40（24）：9-10.

（三）确定土地整改与生态处理

用人工定向演替的方式，形成丰富的植物多样性林地及湿地景观。滩涂地段地形改造结合植物形成多种生境的湿地及草地树丛。在植物多样性基础上，通过增加不同的生境，形成丰富的生物景观，提升湿地森林公园的自然教育功能（图4.42）。

策略一：大片保留
尽量利用原有地格局（水系及生产林），保护原有意杨林

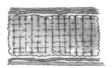

措施一：逐步演替
人工定向演替，形成丰富的植物多样性林地及湿地景观滩涂地段地形改造结合植物形成多种生境的湿地及草地树丛区。意杨速生但寿命短，在森林公园的发展中，逐步采取人间伐，并结合边缘地带进行逐步改造，形成自然混交林地

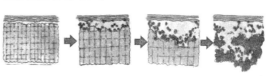

策略二：局部改造
利用道路交叉节点以及林隙场地，局部改造，丰富景观，形成人流活动主要场地

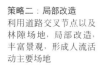

10～50年

措施二：水系整合
打通主水系，沟渠变直为曲，增加生态功能及多样性

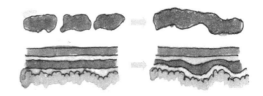

策略三：线性提升
沿路及高压走廊（含原有高压走廊段），提升线性景观

措施三：保护生态进程
保护原有的生态进程，减少对林地内部自然演化的干扰，保留并丰富原有场地对水资源的调蓄功能

图4.42　滨水区生态系统规划

（四）确定景观结构

滨水区主渠道典型剖面、4.5米步道典型剖面、景观结构图如图4.43～图4.45所示。

（五）确定总体方案

滨水区景观总体方案图如图4.46所示。

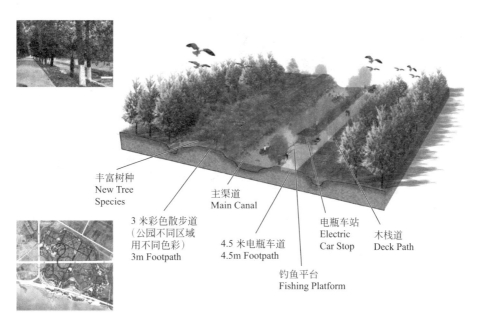

图4.43 滨水区主渠道典型剖面

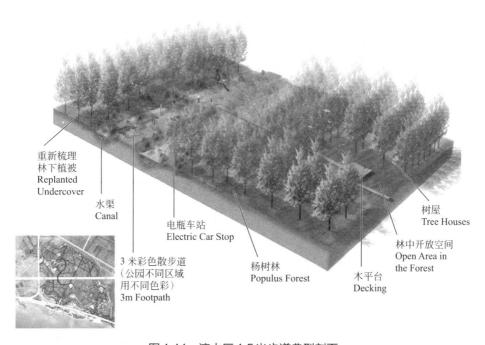

图4.44 滨水区4.5米步道典型剖面

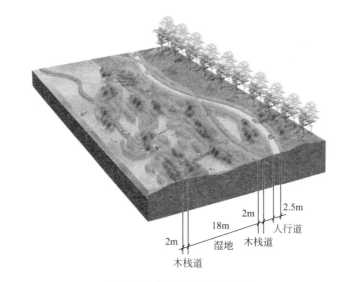

图4.45　滨水区景观结构图

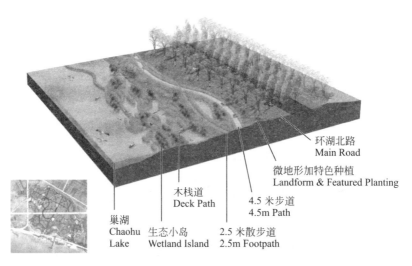

图4.46　滨水区景观总体方案图

（六）五大区域划分

将整个景观划分为：民俗风情体验区、湿地休闲体验区、湿地科普展示区、湿地水生态涵养区和湿地水生态净化区，共五个区域，每个区域都具备各自的独特功能（图4.47）。

1.民俗风情体验区

此功能区块基于村落现状，结合"徽文化"为设计本底，整合改造民俗风情体验

138

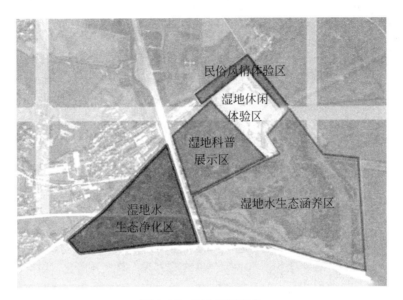

图4.47　五大区域划分

区。主题打造休闲民俗特色，聚集地方风情。打休闲旅游牌、做地方风情文章。以历史民俗文化为灵魂，文化与休闲互为载体、紧密结合、相得益彰。[1]以"徽文化"为主题，通过对民俗风情的体验，营造出一种历史悠久的氛围。规划在保留原建筑和现状建筑的基础上进行改建，利用当地现有的古建筑或老物件作为设计素材，将现代建筑元素与传统建筑相结合。重点打造徽派民俗文化馆、徽派文化展示厅、徽派老宅博物馆，使其成为具有较高艺术品位的展示中心和休闲旅游胜地。

2.湿地休闲体验区

设计理念紧密围绕生态性、自然性。设计为整体打造大面积湿地的野趣之感，将南侧河塘的水引入北侧农田，将大面积田地保留，形成水田交织景观，由矩阵式河道贯穿田野，形成纵横交错的水趣景区。结合农田规划突出自然生态主题，缓冲城市日常生活中的压力，为城市居民营造出一个体验农耕、返璞归真的情景。

3.湿地科普展示区

此区块重点凸显科普教育及展示功能。规划建设湿地植物温室博物馆，普及湿地植被的科普知识，并恢复有巢氏遗址，探寻远古巢居文明，解读有巢文化遗存。

4.湿地水生态涵养区

将现状河塘与水渠打通整合，形成大面积水域。此地块主要用于表现湿地的群落

❶ 夏文菊，刘意，曹岳阳.济南市河流水污染防治与生态修复研究[J].山东水利，2013（11）：20-21.

生境，保育湿地生态环境。水面中心形成一个整体的生态岛，为鸟类提供静谧的栖息场所，为湿地的长期建设提供厚实的基础。

5.湿地水生态净化区

与十五里河进行贯通，形成活水，净化水质环境，进行修复与保育。

三、CBD景观设计案例解析

（一）北京朝阳CBD

北京CBD位于北京朝阳区中西部，处在以东三环路为南北轴线，以建国门外大街为东西轴线的一个大十字的四个象限内，总占地面积约3.99平方千米，建筑总量约10平方千米。其中，写字楼约占50%，公寓约占25%，其余为商业、服务、文化、娱乐设施等，是中国涉外资源最为丰富的地区，也是北京市商贸氛围最浓厚的场所。北京CBD的主体建筑高度均在100米以上，部分商务建筑高度在150～300米之间，除原有的国贸、嘉里、京广、汉威、航华大厦等高档写字楼外，还建有银泰中心、中环广场、建外SOHO、新北京电视台、财富中心、国贸三期、世贸中心、新城国际等众多项目（图4.48）。

图4.48　北京朝阳CBD

目前世界500强企业进驻北京CBD及周边地区的已有120多家。此外，该CBD中绿化面积占总用地面积的11%，包含四个主题公园及环状绿化系统、沿街绿化带和滨河绿化带等。为确保交通畅通，CBD区域内的交通占地面积就高达39.6%，且建立立体交通系统，其地下建筑全部相互联通，形成地下人行系统，并考虑了大量的地下停车位。

（二）上海陆家嘴CBD

陆家嘴CBD是21世纪上海中央商务区的主要组成部分，规划用地1.7平方千米，建筑面积约4平方千米，主要发展金融、贸易、商业、房地产、信息和咨询等第三产业。目前，已逐步形成了金融保险、商贸、旅游、会展四大支柱产业。陆家嘴CBD体现的是一种典型的"金融中心模式"，是目前国内规模最大、资本最密集的CBD。该区域每一幢建筑物都别具匠心，区域内部在地下、地面和空间的联系几乎达到了最佳组合。近百幢三四十层的超高层建筑如众星捧月，聚散相宜地簇拥在那几幢近百层的摩天大楼周围（图4.49）。

图4.49　上海陆家嘴CBD

该区域已聚集8家国家级要素市场、135家中外金融机构、40多家跨国公司地区总部，以及4000多家贸易、投资和中介服务机构。为打造世界一流的中央商务区，陆家嘴CBD成了全球著名规划设计大师们共同努力的智慧结晶：规划从东到西，渐次将集中绿地、以高度居世界第三的88层的金茂大厦为代表的高层建筑带、以东方明珠广播电视塔为主体的文化设施及滨江憩息带构成富有节奏的空间环境，并已成为上海现代化城区的新景观。❶

占地10万平方米，花木掩映、绿草如茵的中央绿地与邻近几幢超高层建筑对比相生，体形虚实、错落有致，又不失平衡之美；绿地外围的弧形高层建筑带与沿黄浦江的"弧形线条"内外呼应，内部环路交通与城市东西轴有序结合，使地面建筑、绿化、道路组合十分协调。❷

2005年，上海又提出将在全球率先建立电子化国际中心商务区，即E-CBD模式，总投资达1000亿元。21世纪远东及太平洋周边地区乃至全球最重要的金融、商业和贸易中心将在这里崛起，这是该区域的又一次跨越式发展。

四、步行街景观设计案例解析

这里以武汉市江汉路步行街为例进行分析。武汉市江汉路步行街是武汉市民心中最负盛名的商业街。随着三条道路建设工程的实施，将创造出汉口中心城区历史传统

---

❶ 任磊. 办公建筑室内外公共空间环境设计初探[D]. 南京：东南大学，2005.

❷ 田海燕. 关于建设区域性中央商务区的研究——以重庆为例[D]. 重庆：重庆大学，2003.

图4.50　武汉市江汉路步行街

与现代生活互为融合的都市景观，江汉路步行街曾经是中国最长的步行街，有"天下第一步行街"的美誉。风格各异的建筑、美丽的亮化工程、耐人欣赏的"汉味小品"、中西餐饮的大比拼、繁华的商业文化同台竞"演"，这为该街营造了良好的休闲观光氛围（图4.50）。

（一）设计理念

1.保护优秀的历史建筑和景观风貌

传统商业街是城市历史与文化最核心的载体，是最具独特风格的都市景观。❶通过分析，本次设计将江汉路上的建筑分成三类：第一类为13幢优秀历史建筑，设计原则是通过整旧如旧、修复破损残缺等保护措施，恢复建筑原貌，保证历史建筑的原真性、可读性和可续性；第二类为有风貌特色的一般性建筑，改造重点为力争保持原有风貌，但在外墙色彩方面允许做修改；❷第三类为现代建筑，处理原则是粉刷涂新，与环境相协调统一。

2.挖掘历史文化内涵，创造高品质的空间景象

街道景观是由不同的环境要素共同构成的空间艺术形象。在人的视域中所感觉的各种元素的组合，反映出街道的形象特征和文化特质。在江汉路这条跨越百年的老街上，规划希望能通过景观的重整，引发人们对往昔的追忆、对未来的畅想。

3.开辟公共活动空间，促进都市更新

在封闭、线形的街道上，利用建筑界面的围合开辟几处开敞的活动小广场，让空间产生张弛交替的节奏变化，增添了街道的趣味和生机，为市民提供了难得的休憩、交流、聚会场地。通过对江汉路景观特点的分析，利用拆迁近10000平方米旧建筑的场地，在商业最集中繁华的区段创造3个主要空间节点和2个次要空间节点，为狭长街道带来节奏的变化。南端以海关大楼为背景，由古典建筑围合的江汉关广场隐喻着江汉路的过去，与北端展示着未来的现代化喷泉中百广场遥相呼应，其间串联着3个

❶ 罗红战.城市公共环境艺术情感附加研究[D].长沙：湖南师范大学，2007.

❷ 曾琎.都市传统商业街的审美再创造——以武汉市江汉路步行街为例[J].武汉理工大学学报（社会科学版），2005（2）：277-280.

风格各异的街道广场，成为街道上最具活力和吸引力的场所。

4.创建"以人为本"的空间环境

步行街将人从喧嚣的城市交通中解放出来，树立的是人在空间中的主导地位，环境中的一景一物均以人的心理和生理感受进行设置。❶为人们提供可小憩的座椅，设立"人性化"的"街道家具"（小品、电话亭、钟架等），提供为现代人资讯服务的电子咨询设施，一切建设活动以"人"为服务对象，力争创造舒适、优美、富于情趣的街道环境。

（二）设计要素

1.铺地

标准路段：将平均15米宽的道路分为3块板，中部4.5米宽，用600毫米×600毫米×600毫米的印度红花岗岩铺设，两侧铺以同型号灰色火烧花岗岩，每隔3.6米做石板打磨，地面色彩与整体环境在统一中求变化。

2.节点

为营造步行街丰富多彩的商业繁华气氛，在江汉路与各垂直交叉路口处均做统一图案化设计，另在3个主要广场节点（江汉关、鄱阳街、中百）进行了突出环境特征的地面图案设计与所在环境相呼应，增添街道的趣味，吸引人们在此驻足观赏、逗留。

3.街道家具

丰富精致的街景离不开"街道家具"的设置。主要包括座椅、IC电话亭、时钟、垃圾桶、路标等设施。由于江汉路路面狭窄，在布置中将可组合的设施整体设计，如座椅和花池、路标与指示牌结合形成统一的小品形象。一些高新技术也在改造中得以应用，如座椅下安置了高质量的音响设备，给人们送来悠扬的中外名曲；中百广场上设立大型电子显示屏，即时传送信息，每天都吸引大量人流在此观赏。❷

4.景观小品

雕塑、喷泉、小品是点缀街道的饰品，可增添商业街的文化历史意蕴。在江汉路的3个广场节点上创作了以代表武汉文化生活特色的仿真铸铜雕塑"热干面""竹床""挑水"，这些反映老武汉市民真实生活场景的雕塑，市民们百看不厌。❸江汉路

---

❶ 张乐.浅析商业步行街设计[J].数位时尚（新视觉艺术），2010（2）：87-88，101.

❷ 佟建阳，李娜.老商业街的再创造——商贸街步行街改造规划设计[J].民营科技，2010（4）：214.

❸ 任琪.城市道路景观界面分析[D].合肥：合肥工业大学，2007.

步行街上的景观小品，以精湛的技艺、浓郁的"汉味"美化了步行街，同时也反映了普通百姓的市井生活，真实地记录了老武汉的过去（图4.51）。

图4.51　景观小品

城市地标空间的未来战略：文化社会学视域下的地标性公共环境空间发展

City Image and Landmark Space
Study on Design of Landmark Public Environment Space Based on the Construction of City Image

中国具有悠久的历史文化传统，城市地标作为城市形象的重要载体，保存了绚丽丰富的文化遗产。文化学的研究成果认为，城市具有浓郁的地域文化特征，是一个地区物质文明和精神文明共同的形象载体。❶郭国庆、钱明辉与吕江辉认为，城市品牌是城市的整体风格与特征，是将城市历史传统、城市标志、经济产业、文化累积与生态环境等要素凝聚而成的城市灵魂。❷而新加坡国立大学的莉莉·孔认为，一个城市的形象要保持全球影响力不仅需要成为全球网络的关键节点，还必须积极积累文化资本，创建文化空间和文化地标，从而增强全球竞争力和建构国家和城市文化认同。❸本章将从城市地标的角度出发，对我国城市地标性环境空间发展、城市地标性环境空间类型以及几个有代表性的城市地标性环境空间的构建进行研究与探讨。

第一节
城市地标性公共环境空间的定义

一、城市地标内涵研究

城市地标的概念在20世纪60年代开始在美国兴起，随后日本、英国等国家也相继提出城市地标的理论。随着时代的发展，世界范围内涌现出越来越多具有标志性意义和影响力的建筑景观和工程项目。世界各地的城市在进行旅游开发时，往往会将这些建筑景观及工程项目作为重点进行规划设计，这不仅能吸引更多的游客来观光打卡，也能提升城市的知名度。城市地标所具有的意义重大且深远，可以给城市带来巨大的经济效益和社会效益。然而在我国，由于城市化进程过快、人们对生活质量要求越来越高、公众参与意识不断增强等因素影响，人们对地标建筑及景观建筑的关注度明显降低。同时，对这些景观建筑及其代表建筑物，以及承载的内容、内涵的认识不足和定位不准确，从而造成了大量资源浪费和环境污染，甚至出现部分建筑物因缺乏创意而与周围环境格格不入，成为城市发展中的一道"疤痕"。

在传统观念看来，地标是指地域之中较为凸显的自然景观或人文建筑物，是基于

---

❶ 饶鉴. 从符号学角度看景区品牌与城市品牌的传播意义 [J]. 湖北社会科学，2013（10）：92-95.

❷ 郭国庆，钱明辉，吕江辉. 打造城市品牌提升城市形象 [N]. 人民日报，2007-9-3.

❸ Kong L. Cultural icons and urban development in Asia: Economic imperative, national identity, and global city status[J]. Political Geography，2007，26：383-404.

普遍中的特殊存在，表现的是该地域之中的特色文化。随着信息化与全球化进程的发展，地标已经突破传统认识范畴，同时也作为城市与城市之间的政治、经济、文化之间的竞争手段，是城市意识形态的空间表现。

（一）地标的含义

地标，从词语本身来分析，表达的是地理标志的含义，指每个城市的标志性区域或地点，或者能够充分体现该城市（地区）风貌及发展建设的区域。

城市地标，可划分为广义与狭义两大类。广义上的地标指的是一个在空间上具有特殊标志作用的建筑，包括标志性建筑、建筑群、历史街区、广场、绿化等，同时还包括标志性的自然景观和整个城市空间。而狭义上的地标则是指一座城市的标志性建筑，或者是一种人为的、有影响力的、有代表性的建筑物或结构，既包括自然的也包括人造的，既包括物质的也包括精神的。通常都是独一无二的，与其他建筑有显著的不同之处，其外在形式的象征意义超越了内部空间的作用。

1.地标一词古老的用法

在《周礼》之中对古代城市建筑就有描述，如"前朝后市，市朝一夫"。但是古代城市建筑的建设，并不是一个简单的建城过程，它包含了规划、建设以及管理等各个方面的内容，其所表现出来的城市特征也很多，比如"前朝后市"等。这是我国古代传统城市布局理论之中一个重要的内容，它不仅反映出当时我国古代人们城市建设中的思想认识水平和城市设计与规划方面的技术水平，而且也体现出当时人们对古代城市建筑的审美意识，及其表现形式和内涵。从我国古代标志性建筑中即可窥见城市规划已经开始出现地标的影子，已经有很长一段时间，并在不同历史时期有着不同的表现形式。

2.地标一词近现代的用法

地标在近现代具体产生于20世纪60年代的《城市意象》一书中。《城市意象》提出，为了更好地研究城市意象中物质形态的内容，将其归纳为五种构成元素——道路、边界、区域、节点和标志物，而这里的标志物则指代的是地标。此后，地标作为一种学术术语开始进入社会科学领域，最早对地标进行定义与讨论的是城市规划学。从地标研究的近现代发展来看，可以将地标的理解方式归结为三大类别（图5.1）。

城市规划学是为了实现一定时期内城市的经济和社会发展目标，确定城市性质、规模和发展方向，合理利用城市土地，协调城市空间布局和各项建设所作的综合部署和具体安排。城市规划是建设城市和管理城市的基本依据，在确保城市空间资源的有效配置和土地合理利用的基础上，是实现城市经济和社会发展目标的重要手段之一。

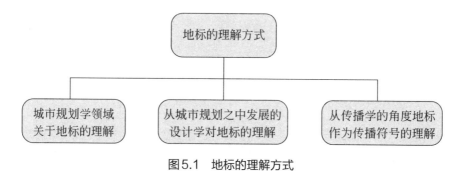

图5.1　地标的理解方式

从城市规划之中发展而来的城市设计学的主要目标则是营造使人类活动更有意义的人为环境和自然环境，以改善人的空间环境质量，从而改变人的生活质量。

从传播学角度出发理解，地标作为物质形态空间，除了其使用功能以外，也发挥着空间传播的作用，对表现空间中的意识形态有着重要的作用。

（二）城市地标的规模划分

在城市不断的规划建设过程中，地标空间在城市中的表现形式也发生了转变，地标的规模从单一的个体地标，逐渐转化为大规模的群组型地标甚至区域型地标。而地标的规模变化，也进而体现了城市地标形态以及功能的演变。

1.单体型地标

单体建筑是相对于建筑群而言的。建筑群中每一个独立的建筑物，均可称为单体建筑。而单体型地标则是相对于群组型地标而言，作为城市之中的独立的个体地标存在，体现的则是局部范围内的地标。一般来说，地标是城市中某一地段、某一领域或者某一方向上存在着标志性意义和文化特征的建筑物。在整体分布上，单体型地标分布较为单一，在地标的整体形态呈现中表现为突出地标的标志功能，发挥地标在城市中的指示功能。在形态结构上，大型单体型地标因其规模巨大、影响范围广，而成为世界标志性建筑，如北京故宫、深圳中心大厦、上海东方明珠等。

2.带状型地标

带状型地标通常是城市之中以线为方向的多个建筑的组成，通过线的连接方式使建筑与建筑之间彼此联系，构成有机联系的整体地标。带状型地标建立和完善了城市生态廊道，联系城市中的各个板块，营造了适宜人们生存的人性场所和领域。该类地标最常见于海边或者江边城市，例如滨海带状地标建筑群的"海口·海边的驿站"。

3.区域型地标

区域型地标一般体现的是城市的中心区域带或者城市中的特色区域，因其规模宏大、影响范围较广，所以既是城市的特色地标圈，也是城市主体形象的代表。在功能结构上，区域型地标相对于单体型地标与带状型地标，功能更为齐全，结构更为合理，如武汉光谷广场、纽约曼哈顿等。

（三）城市地标的形态划分

城市地标由不同的形态构成，通过空间的组合排列又形成新的形态。将城市地标空间按照类型划分，可划分为以下七种。

1.标志性建筑

作为一个城市的名片，让人一看见它就会联想到这个城市。例如悉尼歌剧院、巴黎埃菲尔铁塔、日本东京塔、意大利比萨斜塔、印度泰姬陵、吉隆坡双子塔、迪拜游艇旅馆，这些都是国外知名的城市地标。又如台北101大厦、上海东方明珠塔、广州"小蛮腰"电视塔、北京鸟巢、西安大雁塔、深圳地王大厦、郑州二七塔、石河子军垦博物馆、阿拉尔塔里木河大桥、昌吉市新疆大剧院、吐鲁番市苏公塔、铁门关市丝路雄关，这些是国内知名的城市地标。

2.标志性建筑群、步行街、历史文化街区

即一条街道、一条历史文化街区，形成城市的标志性建筑群。伦敦的大本钟、威斯敏斯特大教堂，巴黎的卢浮宫、玻璃金字塔等都是国外的标志性建筑群。北京故宫、王府井，上海外滩，南京路步行街，成都春熙路，西安大唐不夜城，哈尔滨中央大街，重庆解放碑步行街，南京新街口，天津和平路，厦门中山路，香港铜锣湾等都是国内的标志性建筑群。

3.标志性城市雕塑

城市雕塑是展示城市形象、精神、文化、性质、历史和美学特点的城市雕塑。城市地标雕塑的特点是有标识性、象征性、地域性、纪念性、时代性和艺术性。外国城市的代表性雕塑有纽约自由女神像、哥本哈根美人鱼铜像、新加坡鱼尾狮、布鲁塞尔撒尿男童、里约热内卢耶稣雕像等；国内有广州五羊雕塑、青岛"五月的风"雕塑、珠海渔女雕塑、兰州黄河母亲雕塑、石河子"军垦第一犁"雕塑等。

4.标志性广场

城市地标性广场是城市建设中不可缺少的一部分，它对改善城市环境、丰富城市特色具有十分重要的意义。莫斯科红场、圣彼得广场、布宜诺斯艾利斯五月广场、墨西哥立宪广场等，都是外国城市的地标广场。北京天安门广场、大连星海广场、济南泉城广场、青岛五四广场、上海人民广场、成都天府广场、南昌八一广场、宁波天一广场、乌鲁木齐人民广场、石河子广场，这是我国各大城市的地标广场。

5.标志性景观

城市地标景观作为一个具有典型意义的城市缩影区，是一个城市的窗口，是一个旅游目的地，以公园、河岸、其他开放的空间景观为主。纽约中央公园、巴黎塞纳河、布宜诺斯艾利斯七月九日大道等，是全球知名的城市景观。杭州西湖、扬州瘦西湖、南京秦淮河、金华燕尾洲公园、北京北海公园、长沙橘子洲公园、乌鲁木齐红山公园、十二师头屯河东岸、库尔勒市孔雀河等，是我国知名的城市景观。标志性的风景也是城市的标志性景观，例如"红瓦绿树，碧海蓝天"的青岛，希腊爱琴海旁的圣托里尼蓝屋顶和白色墙壁也是希腊的标志性建筑。

6.标志性城市空间格局

巴西巴西利亚"飞机"形状的城市空间布局形式，被联合国教科文组织列为世界遗产，是目前世界上仅有的一个具有"世界遗产"称号的城市格局。

7.标志性自然景观

一些特定的自然风景，可以被赋予特定的文化内涵，具有特定的人文意蕴，或经过人为的改造，从而形成一个城市或一个省的标志性自然景观。例如，安徽黄山的黄山迎客松、广西桂林的桂林象鼻山、山东泰安的泰山、贵州安顺的黄果树瀑布、河南登封的嵩山少林寺等。

（四）城市地标的特点展现

城市地标是一个城市的标志，同时也是一个地区、一个整体的标志，是一个具有标志性形象的地方标志。城市地标的作用是通过展示城市的精神、历史和人文景观，吸引海内外民众的注意力，提升其知名度。城市地标是城市形象的重要载体，它反映了城市的历史文化、风土人情、生活方式、城市特色。在对世界各地的著名地标进行归类整理后，归纳出以下六大特点。

第一，城市地标本身具备特定的作用或意义。比如北京的天安门、莫斯科的红场、纽约的自由女神像，都是通过彰显特定的含义，为自己的城市树立了一个标志性的形象。从本质上看，体现了地标与城市之间通过意义构成两者联结，从而达到相辅相成、共同树立良好的城市形象的作用。

第二，城市地标一般是由知名建筑师或建筑师所设计。城市地标本身展示了极高的艺术水准、精湛的施工工艺，凝聚了建筑师们的智慧，也常常反映出一定时期人们的审美观念，这也通常是地标建筑所独有的表现形式。例如香港中银大楼、悉尼歌剧院、伦敦水晶宫、巴黎埃菲尔铁塔等，不仅采用了独到的设计形式，同时也都是在建筑领域中大量使用玻璃、生铁等材料的先驱。

第三，城市地标位于特定地区或特定区域。由于城市地标位于城市的重要节点或中心轴，周围有开阔的空间，使其与周围的环境形成了良好的视觉效果。而这从本质上是利用了图底关系理论，将城市地标作为画面中的图、城市建筑作为画面中的底的方式，通过图与底的对比方式，突出画面中作为地标的图，建构城市的视觉中心，使人们在城市之中将城市地标作为城市建筑群中的中心点，从而得到良好的视觉体验。

第四，城市地标具备极高的识别能力。通过城市地标与周围的城市建筑和自然风光相结合的方式，同时在体量、材质、风格、色彩上有所区别，进而产生强烈的对比，以此达到一种相互呼应的审美效果。而与周围建筑的和谐相处也同时展现了地标建筑的和谐性，只有与周围建筑和谐相处，地标才真正地扎根于城市之间，体现城市别具一格的风采。

第五，地标建筑不能仅限于以高取胜、以奇取胜，更要注重建筑的文化性。地标不应该只是一味地追求极致的建筑，更应该思考如何以巧妙的设计方式与周围的环境相呼应，使其成为一种经久不衰的建筑。这样才使得地标发挥着展现城市形象的重要意义。例如贝聿铭设计的苏州博物馆、吴良镛设计改造的北京菊儿胡同，这类地标吸收了所处城市独具的特色，展现了城市独有的韵味，体现了地标建筑的文化性。

第六，城市地标不仅限于建筑，还具有城市空间形态、城市景观空间等功能。例如雄安新区，其城市总体规划空间布局已成为最具特色的城市名片。还有新疆的特克斯县"八卦城"，特克斯县城里并不具有标志性的建筑，但是特克斯县的八卦布局却使得这座城市成为一座标志性的城市。

二、城市地标性公共环境空间的基础

相对于城市地标性建筑，公共环境空间则是指在城市中能够为所有城市居民服务的开放空间，它是人们进行室外交流的主要场所，是人们接触大自然，与自然进行交流的重要空间。而一部分公共环境空间随着城市的发展，逐渐形成了地标性公共环境空间，即城市中独特的公共环境空间中的视觉中心点。而围绕着这个视觉中心点，周围产生了繁华的街区与居民区，进而促进了城市的繁荣发展。

（一）城市地标性公共环境空间的认识

伴随着我国经济的快速发展，城市人口极速膨胀，现代化下的大都市快速成长并迅速发展，新兴技术下的钢筋水泥覆盖住了城市表面，工业化的发展从产品蔓延到了建筑，居民基本休闲放松的环境空间受到了严重威胁。由此，人们开始了对现代城市如何建设与发展的思考，认识到集居在城市中的人们，需要一个促进身心发展的环境空间，一个有利于人们沟通、放松、娱乐的场域。

古罗马建筑师和工程师维特鲁威的《建筑十书》第五书中，谈及公共环境空间设计应该考虑空间的历史背景、空间距离、选址气候、自然形态、长宽比例、空间高度等，描述了公共环境空间的形成要素。德国城市规划理论界的代表性学者迪特·福里克在《城市设计理论：城市的建筑空间组织》中提出，公共空间在建筑空间组织中占据着特殊的地位，作为建筑空间组织的核心组件，同时是联系城市在社会组织方面的关键环节。新城市主义的代表人物简·雅各布斯的《美国大城市的死与生》是城市研究和城市规划领域的经典之作。他认为在美国20世纪城市大规模扩张和快速郊区化的社会背景下，大自然不断遭到破坏，城市变成了没有生命的机器，并认为城市的多样性是城市公共空间的根本。❶日本当代著名建筑师芦原义信在其《街道的美学》中赞同了简·雅各布斯的观念，一个城市的街道充满活力，这个城市必定也充满活力。街道作为公共环境的重要组成部分，足以说明公共环境对城市活力起到的决定作用。❷后现代主义大师罗伯特·文丘里在《向拉斯维加斯学习》中继续提出了作为符号的空间，公共空间在城市中具有隐喻符号的作用，以象征手法的形式促进空间中信息的交流。❸法国符号学大师罗兰·巴特（Roland Barthes）从整体上对城市进行了把握，在理解城市地标性上采用了其一贯主张的符号学思想，认为城市是一种语言，是符号的组合，城市符号构成一种不断演进的语言，其不仅可读，而且可以言说。❹由此可见，城市地标性公共环境空间构建的目的就是为具体的、庞大的城市提供抽象的、可传播性的符号，使得不可移动的城市能够通过其符号，以抽象的形象展现给广大人群，包括潜在的居住者、旅游者、评估者等。

城市符号的最终形成，需要在各类先天性和后天性资源的基础上创造出品牌符号的物质形态，如文字、图案、声音或者上述要素的组合。城市形象符合品牌的基本概念，对其要求也要从指代性、独特性和差异化三个角度来考虑。因为形象是一个较抽象的概念，通过具象化的载体才能在大众传播媒介中有效传播，从而在观者的心中留下可识别的独特印象。

1.地标性公共环境空间的符号化

城市地标性公共环境空间符号的指代性，是指城市品牌形象符号与城市本身的客观资源特征（包括地理特征、历史人文、民俗风情等）有一定的关联性。城市品牌形

❶ 简·雅各布斯.美国大城市的死与生[M].金衡山，译.南京：译林出版社，2005.

❷ 芦原义信.街道的美学[M].尹培桐，译.天津：百花文艺出版社，2006.

❸ 罗伯特·文丘里，丹尼丝·斯科特·布朗，史蒂文·艾泽努尔.向拉斯维加斯学习[M].徐怡芳，王健，译.南京：江苏科学技术出版社，2017.

❹ 罗兰·巴特.符号学原理[M].黄天源，译.南宁：广西民族出版社，1992.

象的构建往往是一个简单的从符号提出者到符号接受者的过程。城市经营者们在提出合适的口号后，仅仅需要通过各种手段对这一符号本身加以推广，最终实现在消费者层面上从符号能指到符号所指的自然联想。

在这方面，老派的风景城市或者历史城市有着较大的优势，如"冰城"哈尔滨、"古都"西安、"瓷都"景德镇、"人间天堂"杭州等，都是在既有城市特色的基础上，因势利导地确立并壮大城市品牌。对于一些新兴城市而言，则需要通过人工打造来确立城市品牌符号和城市特色之间的关系。例如，青岛市借助奥运帆船比赛打造"帆船之都"，大理借国际茶花博览会之机打造"世界茶花之都"，湖南沙坪通过湘绣文化节打造"中国湘绣之乡"等。

2.保持城市符号的差异多样化

与此同时，城市品牌之间的趋同性逐渐磨灭了品牌之间应有的差异性和多样性。例如，洛阳以牡丹名闻天下，很多城市也盲目地发展牡丹产业，打出"洛阳牡丹甲天下，××牡丹甲洛阳"的招牌。这种文化嫁接的直接后果是导致品牌认同的模糊，实际上往往凸显了洛阳对牡丹的独占性地位，对本城市品牌的塑造则毫无裨益。❶

独特性和差异化是指城市品牌必须与同类竞争城市区别开，要通过差异化而非模仿化定位来树立城市品牌。具象化的城市符号需要进一步诉诸品牌传播，才能实现品牌的最终价值。城市品牌形象的传播就其对象而言可分为对内传播和对外传播两个方面，分别面向现有的和潜在的居住者、求学者和投资者群体。

由于不同群体接受信息的渠道各不相同，对不同传播手段的依赖度、信任度和反应程度各异。所以，城市形象的树立与传播，必须诉诸多样化的整合传播方式。所谓城市品牌形象的整合传播，是指在统一的城市发展目标和城市品牌定位的指导下，整合各项传播内容和传播方式，保证各要素之间理念、风格、诉求的一致性，使得不同传播方式能够以统一的方式影响受众的视听，不断加强其对城市品牌的感受、认知和体验，从而形成对城市品牌的有效记忆和有效联想。❷

（二）城市地标性公共环境空间的理论探索

吉拉德（Luigi Fusco Girard）通过基于文化环境空间的方法实施城市循环经济，分析马泰拉（意大利）作为2019年欧洲文化之都的案例研究，并假设特定环境空间和循环经济的城市模式之间相互依赖的关系：这些模式重塑了环境空间的轮廓，且表

---

❶ 王刚. 文化创意与城市个性塑造研究[D]. 上海：上海大学，2008.

❷ 刘路. 论城市形象传播理念创新的路径与策略[J]. 城市发展研究，2009，16（11）：149-151，156.

示了文化和环境空间是相互交织的概念。❶

而基于对文化区理论、城市形象理论、场所理论❷的解读和分析，探讨不同空间位置（老城区和新城区），或不同空间层次（整个城市、文化街区、地标节点）的文化氛围建设的关键点和相关技术路线。孟加拉国的国民议会大厦，可以被看作是孟加拉国民族主义的产物，它是一种社会政治建构，表达了孟加拉国人民在国家被征服、被占领的动荡历史后的民族认同和民主精神。同时，国民议会大厦作为城市焦点的空间建设与其社会政治建设之间存在着想象的、象征的和隐喻的联系。❸而其他相关文献则是调查了神圣的或最近设立的文化遗产的现状，以及提出关于专业人士的实验可能在城市空间中的贡献的问题。❹通过探讨城市绿地提供的文化生态系统服务与美国《健康人民2020》倡议中列出的健康的社会决定因素之间的关系。❺因此，了解对城市蓝色空间（即水和湿地）和绿色空间（即城市森林和草地）提供的生态系统文化服务（Cultural Ecosystem Services，CES）的看法和认识，对于支持这些空间的规划、创建和保护非常重要。为了解决这些问题，对北京六个都市区的城市绿色空间和蓝色空间所提供的CES进行了评估和量化。❻其他相关主题则是构建清晰、结构合理的甘肃城市景观，有效提升甘肃城市景观的文化性，最终为甘肃省的社会和经济发展创造良好的环境。❼在"范式转变"的背景下，首尔正在经历一个城市"应该是什么"的分水岭，重新思考艺术与城市空间之间的关系，并将社会参与作为新的治理理论。其重

---

❶ Gravagnuolo A，Angrisano M，Fusco G L. Circular Economy Strategies in Eight Historic Port Cities: Criteria and Indicators Towards a Circular City Assessment Framework[J]. Sustainability，2019，11（13）：3512.

❷ Ma H X. The Building of Culture Atmosphere in Urban Design[J]. Applied Mechanics Andmaterials，2012，174：2232-2234.

❸ Choudhury B I，Armstrong P，Jones P. JSB As Democratic Emblem and Urban Focal Point: The Imagined Socio-Political Construction of Space[J]. Journal of Social And Development Sciences，2013，4（6）：294-302.

❹ Mihaila M. City Architecture as Cultural Ingredient[J]. Procedia-Social And Behavioral Sciences，2014，149（5）：565-569.

❺ Jennings V，Larson L，Yun J. Advancing Sustainability Through Urban Green Space: Cultural Ecosystem Services，Equity，and Social Determinants of Health[J]. International Journal of Environmental Research and Public Health，2016，13（2）：196.

❻ Dou Y H，Zhen L，Groot R D，et al. Assessing the Importance of Cultural Ecosystem Services in Urban Areas of Beijing Municipality[J]. Ecosystem Services，2017，24：79-90.

❼ Qian Y Y，Song Z H. Tactics of Promoting Cultural of Urban Landscape in Gansu Province[C]. Proceedings of 2018 International Conference on Arts，Linguistics，Literature and Humanities（ICALLH 2018），2018：158-162.

点关注首尔市中心光华门广场的案例，作为体现这些场景和变化的例子。❶联合国宪章以及联邦和地区战略发展计划中所提倡的现代方法，旨在增加人们对生活场所的情感依恋，培养社区感。❷

三、城市地标性公共环境空间的本质

传统社会的城市是以城与市的形式出现的，城是政治中心，市是文化、生活、商贸聚集地。20世纪30年代，罗伯特·帕克（Robert Park）、路易斯·沃思（Louis Wirth）等芝加哥学派的学者们，以独特的"城市生态学"的视角推动了城市研究的发展，如罗伯特·帕克就强调城市是"一种伟大的分类机制"。而20世纪60年代，随着《城市意象》一书的出版，标志物作为构成城市的五大组成部分之一受到了学术界的关注。20世纪60年代以来，西方人文社会科学中出现了对环境空间研究的热潮，这可以认为是第二次世界大战以来最为深刻的一次观念转变。在这一"空间转向"大潮中，多种社会学科均将空间置于研究的焦点，空间生产、空间建造、空间发展等成为民间和学术界普遍关心的热点问题。❸在中国，由于国内政治环境的影响，环境空间转向大约发生在20世纪80年代后期，和城市研究领域相关的文化转向研究首先表现在人文地理、经济地理、历史文化遗产等领域。20世纪90年代后期，受西方国家城市文化战略实践影响，中国关于城市文化战略的探索开始繁荣兴盛起来。

（一）城市地标性公共环境空间的比较

"景观"（landscape）一词最早出现在希伯来文本的《圣经》（*The Book of Psalms*）中，用于对圣城耶路撒冷总体美景（包括所罗门寺庙、城堡、宫殿在内）的描述。而其在中文文献中最早的出现记录，目前还没有人给出确切的考证。19世纪初，德国地理学家、植物地理学家亚历山大·冯·洪堡（Alexander von Hum boldt）将"景观"作为一个科学名词引入地理学中，并将其解释为"一个区域的总体特征"。随着时间

---

❶ Choo S，Halkett E C. Socially Engaged Art (ists) and The 'Just Turn' in City Space：The Evolution of Gwanghwamun Plaza in Seoul，South Korea[J]. Built Environment，2020，46（2）：119-137.

❷ Bliankinshyein O N，Popkova N，Savelyev M V，et al. Sociocultural Basis of Urban Planning Regulation for Public Open Spaces[J]. Vestnik Tomskogo gosudarstvennogo universiteta Kul turologiya i iskusstvovedenie，2021（41）：18-40.

❸ 唐艳丽. 城市亚文化空间探索与规划[D]. 长沙：中南大学，2011.

的推移，"景观"一词被赋予了越来越多的含义，以至于无论在西方国家还是在中国，都已经成了难以说清的概念。目前，对"景观"这一概念主要存在三种不同的理解：其一，是指具有美感特征的自然和人工的地表景色，与"风景""风光""景色""景致"相当，对应英文中的"scenery"，目前主要是文学艺术界以及一些园林风景学者对"景观"作这一层含义的理解；其二，是指地理科学上的概念，"某一区域的综合特征，包括自然、经济、文化诸方面"（《中国大百科全书》地理学卷1990年对其含义所作出的第一层解释）；其三，是指生态学上的概念，主要指生态系统或生态系统的系统。

在中国，"标志性景观"这一概念最早出现于1999年，但提出者当时并未对其作出明确的定义。目前，这方面的研究成果仍然十分缺乏，而且学术界至今也还没有对这一概念形成公认、统一的定义。从现有研究来看，学者们对这一概念的理解存在的差异，主要可概括为两种不同的意见：一种是把标志性景观等同于"标志性建筑"，单指一座塔或者一栋楼等这样单纯的人工创造物，譬如广州塔、上海东方明珠电视塔、悉尼歌剧院等；另一种意见则认为，标志性景观应该指一个城市或一个区域内，用来浓缩和集中反映该区域自然、文化与经济特征的特殊地段，相当于区域内的一个典型而特殊的样方。这两种不同意见的分歧，从实质上来看直接源于对"景观"这一概念的不同理解。

在理论上，城市标志性景观应该指的是，一个城市中用来浓缩、凝聚、集中反映和折射、代表城市总体特征的特定地段，譬如上海市由外滩、南京路、黄浦江、东方明珠电视塔、浦东新区一隅所共同构成的那样一个特定地段。城市标志性景观是城市的缩影区，是城市的代表性区域，是城市的窗口，是外来游客的必游之地。

（二）城市地标性公共环境空间的结构与特征

关于城市地标性公共环境空间的结构，有两种代表性划分方法。第一类是按照空间构成部分划分为山、水、河、湖、林地等的自然景观，是地标性公共环境空间的重要部分，它们是由钢筋混凝土组成的城市中最具有生命力和活力的部分；第二类是以地标性公共环境空间的精神含义划分为休憩性空间、特色步行空间、文化展示空间、运动娱乐性空间。

虽然关于地标性公共环境空间的层次结构划分稍存差异，但普遍认为城市空间中的精神文化是城市空间的核心内容，其他空间层次都是精神文化的外化表现。而关于城市空间的特征，普遍认为其与农村（乡村）空间相区别，具有三个明显特征：开放性和多元性；集聚性和扩散性；明显的利益性和社会性。

1.开放性和多元性

文化地标作为一种文化身份的载体，必须得到大众的普遍认可。文化地标的开放性、多元性决定了它的建筑必须能够得到大众和社会的积极参与，同时也要保证公共空间能够最大程度地满足大众的文化需求。文化地标的建设实质上是一种文化认同，而文化认同也使得当代文化内涵得以传播。而作为一种美学表现形式的文化地标，应当具有深刻的影响。文化地标是城市精神的体现，它是城市定义自我、诠释自我、传承自我的体现。它的文化要素是市民共同的历史记忆、文化回忆、审美趣味的提炼、转译。因此，文化地标就是这一精神的外在体现和视觉象征，它是一种文化的名片，它能展现城市的独特魅力，并产生深远的影响。

2.集聚性和扩散性

在一个板块中，标志性建筑周边常常会聚集大量的优势资源，如商场、写字楼、地铁等。正因为如此，中心区域往往也拥有最稳定的人气。比如位于南京新街口的德基广场周边区域、江宁的景枫KINGMO周边区域以及桥北的弘阳广场周边区域。也就是说，好的地标建筑就像一块磁铁，不断吸引着人流、物流、资金流、信息流，在刺激着自身发展的同时，也会刺激周边地区的经济、休闲、购物等产业，从而产生巨大的财富效应，造成强大的辐射扩散作用。

3. 利益性和社会性

地标建筑已不仅是视觉审美上的几何体，而是景观、交通、产业、生态和社交休闲等功能的集合，是城市生活美学的具象，是伸手可触的美好。它们映照出时代的风貌和价值取向，更展现出新发展理念如何指向未来。一个经济发达、人口众多的城市必然会孕育出地标建筑，而地标建筑的存在，又会以直接或间接的方式推动着地区经济向更加良性、更加繁荣的方向发展。

（三）城市地标性公共环境空间的作用

1.实现跨区域的资源集聚效应

区域异质性（各地在政治、经济、文化方面的多样性）不利于资本自由快速地流动，因此资本必须制订"一组均质的游戏规则"并推广至不同区域，使其能够在"有规律"及"可预判"的规则框架内流动循环。这种规则体现在政治、经济、文化各个方面，在建筑设计领域则淋漓尽致地反映在建筑的复制与传播上。

这是消费时代关于建筑本质的反映，较之畅销图书、流行音乐、商业电影等，建筑并没有因为消耗更多的金钱与空间，而寻求塑造真正的个性；相反，它与其他大众产品一样，在不同城市间正在日趋同质化。而地标性建筑可以打破这种"同质化"。

不论地标性建筑是以"城市名片""历史象征""城市中心"哪一张面孔出现，共有的特征是能够对区域进行异质化，使人们一提到地标性建筑，就能够抓取到该地区的特色，形成记忆点。

而差异化的城市特点的存在，必然伴随着资源在区域间的流动和聚集。资本、人力、政策都在寻求与之更匹配的生存土壤和发展空间，鲜明的区域特色加速了这种匹配过程的实现，并提高最终的匹配效果。基于有效匹配的资源流动逐渐形成的资本、人力、政策的区域聚集效应，会带来更大的规模效应、更高的生产效率。

从更宏观的视角来看，资源在区域间更优化配置，贡献的远不仅是一个地区的经济发展，更是一个国家迫切需要的跨区域资源配置所产生的整体效率。城市差异化的发展战略需要地标性建筑来支撑，不同城市要实现对人才、资本、政策的吸引，也需要地标性建筑来承载。

西部重镇成都的新兴商业性地标建筑——远洋太古里，就是一个很好的例子。它的诞生源自成都这座城市长久以来的丰饶底蕴和休闲的人文气息，它的出现和成功又为成都吸引了更加优质的资源，集聚于此，支撑起了更具现代意味的人居环境，促进发展的区域大战略。

远洋太古里清晰地向人们传达出成都的差异化城市发展战略：打造最适合人居的幸福城市。它成为城市的宣传名片，向全球向往人居的人们释放着欢迎的信号；向擅长人居、消费、环境、高科技的资本宣告着这个城市的口味和能力。远洋太古里地标所带动的商业经济的快速发展，使成都的经济愈发迸射出活力和生命力。

2.带动区域内的城市空间蜕变

城市如一个生命体，也会经历产生、边界扩大、衰退或更新的生命周期。保持持续生命活力的城市，都需要经历不止一次的城市创新和空间蜕变。原有的城市内部空间可能会被打破重塑，建构出新的城市格局。

在城市变迁的过程中，地标性建筑的经济价值得到了淋漓尽致的体现。一方面，不同类型的地标性建筑造就了不同的空间特色和文化氛围，成为功能性区域或城市子中心的标志，驱动着城市新格局的形成；另一方面，具有文化历史性的城市地标，以独特的形式帮助一座城市消化着城市演化过程中产生的废弃工业遗产地和没落的旧城街道。在中国快速城市化的进程中，城市的空间肌理已然发生了重大变迁，原有的历史文化空间遭受较大破坏，很多历史文化街区在现代高楼大厦的挤压之下奄奄一息，"千城一面"被越来越多的人诟病。

在这种背景之下，政府作为城市经营者利用历史地标改造，推动城市发展，提升空间品质，完成了一例例"城市再造""有机更新"的样板，将历史文化空间升级为城市历史文化展示的舞台。很多废弃的工业遗产地和没落的旧城街道在政府的大力推动和资本的作用下完成了空间的蜕变。诸如上海新天地、南京1912、宁波老外滩等一系列历史地标被成功改造为具有独特历史文化内涵的新型商业消费空间，成为城市新地标。

地标性建筑带来的空间创新不仅提升了原有城市的空间品质和价值，更提高了城市品牌、影响力以及城市街区运营效率，成为孕育城市经济发展的摇篮。

3.成为地区产业战略的空间承载者和里程碑

如果说历史性地标在城市空间蜕变的过程中，发挥着它悠久独特、不可撼动的人文传承作用，那么新兴的现代地标性建筑则扮演着区域经济新发展的荣耀里程碑和区域产业发展战略的实际空间承载者的双重角色。

在打造区域优势、以核心产业带来规模化效应驱动区域增长的经济理念得到广泛认可的当下，各个地区都在试图塑造自己的优势产业。产业的规模化发展对空间的集聚性提出了必然要求，现代化的地标性建筑往往也在这个过程中应运而生。

这类地标性建筑的产生也许最初是为了托举起区域产业战略，满足产业发展对空间的实际需求，从而贡献当地的经济发展。而随着区域产业优势地位逐渐站稳，地标性建筑成为人们对区域核心产业的标志性认知，往往成为区域龙头产业所取得成就的实体化代表，成为树立在城市中的一座辉煌的产业发展里程碑。

一座城市地标的树立，对内会极大地提振人们对该地区的信心和自豪感，对外则是区域核心竞争力的无声证明，时刻昭示着城市的经济实力和未来潜力。历史积淀、城市进化催生了地标性建筑，地标性建筑反作用于经济发展、城市创新。地标性建筑在城市建筑中独特的地位使它成为城市最鲜明的代表。无论是促进跨区域资源集聚，还是带动城市空间蜕变，抑或是承载起区域产业战略的发展，地标性建筑都对一个地区的经济发展做出了重要贡献。坐落在所生活的土地上的一座座地标性建筑，不仅记录着辉煌的过去，还支撑着高速发展的当下，更预示着人们将要建设出的美好未来。

四、城市地标性公共文化景观空间的构成元素

（一）文化资源

文化城市的基础即文化资源的存在。一方面文化城市这一图景必须以多样性的文化为其基本构成内涵，以满足城市居民多样性文化消费，以及文化与情感交流的需求；另一方面文化城市这一目标的实现必须依靠整合、发展、经营、运作文化资源才能实现。

文化资源既有一般资源的特点，也具有明显的特殊性。从文化资源的内涵来看，文化资源是一个动态变化的概念，这是因为人类认识水平处于不断变化之中。从文化资源的特征来看，文化资源具有地域特征，即不同种族和人群对文化存在的价值认知具有差异性。且部分文化资源具有可多次交换性，即不同于煤、石油等传统自然资源，一些文化资源可以进行多次交换，具有裂变效应。文化资源作为一种具有共同认知价值的存在，一旦人们将商品经济以及资本经营的思路引入其中，文化资源则会转变为文化资本，文化资源一旦转变为文化资本便具有累积效应。

（二）文化创意产业

文化创意产业的发展基础是对文化资源的经营和开发，也即文化资源的商品化所形成的产业门类。文化创意产业率先表现出来的是其巨大的经济效益，其次是由文化创意产业发展带来的创意人才集聚、创新孵化、资本扩张以及随之增加的社会就业。文化创意产业成为文化城市的动力要素。

何谓文化创意产业，不同国家不仅采用了不同的术语，而且界定的具体行业类型也不尽相同。在我国，2004年国家联合多个中央政府部门设计了《文化及相关产业分类》，将文化产业的范围分类初步界定为六个方面，以此作为2004年全国第一次经济普查的统计标准。2006年，为了适应文化产业发展和统计的需要，国家统计局和北京市统计局共同正式颁布了《北京市文化创意产业分类标准》，这是我国首个关于文化产业的统一分类标准。

（三）文化景观

文化景观是文化城市的魅力要素。景观的产生必定依赖某种客观存在，例如城墙、森林、山谷等。这种客观存在要构成景观，必定需要通过人的审美和感知，即景观是一种感知和审美的结果。

文化城市必须将文化景观最具魅力特质的文化要素充分凸显出来，以利于城市居民和其他有机会接触该城市的"漫游者"对城市文化的感知。而漫游者对这一媒介的接触，则完成城市文化的传递和文化景观的最终形成。

城市文化景观包含多个层次。对于外来的"漫游者"而言，城市景观属于表层，是其最易于感知的对象，即一般性风景审美的过程。有序、细腻而丰富的城市景观将给"漫游者"带来强烈的审美冲击和深刻的感知意象。例如威尼斯以蜿蜒的水巷、流动的清波、精巧的建筑以及细密的城市肌理体现了其"水都"风采，给人深刻印象和诗意遐想。

城市文化景观的第二个层次，即包含的城市文化价值、情趣与精神等。由于该

内容的隐性特质，其必须依靠一定
的规划设计予以表现。例如，采用
"植入式"广告的手法，不经意中将
城市文化价值观、审美情趣、风俗
习惯等传递到外来"漫游者"的意
象之中。日本东京机场采用多种语
言的问候语，表明了该市是一座国
际化城市（图5.2）。一路随处可见
的城市植树计划与土产鲜花阵列，

图5.2 日本东京机场四国问候语言

表明该市是一个生态城市。在我国，上海呈现了"海派文化"，北京则呈现了"京派
文化"，除了其物质文化景观所传达的信号外，最能区分这一文化差异的是两地市民
不同的思想观念与行为文化。

城市人群的行为、服饰、语言等，都构成了现代城市文化景观的一个重要方面，
都是展现城市居民文化涵养与价值观念的重要窗口，将直接影响到外来"漫游者"对
城市包容性、文明度、开放度的感知。

（四）文化氛围

文化的重要性不仅在于其能够丰富城市景观的内涵、提升城市居民生活质量以及
培养城市居民的审美情趣，还在于多样化文化的熏陶与浸润，能够促进人的思想进
步，激发城市创新能力的发挥。奥地利由于政治局势不稳定，多种文化潮流繁盛，城
市管理体制出现多方参与的局面，因此造就了其创意中心的地位。

在20世纪的建筑师中有两个"怪人"，都充满童真和奇特的想象。一位是西班牙的
高迪，一位是奥地利建筑师、画家佛登斯列·汉德瓦萨（Friedensreich Hundertwasser）
（又译"百水"）。百水先生堪称奥地利最为古怪的艺术家之一，其作品与名字一样与
众不同（图5.3）。观看百水先生的建筑作品，更像是在欣赏一幅幅儿童随意涂抹的水
彩画。各种颜色的涂料被一块一块地粉刷在大楼的外墙面上，还有的部分像是忘了涂
色，任砖头、灰泥和瓦片裸露本色。

形成文化氛围的基础性文化要素主要包括：城市文化景观、城市文化休闲空间、
城市文化基础设施与机构等。城市文化景观的作用在于传递城市的精神与风貌。城市
文化休闲空间则为城市居民、创意阶层、社会精英等提供各种交流互动媒介，例如茶
馆、画廊、咖啡馆、酒吧等，这些场所为非正式交流提供了媒介。而非正式的交流和
学习产生了相应的文化，例如许多城市出现的"咖啡馆文化"是当前尤为重要的创意
生成与交互模式。城市文化基础设施与机构则是指博物馆、大型教育机构、艺术长廊
等。其中艺术馆、剧院、艺术长廊等为城市居民共享文化艺术提供了空间，而大学课
堂、研究机构等则为知识传承、文化创新等提供了正式媒介。

图5.3　百水先生建筑作品

　　形成文化氛围的基础性服务与支撑要素主要包括硬件和软件两个方面。硬件包括城市交通系统、城市市政系统等，这些为城市工作、生活便利性需求提供基本保障。软件则主要包括信息系统、金融系统等。信息系统为城市居民、创意阶层和精英、城市政府快速获取信息、实现远程交互提供了平台，并保持与世界范围内文化变动的同步。健全完善的金融系统，则为具有高风险、高附加值的文化创意产业发展提供了资本支持，使得营利性和非营利性创意产品、文化活动得以实现，并取得成功。由此形成一种宽松宜人的投资、销售产品的订购、正式商品的生产，三者之间循环的环境。

（五）文化场所

　　文化场所则是实现地标性公共文化景观空间的重要媒介。文化场所从促进所有城市居民日常生活中的情感交流出发，构建生活空间，从而利于认同感、归属感与心理安全感的建立。

　　据舒尔茨（Norberg Schulz）对场所的界定，文化场所包括三个构成要素：静态的实体环境（static physical setting）、活动（activities）和寓意（meanings）。实体环境是场所赖以存在的实体空间，是场所的物质外壳，如建筑景观、建筑质量、建筑造型和周边建成环境等。活动是发生在这一实体环境内的各种人类行为及其对实体环境的影响。❶

---

❶　唐艳丽. 城市亚文化空间探索与规划[D]. 长沙：中南大学，2011.

20世纪90年代以来，网络技术的逐步普及以及其在世界范围内的扩展，使得交往范围更加广泛，场所空间尺度也随之扩张。特别是网络技术不仅可以实现语音交互，而且可以提供多种视觉交互媒介，例如图片、动画等。这些信息交流形式克服了原来单一的语音信息交换模式的枯燥性，使得远距离交往更加容易并趋向真实。原实体空间范围的诸多活动，都慢慢脱离空间限制，走向虚拟化。

到目前，网络的发展可以说已经使得文化场所概念大为扩展，传统的地理临近性原则基本难以适用。这种新的网络虚拟场所，按照其与现实场所空间的关系，分成两种情况。一种情况是完全虚拟的场所空间，即虚拟的空间与现实的空间并没有明显的对应关系，网络虚拟场所空间与现实社会机构或者空间相互对应，具有紧密的镜像关系；而另一种情况是现实空间与虚拟场所空间镜像关系明显，用户构成复杂，例如"西祠胡同"综合社区网站。可以说，网络虚拟场所与现实场所发生了复杂的交织与融合，即一个场所具有虚实两个空间，它们相互促进和交织，人物身份也包含虚拟、现实两个维度。

就文化城市的核心而言，其力图建成一种充满人情味的生活空间，而不仅仅是一个居住空间和工作空间。文化场所作为居民日常生活、休闲的集聚空间，它包括实体环境及与之对应的意向空间和虚拟空间。

（六）文化制度与政策

一方面，城市是一个复杂的自适应系统，城市中各构成要素通过流的形式进行相互作用转化，从而调整城市各要素的平衡构成，并由此促进城市演进。另一方面，城市在自组织的演进过程中，亦受到人为介入与规范作用，这一作用可以被认为是城市制度与政策对自组织的调控。而在人为调控中，处于主导地位的通常是城市决策层。同时，文化城市各构成要素只有在相应的特定文化制度与政策下，才能得到有效协同。

城市文化制度是国家文化制度的具体反映，是文化城市建设开展的基底，它规定了文化城市的文化政策制定的基本指导方向和文化价值取向。而文化政策则是文化制度的具体实施策略，它直接表现了城市政府组织实施城市文化战略的决心、原则、能力与措施。

事实上，城市文化政策涵盖范围广泛。其文化政策指向对象可以分成两个类别，即人力资源指向和文化活动指向。其中人力资源指向性政策包括对创意人才吸引的政策、对城市流动人口的政策、对城市居民的政策、对不同国籍公民的政策等；而文化活动指向性政策指对各类文化活动的组织、支持与控制。例如对文化创意产业的龙头企业或产业的资金扶持，对特定文化创意产业的植根性培育，对文化、教育事业发展的投资，对不同产业采取的不同税收优惠，对各种城市营销活动的组织等。

第二节
地标性公共环境空间的发展

一、地标空间的起源与发展

地标这一概念最早出现于20世纪60年代凯文·林奇的《城市意象》一书中，最早提出了地标是构成城市认知意象地图的重要组成部分，由于其拥有了一段历史、一个符号或者某种意蕴，因此它拥有了一定的地位和辨识度。❶在此之前，地标被列入城市规划之中，作为城市之中建筑物的部分而存在，且地标在过去常常与城市规划相联系，作为体现该城市（地区）风貌及发展建设的区域建筑物。标志性建筑的意义不仅局限于作为一个建筑物而存在于城市之中，而且代表了城市的历史发展与象征文化。所以分析地标性公共环境空间发展，即是研究城市形象中的历史轨迹、政治战略、经济发展、文化更迭等象征意义。

由于城市本身所处的地域环境以及经济发展状态的差异，城市形象战略亦呈现出一定的差异性。由于城市文化资源的累积性特征，在城市的不同发展阶段，需要依据发展需求，调整原有地标形象而形成或建构新的文化地标。总结已有的各种城市地标历史实践，可以将国内地标历史发展顺序概括为：帝国秩序的地标萌芽阶段、回归历史的地标保护阶段、国际化下的地标兴起阶段、文化时代的地标繁荣阶段。

（一）帝国秩序的地标萌芽阶段

早在奴隶社会的后期，中国传统的城市布局结构思想就已经初步形成。战国时期中国进入封建社会，直至清朝末期中国封建社会瓦解，我国的城市布局结构都没有发生本质的变化，城市地标空间也是如此。其中体现的地标性建筑为台，"台，观四方而高者"。中国古代的台式建筑肇始于商周，成长于春秋、战国，至秦汉日趋完美。早期的台，是一种高而平的夯土建筑，一般筑成方形。河北台式建筑众多，西周邢侯建国后在邢城外（今邢台市一带）筑邢侯台、战国时期赵国赵武灵王在邯郸筑丛台、燕国燕昭王筑黄金台，三国时期曹操在邺城筑铜雀台、金凤台、冰井台。后在城市周边地形地貌和山水格局允许的情况下，中国古代大多数城市所采用的都是方格网布局

---

❶ 凯文·林奇. 城市意象 [M]. 项秉仁，译. 北京：中国建筑工业出版社，1990.

形式；城市受地理条件限制，无法采用标准方格网布局的，也采用跟地形相适应的方格网的变形。这种城市布局形态随着时间的推移日趋完善，并没有西方那么丰富的城市地标空间设计建造思想的变化。

商代以前，中国原始聚落的形态和结构也是自然发展的。布局较为松散，宫殿、墓葬和聚落整体的防御系统，是这个时期城市地标存在的主要形式。周代开始，中国有了较大规模的城市建设活动，城市布局模式的雏形也是在这个时期形成的。在《周礼·考工记》中，记载了一段周王城建制的描述："匠人营国，方九里，旁三门，国中九经九纬，经涂九轨，左祖右社，前朝后市，市朝一夫。"可见国都级别的城池，在城市的规划建设上都已经呈现相当规范的体系。这种体系最显著的特色就是中轴线。中轴线的建筑设计理念可谓贯穿整个城市发展的历史，即便是今天，这种理念依然发挥着重要作用。列国都城所采用的都是大小城制度，即都有外城、内城和宫城，大多沿中轴线对称分布。所谓"筑城以卫君，造郭以守民"说的就是这个情况。这个时代一般建筑的地坪都要高于地平面，很多时候会出现一级比一级高的情况。比如王城宫殿，往往会修筑在城市的制高点，从宫殿中的高台之上，即可俯瞰全城之景观，既是为了美观，也是为了监视。

这是中国古代城市建设思想的源头，影响了后期整个封建社会时期的城市布局，同时，也影响着城市地标空间的形态布局。战国时期，中国进入封建社会以后，随着地方势力的崛起，出现了城市发展的爆发期。这一时期的城市整体布局多遵循"因天材，就地利""城郭不必中规矩，道路不必中准绳"的布局思想，城市地标空间布局具有了一定的地域特色。自汉代起，中国木构建筑的技术水平有了很大发展，木构建筑体量和精巧程度都得到了提升。以西汉长安的城市整体布局为例，可以概括为"览秦制，跨周法"。城市地标空间布局也是如此。三国至隋唐时期，封建社会的中央集权制度进一步发展。唐代开始出现明显的里坊制的城市平面布局，不使宫殿与民居相参。唐长安也是中国封建社会都城模式的典型代表。在等级分明的封建制度的作用下，城市地标空间形成了新的严整的布局形态。城市以皇宫为中心，皇宫位于城市南北中轴线上偏北，并在高度上形成对城市区域的绝对控制。祖庙、社稷、寺庙、官署等主要地标分列中轴线两侧。

唐长安时城市空间尺度巨大，远超实际需要，都是为了突出皇权的威力。到了宋代，由于里坊制对城市经济发展产生了一定的阻碍，北宋汴梁城在建设时就没有再采用。汴梁城采用的是更为开放的城市布局，以适应商业的逐渐发展。这种变化丰富了城市地标空间的类型，出现了牌楼、宝塔、拱桥等不同以往的构筑物，形成了新的城市地标空间。

元明清时期，也就是我国封建社会后期，城市整体布局越来越趋于完善，传统城市地标空间形态也越来越稳定。这一时期的城市依然采用中轴线突出天子至高无上的权威，对宋以前的城市规划思想进行了发展。明清北京城的中轴线可谓是中国传统城市地标空间布局思想的集大成者。一条中轴线以外城的南门为起点，穿过内城、皇城、紫禁城，再越过景山中峰止于北端的钟鼓楼。其余重要城市地标及城市商业区相对分布在中轴线两侧。

（二）回归历史的地标保护阶段

20世纪50年代以来，第二次世界大战的爆发，使得欧洲城市建设和历史地标文化遗产受到严重毁坏。战后重建和经济复苏，使得欧洲城市进入快速发展和扩张阶段。公众对于地标保护的认识也急剧增加，因为许多城市发生了拆除具有历史价值的建筑为经济开发留出土地的事情。广为人知的热点事件中，最具有代表性的就是1963年纽约市的宾夕法尼亚车站惨遭拆除，该事件催生了1965年地标保护委员会（Landmarks Preservation Commission）的成立。同时，后现代主义思想的萌生，整个西方国家发生的"历史文脉转向"，使得历史空间受到空前重视，历史文化被重现、再定义和认识。

而成立后的新中国，地标建筑则往两个方面发展。一是对历史地标进行修复与保护。修复人员根据地标建筑的历史信息对地标进行修复，对存续状态较好的历史建筑进行保护修缮，对存续状态较差的历史建筑进行更新改造，对历史上存在的重要公共建筑进行修复，对后期加建且破坏整体风貌的建筑进行风貌协调。二是建立新型的地标空间。1949年中华人民共和国成立，中国的城市发展以恢复建设为总基调，围绕凝聚社会人心、营造和平环境、团结发展力量、树立民族信心等目标开展建设，城市地标在设计建造方面处于技术追赶和风格创立期，诞生出一批革命纪念、友谊象征、民主宣示和奋强慰勉类建筑。

同时，随着改革开放的进行，城市建设步入了以现代化为核心的发展阶段，以建筑形式表现城市特色成为重要的建设方向。于是，在城市建筑中涌现出大量"新地标"。改革开放后，在经济发展迅速、人民生活水平提高的同时，也产生了许多新的问题：城市发展缺乏历史记忆，人民生活缺少情感寄托，地方特色文化消失。为了解决这些问题，各地纷纷开始对其地标进行保护、修复以及新功能拓展。一方面，是对历史地标进行修复与保护；另一方面，则是为新兴功能区域、文化空间等提供基础设施与服务。而在此过程中，"建筑＋景观"的新地标形式也在各地纷纷涌现。

（三）国际化下的地标兴起阶段

随着国际化的发展，受到现代主义风格、国际主义风格的影响，整个西方国家的城市地标呈现流畅的造型和线条、大片的玻璃幕墙、"少即是多"的极简主义的设计特点。其中，强调高度的超高层地标建筑成为这一时期的主流地标。高层地标建筑统一了天际轮廓线的秩序，从形态上看，其往往是城市的标志，共同构成城市、地区空间特色。

随着经济高速发展，超高层地标建筑不断涌现，并逐渐演变成衡量城市现代化和经济发展水平的重要标志。中国的城市地标建设也因此发生转变，许多一线城市纷纷兴建了超高层地标建筑，如广州新电视塔（600 米）、深圳平安国际金融中心（592.5 米）、河南广播电视塔（388 米）等，这些新建的高层地标建筑还形成了超高层建筑群，构成了靓丽的天际线。

但随着高层地标建筑的盛行，又出现了新的问题，地标的相似性使城市与城市之间的特点无法区分，超大体量公共建筑，建筑抄袭、模仿、山寨行为开始出现。而为治理高楼乱象，各地的政策也开始严格限制各地超高层地标建筑的高度，严格高楼规划审批程序，严格责任落实和宣传引导。

（四）文化时代的地标繁荣阶段

20 世纪 90 年代以来，"后物质主义"价值观在西方国家开始逐步传播，并逐步得到认同。人们从关注物质经济开始转向关注个人自我价值的实现。伴随文化创意产业兴盛而崛起的文化创意地标，则正是这一价值观的重要载体。因此，在全球竞争进一步趋于激烈的状态下，欧洲许多城市纷纷采取基于城市文化的地标建设的发展战略，以期主动出击，在全球范围内赢取更为广泛的创意人才和资本。随着国家文化软实力的提升，21 世纪后，基于城市文化的地标建设在亚洲扩张性空间生产模式推至增长极限后，城市营销与空间生产逐渐进入"后国际化"时期，地标建设转向拼贴化、日常化、叙事化方向，一批以时尚创意、经典重现、特色挖掘为导向的网红地标被政府与网络新媒体有组织地推介到大众视野中。

二、地标空间的类型划分

一个城市的精神，可以通过具体的文化符号来呈现。在历史遗址和博物馆里，可以看到一个城市的变化和文化的脉络；在传统的街区、广场、公园里，能感受到一个城市的特色和风格；在一些新的地标空间里，能看到一个城市的生机和发展的方向。地标在政治、经济和文化的多重作用下，成为传播者的理想载体，是文化的内在表达。以城市文化标志为媒介进行形象的传递，体现了象征符号在城市空间传播中的多重含义。

不同时期城市历史的演变，不断形成并建构出了代表城市形象的新的地标，国内地标类型可具体划分为商业场所、历史象征、高层建筑、文化场所、交通功能类地标等。

（一）商业场所地标

商业场所地标在含义上，指代的是为商业服务的地标性空间。随着现代城市规模的不断扩大，良好的商务环境为商业发展提供了新的城市地标，从而改变了城市的空间结构。且随着城市消费环境的扩大，以商业为中心的城市文化标志，从"工具场所"转变为"消费对象"。因此，城市地标商业化的发展便成为城市地标形象中的一个重要内容。从本质上来看，城市地标的商业开发表现为既是消费者消费的场所，也是激发消费者欲望和愉悦心情的消费对象。商业发展把生产性的增值空间与富有内涵的消费空间结合起来，形成了一个新的消费时代的城市形象符号。城市商业场所地标作为一种重要的空间资源，它将经济和文化结合起来，形成了一种符号性的城市空间，且在空间布局上也作为一种区域性的模式。

这种模式的形成是一个地区文化的沉淀与传承，同时也是一种经济发展的标志。因此，城市商业场所地标作为一种重要的空间资源，在城市形象中扮演着重要的角色。从城市发展的角度来看，一个城市地标可以有使人产生联想、对其产生记忆、在城市中具有象征意义等多方面影响。城市地标作为一个地区或一个城市的文化符号，所代表的含义在人们日常生活中也具有一定的作用。从现代社会发展进程来看，现代化建设促进了经济繁荣，城市间经济交往日益频繁，人们消费意识增强，以及消费行为多样化、复杂化等因素，都给商业场所地标创造了良好的发展环境。

（二）历史象征地标

城市是一种物质的、历史的存在，一座城市的本质是由物质和精神构成的。而城市中最重要的精神力量是"历史"。现代都市空间秩序产生于近代都市生活，其主要特征在于具有强烈的政治、经济和社会意义上的都市空间组织形态。城市的历史是现代都市空间秩序的母体，它是城市主要特征的精神源泉，赋予了城市识别性。而传播形象的载体，则是以历史为载体的地标空间。历史象征地标空间由历史建筑、文物古迹和传统街区构成，其中包含着传统的生活情形、历史事件和回忆。文化、建筑、人是城市空间的基础元素，"城"和"市"构成了一个城市的历史：城所表现的是一座集政治、军事、文化于一体的空间形态，体现了人们的生命和文化的传承；市则是一个反映其经济职能的商品交易场所，体现了经济功能。❶历史象征地标展示的是地域与

---

❶ 艾文婧，许加彪. 城市历史空间的景观塑造与可沟通性——城市文化地标传播意象的建构策略探究[J]. 陕西师范大学学报，2021，50（4）：126-132.

人文历史的延续，表现的是一个城市的历史风貌，彰显着历史之下的文化底蕴。

（三）高层建筑地标

随着现代城市的发展和科技的发展，标志性建筑迅速发展，建筑高度也随之增加，与之对应出现的是高层地标建筑。高层地标建筑所表现的是地标形态上的高度化，以"高"作为地标的特点。城市地标性建筑具有两大特征：一为高度限制，在城市建筑的设计中，高层建筑一般是指建筑高度超过24米或10层以上的建筑；二为技术表现，现代高层地标建筑主要受到现代主义与后现代主义的影响，设计师在设计之时有意大量应用新技术、新材料，将建设规模、投资规模、施工难度与技术加大，促使建筑空间向高难度、高质量发展。换言之，现代高层建筑体现设计师对该地区的经济文化的抽象表达，并具有象征的含义。比如，北京中央电视台总部大楼由荷兰建筑师库哈斯率领着大都会建筑公司的工作人员以"门"形的形式设计，简洁而有趣，使整座建筑呈现出一种别具一格的风格，给人一种与众不同的视觉感受。

高层地标建筑的审美价值是其基础，独特的外形常常会让人印象深刻，是人们对这座城市的回忆。高层地标建筑以其特有的个性形态，展现了城市的特色。不同的高层地标建筑会产生不同的天际线，从而使整个城市在空间布局上具有整体性、层次性、错落有致的美感。例如，上海中心大厦作为上海的一座摩天大楼，它突破了城市的天际线，给这个城市带来了视觉上的绝佳体验。

（四）文化场所地标

文化是通过象征符号来传达的知识观念与价值观，而城市文化则是通过长期的积累而形成的。城市文化的符号载体，是由城市文化内部的精神和外部载体的表达所铸就的，它不是抽象的，而是一种真正的空间存在。文化场所地标是由具体的代表着特定文化内涵的建筑组成的，它是人类文明的空间集合，反映了城市的发展与进步；以传统文化为主题的文化旅游线路，精心营造都市休闲文化生活体验，满足人民多元化的社会生活需要。

对文化场所地标进行细分，文化场所地标又可分为地域文化地标和民俗文化地标。地域文化地标反映了区域内的地理特征，并给予地理特征特殊的含义；而民俗文化地标则反映了区域地标的人文特征，以人文故事作为地标的传播内容。

地域文化地标以地域之中特殊的地理位置为主要标志，根据地域上的某一独特的景观为载体，通过其与其他景观的不同，从而传递出新的且属于该地域独有的文化。地域文化地标依托的是一种带有客观色彩的地方文化，其本身的形成与地方地理形态相一致，后人则根据各异的地域形态，赋予其相应的文化内涵。依托着地域文化地标，游客可以既体验着地域上的差异性，又体会着人文赋予的丰富内涵。

民俗文化地标以民间故事为载体，通过地标背后的故事来传达地方所象征的理念，从而使人们在地标中体会到地方精神上的依托。民间故事是一种具有很强的地方特色和普遍意义的民俗文化，更多的是一种带有主观色彩的地方文化。民俗的形成与社会实践、生存环境、心理需要息息相关，它的形成是建立在一定的需要水平之上，并在一定程度上形成了一种独特的文化象征和行为信念。民间故事的传播从某种意义上来说，是一种文化、一种历史变迁，它承载着一种特殊的时代和条件下的愿望，是劳动人民在社会实践中所经历和追求的结晶。它既反映了客观现实，也反映了人们的主观精神力量。民俗文化地标具有很高的文化价值，人们把它的文化理念浓缩起来，并以艺术的方式呈现出来，这不仅表现在时代的内涵上，还表现在乡土精神的塑造和地域文化的传播上。

（五）交通功能类地标

城市因交通而兴，交通因城市而盛。交通功能类地标指的是城市之中扮演着交通枢纽的地标建筑。这类地标起初的目的是促进城市的运输功能，但发展到后来形成城市之中独有的地标，展示着城市的形象。在形式上，交通功能类地标大多以简洁的形式呈现，展示了交通地标独有的气质。例如，嘉兴火车站片区作为多重维度并置的"森林中的火车站"，是日常、开放、绿色、人文的新型城市公共空间；人民公园升级改造，将公园的绿色自然延展至更开阔的站前广场，将自然还给市民和旅客；遵循历史资料对老站房进行复建；设计建造引入自然光、明亮高效、尺度宜人舒适、突破国内交通枢纽固有形态的新站房；主要交通及火车站配套商业功能收置于地下，南广场引入文化业态，站城一体，片区运行效率提高，丰富人们日常生活的形态及层次。

三、地标空间的建构战略

（一）构建城市文化主题地标

英国著名考古学者戈登·柴尔德认为："城市的出现是人类步入文明的里程碑，在人类文化的研究中，莫不以城市建筑的出现作为文明时代的具体标志并与文字、工具并列。由于自然条件、经济技术、社会文化习俗的不同，环境中有一些特有的符号和排列方式，形成这个城市所特有的地域文化和建筑式样，也就形成了其独有的城市形象。"❶

---

❶ 马定武. 城市美学 [M]. 北京：中国建筑工业出版社，2005：181.

　　城市文化主题，即根据城市所处的地域文化环境和城市自身的文化资源特征，提炼出来的最能代表城市文化特质，可用以统领各项城市文化战略的核心文化要素。这一概念的提出源于两点思考：第一点，当前城市建设多处于一种争相仿效西方国家的现代城市文化审美，认为高楼大厦、后现代的分解与支离是城市先锋前卫的表征。这一风气严重削弱了城市的文化特征，造成了城市建设的"千城一面"。而城市形象主题，即是解构文化纷繁复杂的层次构成，用某一城市核心文化要素指导城市地标发展和建设，从而在世界范围内的众多城市中脱颖而出。第二点，当前我国城市虽然普遍采取了城市文化战略，但各种文化战略依然存在缺乏内生文化基础和缺乏统筹安排的问题，基于城市文化的地标仍呈现离散特征。这一状况为建构城市文化主题地标提供了内在必需。

　　纵观世界范围内具有重要文化内涵与高度影响力的城市发展轨迹，其无不是以某一独具特色的城市文化主题指导、组织城市各项发展战略的制定与实施（表5.1）。例如多维综合型文化城市巴黎，巴黎虽然具有多种多样的文化特征和丰富的文化资源，但巴黎给全世界的文化印象就是时尚。巴黎在20世纪初便是世界时尚的中心，到如今已经有100多年的历史。巴黎始终将时尚作为其城市发展的组织核心，由此催生了时装、会展、旅游等一系列文化经济活动领域，世界顶级时装大师、时装品牌、化妆品牌云集巴黎，时装展、时装周等活动渗透到巴黎的每一个角落。正因为如此，巴黎才造就了其浪漫、典雅的文化气质。

　　而那些缺乏城市文化主题的城市，则很难在世界范围内赢取高度关注和吸引人才集聚。这是因为没有城市文化主题，城市文化建设将丧失基本指导中心，城市建设处于一种内耗状态，大大降低城市发展效率。城市即使有特色产业或者是特色资源，如果没有上升到城市文化主题的高度，也将出现发展缓慢、影响力有限甚至是衰败等问题。一些老牌的工业城市的衰败，很大程度上证明了这一事实。例如英国的伯明翰、德国的鲁尔工业区以及我国东北一些老工业基地，都曾一度衰落，其原因在于没有将其拥有的特色优势提炼上升为城市文化主题，并以此为指导实施新的发展战略，以适应时代需要，而是停留在一般平庸的发展思路之上。

　　近十几年来，欧洲诸多工业重镇通过工业文化及其价值的重新发掘、认知、利用，为城市的新发展提供了切入点。例如德国鲁尔，通过产业升级和对工业生产技术的置换与革新，使城市经济取得持续增长，并继续保持其作为德国工业中心城市的地位。而在城市改造建设上，则坚持了工业形象的主题，对诸多工业文化遗存进行了改造与利用，使得鲁尔不仅成为音乐、绘画等艺术形式的发展乐园，更使城市留下了诸多工业形象符号，昭示着鲁尔曾经的工业辉煌和其独有的工业发展理念。而这一切策略实施的综合结果是使鲁尔成为工业文化旅游的典范，影响力波及世界。

表5.1 世界部分知名城市的城市文化主题

城市名称	文化主题	城市名称	文化主题
威尼斯	水城	日内瓦	高端会议
鹿特丹	海港	苏黎世	金融
夏威夷	民俗	达沃斯	世界论坛
罗马	建筑艺术	汉诺威	会展
维也纳	音乐	爱丁堡	文学与艺术
佛罗伦萨	绘画与雕塑	摩纳哥城	赛车与邮票
巴黎	时装	硅谷	软件
拉斯维加斯	娱乐	慕尼黑	啤酒
里约热内卢	狂欢	伯尔尼	钟表
沃尔夫斯堡	汽车		

那么，如何确定城市文化主题呢？一般来说，城市文化主题的确定需要遵循两个基本原则。一个原则是尊重城市所处的地域文化环境。城市存在于区域之中，区域决定了城市的发展战略选择，这一特征在全球化语境下尤为明显。正如洛杉矶学派所言："芝加哥学派关于城市发展的理论已经有些过时，以城市为中心的思路已经不适应时代的需要，在当前，是城市所处的区域环境决定了城市应该保留什么，废弃什么，而不是城市规范了区域。"

除此以外，城市所处的地域文化环境则对城市文化特质作了基本规范。例如《史记·货殖列传》认为"临菑亦海岱之间一都会也。其俗宽缓阔达，而足智，好议论，地重，难动摇，怯于众斗，勇于持刺，故多劫人者，大国之风也。……沂、泗水以北，宜五谷桑麻六畜，地小人众，数被水旱之害，民好畜藏，故秦、夏、梁、鲁好农而重民。三河、宛、陈亦然，加以商贾。齐、赵设智巧，仰机利。燕、代田畜而事蚕"。由此将当时的国土划分成八大经济区，其所对应的文化特质明显。❶

另一个原则是能够代表城市文化资源特质和城市居民价值观。虽然不同的地域环境规范了城市的基本文化特征，但由于城市本身发展历史的不同和区位差异，每一个城市都将表现出与其他城市相异的文化特征。

城市文化资源特质的发掘，主要考虑三个维度：第一个维度，是城市发展的历史过程及其所拥有的历史文化遗存，这规范了其基本特征范围。例如，基于这一考虑框架，上海的城市形象特质与南京迥异，这是因为两者发展历程差异巨大。第二个维度，即从城市发展历程的诸多历史阶段中提炼最具影响力的历史断面，这一断面的确

---

❶ 张文华.春秋战国时代淮河流域经济发展的地域特征[J]. 求索，2011（12）：248-251.

立规范了城市文化主题的切入点，如南京的民国文化形象、上海的海派文化形象等。第三个维度，即该历史断面与现有城市发展状态的联系点的发掘，这规范了城市文化主题的现实意义。

由于城市居民自身价值观的形成，均基于一定的城市物质环境和社会环境，具有一定程度的继承性和延续性。因此在上述三个维度的考虑框架下，所提炼的文化资源特质与城市居民价值观具有内在统一性。但是，与城市文化资源特质不同的是，城市居民价值观具有明显的现时性，即其与当前区域、国家，甚至是全球具有巨大关联，未来指向性明显。为此，居民价值观的提炼并不能从已有的历史发展中推论出其全貌，而必须通过科学的社会调查研究，才能获得准确详情。

在城市文化战略的总体框架中，城市文化主题是其他一切文化战略制定的统领，因此，其必须具有充分的准确性。另一方面，城市文化主题关系到其他文化战略的实施，而文化战略的实施必须依靠城市居民的密切配合与广泛参与才能获得成功。因此，城市文化主题必须与城市居民价值观念产生共鸣，方可发挥效用。

基于上述考虑，城市文化主题必然具有两个重要特征，即在某一确定的城市发展阶段中，城市文化主题将处于稳定状态。但其内涵处于分化裂变之状态，即在某一特定时期，城市文化主题是一个动态平衡的核心价值系统，在此核心之下将裂变衍生诸多城市亚文化主题。在不同的城市发展阶段，城市文化主题则通过自身的演进发展，以应对城市转型的需要。

（二）培育文化创意产业地标

文化创意产业是城市文化资源与创意人群相结合的产物，具有巨大的经济效益。典型的案例是《哈利·波特》产品系列的全球风靡。1997年《哈利·波特》作为一本普通的文学作品问世，随后由于读者群的追捧而迅速在世界范围内走红。截至目前，该书共有7部，仅书本身就销售了2亿多本。文学作品与电影、游戏的创意结合，使得该文学作品的经济效益如原子裂变，一瞬间剧增，各种关于《哈利·波特》的产品、游戏等迅速扩展。仅首部电影放映在全球就取得了5亿多美元的票房，而与之相关的电子游戏软件销量也达到数百万套，拍摄的场所也因此成为人们喜爱的城市地标。正是文化创意产业的巨大经济效应，直接赢取了城市决策者的青睐。

对城市决策者来说，文化创意产业灵活的生产空间需求也是其获得大力支持的基本条件之一。这是因为文化创意产业重在创意，且不需要传统标准厂房和大面积的空间，这和城市历史文化遗产保护取得了较好的协调，并有助于城市衰败空间的更新演进与空间品质的提升。这一特征，则正好契合了文化城市实现文化保护、继承和超越的需要，文化产业地标也因此而逐渐盛行。

当前，我国许多城市都实施了文化创意产业的发展战略。而文化创意产业的最典型组织模式，即产业集群模式，提倡文化创意产业的集群发展模式的必要性主要表现在三个方面。

文化创意产业是包含多个亚类的产业集合，其相互之间存在线性与非线性关联，即使是在同一文化创意产业门类内，亦具有多个生产环节。而在具体的城市发展实践中，城市也难以仅仅依靠某一种创意产业的发展，支撑城市经济的持续增长。因此，将多种创意产业门类之间，以及某一门类的内部环节进行优化组合与管理，成为关键。产业集群模式为其提供了一个答案。产业集群模式除了利于提升集聚经济和规模经济水平外，最重要的是利于知识溢出效应和地方创意蜂鸣效应的形成，从而实现整体创造力的提升。

文化创意产业的发展与多个部门、机构关联密切，特别是金融机构的支持，这是因为文化创意产业具有较大的风险性和较高的附加值。高风险、高收益产业则需要有善于风险投资的金融系统给予支撑，以利发展。因此，集群发展模式需要金融系统、技术和工业研发系统、生产系统、市场中介系统等的综合配套，这意味着培育文化创意产业集群，不仅需要人才的引进和培训，还需要金融与中介服务系统的完善，更需要文化产品市场的拓展。从另一个角度来看，这表明文化创意产业集群的发展，将带动诸多关联产业的发展，从而利于城市总体经济发展水平的提升。在我国，目前文化创意产业地标环境空间的空间组织模式主要采用了传统意义上的产业园区发展模式，例如北京798艺术区、南京1865文化产业区、深圳大芬油画村。

然而，从我国诸多文化创意产业园发展的具体内容和形式来看，其多处于初级发展阶段，新技术和文化艺术的结合还处于欠发展状态，完整的文化创意产业集群特征尚未全面形成。例如南京，在发展文化创意产业中最为明显的问题是：虽然已经着力发展技术与文化相结合的动漫产业，但此类人才尚显不足。而设置的过多文化创意产业园区，又使得园区间的相互协同较差，集聚效益难以充分发挥。此外，该领域中既懂技术又懂管理和运作的人才更是极其缺乏，完整的集聚经济框架难以形成，发展效率欠佳。

虽然，文化创意产业园的空间组织模式在一定程度上可以发挥传统意义的集聚经济等内在效益，但考虑到文化城市这一发展总体框架，并考虑到文化创意产业自身的特殊性，这一空间模式并不能充分带动文化创意产业的发展。这是因为文化创意产业与传统产业具有四点显著不同：文化创意产业更趋向弹性的工作空间组织模式，即并非所有的创意产业活动都必须集中在园区内完成；工作时间表的灵活性，即诸多原创性工作是否取得有效成果，与工作时间长短、时段并没太多必然关联，而是与灵感、突发性创造紧密关联；在文化创意产业中，创意工作者的非正式交流以及由此形成的

"咖啡馆文化"作用十分关键，由此，拥有成熟的文化基础设施更利于文化创意产业的发展；文化创意产品生产的组织模式的灵活性，即具有面向项目的临时组合性特征，为了完成某一文化创意产品的生产发挥作用。可以临时组建一个团队，当产品完成交付后，该工作团队则可以迅速解散，这一模式在好莱坞电影生产中尤为明显。

由于这些特征的存在，新的空间组织形式有待探索和实践。基于这一思索，将产品成品的规模生产与产品原始设计、产品市场开拓等生产环节进行分解，进行分散化布置成为重要选择。一般来说，原始创意设计应优先布局于城市中心区或城市文化服务设施相对完善的地区；而市场开拓与金融中介等则宜分布于金融企业集中、市场信息灵敏之地；规模生产则多倾向于分布在郊区产业园区。这样，文化创意产业的空间组织将利于控制城市土地利用规模的非集约化利用，利于城市文化遗产保护与衰败空间复兴，同时也将利于文化消费规模的扩大与文化消费空间的多样性生产。

（三）支持大众文化艺术地标

高雅艺术可以产生巨大的社会效应，甚至是世界闻名，但对于普通市民的生活来说其直接意义并不明显。我们没有理由反对城市对高雅艺术的追求和推崇，甚至我们还必须提倡。但是，高雅艺术引以为傲的所谓"深奥"往往会陷入"曲高和寡"的尴尬境地，这一矛盾对城市普通居民来说尤为明显。倒是那些具有民间气质而不失低俗的文化艺术形式能够引起社会共鸣，取得市民的喜爱和支持，并为城市居民的生活带来快乐和享受。

受传统精英意识的强烈影响，城市决策常常会陷入两大误区。对大型文化地标，特别是那些供高雅艺术展演的文化地标抱以巨大的投资热情，对那些小型的利于大众文化娱乐的文化地标则兴趣不高；对文化的硬件基础设施投资倾注全力，而往往忽略了文化艺术家和文化艺术作品本身的发展需要。对大众文化和大众文化艺术家的过分监控、管制，甚至是遏制行为不以为意，这是一种危险的心态，其后果通常就是文化艺术人才的流失以及城市文化氛围的退化。

这是因为在当前全球化语境下，城市居民具有相对自由的流动权利。当大众艺术工作者感受到其所处空间存在一种桎梏感时，其有动力也有条件离开此地，寻求新的艺术空间。进而，是本地大众艺术创作与表演氛围的退化，以及随之而来的城市文化与艺术氛围的削弱。例如，上海在2002年以前为了建设城市新公园和公寓，对集聚了一大批文化艺术家的苏州河畔旧厂房进行大规模拆除，结果造成了许多艺术家离开上海，另觅他路。而上海市政府对城市文化活动的高强度审查和监管，也曾一度造成了城市文化艺术发展的萎缩。相比之下，北京在20世纪80年代的社会风潮之中无暇顾及的大众文化在悄然发展，形成了北京现在引以为荣的地下文化，如大量地下摇滚乐队等。北京目前拥有的活跃文化气氛、地下活动的较低生活开支，以及巨大的外来消费市场形成了良性循环，大量大众艺术家聚集北京，由此，北京确立了上海难以匹敌的大众文化艺术心脏的地位。❶

对大众文化艺术的支持，意味着对其活动空间的充分肯定，对大众文化艺术活动给予一定的资金投入。对大众文化艺术不予支持，将严重影响城市文化氛围的培育和城市文化影响力的扩大。例如上海在20世纪90年代并不重视大众文化艺术的培养和发展，因此90年代的上海并没有拥有在全国产生巨大影响的乐队、歌手和大众艺术地标。而对文化艺术领域的财政支持力度的大幅降低，将严重影响文化艺术，特别是大众文化艺术的发展。最为明显的是，从1980年到2000年上海的大众文化活动和文化机构都处于严重的衰退之中，这同城市经济的快速发展与居民收入的增长形成了强烈对比。

（四）设计升华城市形象地标

简单地说，城市形象就是城市的"形"在人的头脑中形成的"象"。虽然这一说法十分简单，但揭示了城市形象的两个基本要点：城市形象建立在城市本身所拥有的各种有形、无形的存在之上；城市形象的形成，经过了一种人脑加工，是一种实际存在的印象。

如上文所述，城市人口根据其主要利益追求的不同，基本可以分成城市开发精英、城市决策者以及城市普通居民等。城市决策者的目标是竭力满足精英开发获利和市民理性趋利决策要求，以及感情交流需要，从而最终实现城市发展。因此，寻求有效的路径，促进城市吸引和累积各种资本的能力，强化城市居民推动城市发展的协同力，是城市决策者的核心目标。

城市形象作为城市整体的一种符号化表达，则利于实现这一目标。具体表现为：其一，好的城市形象能扩大城市影响，增加吸引力，是城市文化构建的一种整体性"文化资源"综合体。其二，城市形象由于是一种表征城市多要素的综合概括，有别于其他任何城市的特质表述，因此，城市形象的建立将有助于城市认同感的增强，形成城市内部凝聚力。其三，从营销城市的角度来说，城市形象一定程度上是城市营销的基本对象。同时，城市形象的可符号化，使得其超越物质要素的不可移动性限制，为城市形象的广泛传播提供了可能性，而网络与媒体的发展则为城市形象传播提供了便利。

由于城市形象的形成，是城市拥有的各种存在经过头脑映象的结果，因此深刻、良好的城市形象，必须既注重城市本身的塑造和建设，还必须注重受众特征的分析。

---

❶ 唐艳丽. 城市亚文化空间探索与规划[D]. 长沙：中南大学，2011.

上文所言，内部指向性城市文化战略实际上可以看作是一整套城市自身内涵塑造的过程。在此基础上，升华城市形象的核心就转变为如何采取适当的手法使良好的城市存在转化成为受众头脑中积极、优秀的映象。

深刻映象的形成，必须依靠良好的感知媒介。在现实中的情况是，城市感知媒介通常表现宽泛，其结果是受众基本无法形成有序、统一、持续、深刻且优美的文化感知。因此，对于文化城市而言，城市形象设计的重点在于如何将城市各种独具特色、能代表城市文化特征的要素凸显出来，以构成受众的易感知媒介。

受众通常可以分成城市长期居民以及暂时性旅游者。城市长期居民通常以市民为主，根据其日常活动范围与线路，其易感知的城市文化界面为城市小街巷、购物中心以及公园绿地等。因此，这些地段的文化要素提炼有利于城市居民对城市文化形象的感知。而对于暂时性旅游者而言，其行动路径多以城市机场、火车站、汽车站、码头、城市地标、著名旅游景点、城市主要交通要道、城市商业中心等为主。因此，此类地点则是将城市良好形象呈现给暂时性旅游者的最重要媒介。

这些界面的确定基本可以援引凯文·林奇的城市意象理论五要素。在现实中，诸多城市形象塑造不能取得良好效果的原因，并不是城市决策者没有意识到城市形象塑造的重要性，而是将关注点过分集中地置于城市的某一或两个点。例如仅仅关注某一文化地标或者某一新商业中心的塑造，而忽视对其他城市界面的维护，如忽视火车站的形象维护等，其结果通常是得不偿失。

当然，上述方法仅仅关照了城市形象的物理空间方面，即城市视觉系统。事实上，根据一般的城市形象构成理论，城市形象系统除了上述视觉系统外，还包括城市理念系统、城市行为系统。对于每一个系统而言，它都包含了诸多具体要素。因此，城市形象设计还需要从这些纷繁的构成要素中，选取最能代表城市文化特质和城市品牌的要素，进行整体而系统的序列化处理和重点塑造。经过这一程序后，可以对城市形象的"形"进行符号化，以此获得能够表征城市实际品质的、系列化的非物质形态产品，从而为城市营销上的虚拟渠道传播和现实渠道传播提供基本条件。

（五）全球营销城市形象地标

如果构建城市形象的城市文化地标战略系统止于上述的大型文化事件演绎，那么该战略系统显然还处于"城市推销"水平，即通过刺激手段赢取投资者和旅游者对城市的青睐。这是一种停留于卖方市场的思路。对城市文化地标进行全球营销的必要性在于扩大城市影响力和知名度，从而让城市在人才争夺战中获得先机。

对于一个城市而言，即使其在城市内部建设已作出了良好的安排，但不能与全球文化接轨，不积极接受外界诸多竞争对手的挑战和考验，那么其也不能称为真正意义上的文化城市，也必然在竞争中走向衰亡。因此，城市形象的全球营销是其适应全球城市竞争，实现良好的动态演进的基本外部动力之一。

营销，其核心要素在于对目标市场的需求和欲望进行有效分析，并做到比竞争对手更有效地满足顾客的要求。因此，全球营销城市文化地标的首要任务是分析谁是城市营销的市场目标，其根本需求是什么。

如上文所述，城市决策者的根本目标是促进城市经济增长，而城市经济增长的基本保障是投资资本和劳动人才。基于此，可以将城市文化地标营销的市场目标，也即城市顾客简单概括为三个类别：政府规划人员、城市居民、旅游者。在判定城市顾客后，接着需要调查和了解的就是不同顾客的欲望和需求。

一般来说，不同的社会群体关注的重点并不相同，即注重不同的利益点。例如城市规划人员关注的重点是城市地标是否有较好的交通、区位、经济发展水平、相关政策、金融市场等。城市居民关注的是城市地标是否代表了他们心中的城市形象，代表了城市的文化气息，是否与生活相契合，等等。而旅游者则更加关注城市的旅游资源是否能够满足个性需求，城市地标是否具有令人舒适的自然景观、人文环境，是否可以满足个人的精神需求，等等。需要指出的是，旅游者对城市发达程度的关注开始降低，对城市音乐、艺术、体育活动、文化设施、人文历史环境以及城市包容性开始格外看重，即创意人才已经从关注物质条件转向了人文、精神条件，更加关注个人价值的实现。

城市顾客在决定是否前往城市地标以后，都会对城市资源进行评价，而城市地标本身的差异性决定了其可评价的难易程度。因此，对于不同的城市顾客，在城市营销过程中需要分析其重点关注的城市地标的特征，从而有针对性地提供利于其作出评估的信息媒介。

确定了针对不同城市顾客群应重点设计的营销内容后，还必须重视这些内容的营销媒介的选择。实际上，城市营销媒介多种多样，例如城市名人效应、城市战略规划、城市文化名片、城市门户网站等。其中，需要强调的是，文化城市的全球营销需要充分重视网络传媒的作用。这是因为受到诸如国家制度、个人收入以及时间安排等的限制，能够亲自到达某一城市并对其地标进行感知和评估的城市顾客通常规模较小。

需要认识到的是，在世界范围内还存在潜在的庞大城市顾客群。那么，如何为该类城市顾客群提供城市信息，并有效传播到其可获知的范围呢？这需要依靠网络传媒。网络传媒不仅能够跨越空间限制，还可以跨越诸如不同国家的许多文化制度障碍。例如虽然中国中央电视台拥有全部的电视广告权用以宣传营销城市，但该种媒介尚不能轻易有效波及世界范围内其他诸多国家的受众，而网络则可以突破这一障碍。

网络传媒除了能够解决上述问题外，其在人们日常生活中的重要性也提升了：一方面是网络服务数量逐年增长。例如，江苏省CN下域名网站数量在短短的三年多时间里，从2001年12月的6809个增长到2005年6月的38309个，而其占全国的比例则处于平缓增长状态，这表明全国网络服务数量正处于快速扩大膨胀之中。另一方面是利用网络进行信息交换和信息搜索的网民不断增长，网络虚拟场所空间日益成为人们乐于采用的交互形式。例如，江苏省2003年网民达到610万人，占全国比重的7.7%，2004年增加到661万人，占全国的比重却下降到了7.0%，这表明我国网民数量正处于快速增长状态。

实际上，西方发达国家由于网络服务开展和普及的历史较长，其服务站点数量及网民数量虽然处于相对较缓的增长状态，但在日常生活中网络依然是极其重要的信息媒介。而诸多发展中国家网络传媒情况则与我国相似，处于快速扩张状态。基于这一总体形势，网络传媒也应列为文化城市地标营销中获取信息的重点媒介。

四、地标空间的战略影响

（一）具有一定的空间效应

城市文化从来都与空间具有紧密的联系，城市文化通常需要存在介质的荷载才能呈现，而荷载的重要形式之一就是城市文化空间景观。实际上，城市文化战略最直接、最直观的效应表现，即文化空间景观的改变。根据空间的关照尺度，空间效应主要包括：历史文化空间的更新、文化集聚区的出现、文化地标系统的强化以及文化空间隔离等。

城市文化战略的初级阶段，通常都是以解决老城中心区衰败和传统工业衰退等问题为基本出发点，因此，在充分尊重历史文化底蕴的条件下，提升环境品质、置换功能成为文化战略的主要手段。这一措施的实施，不仅可以促使优秀的历史文化街区和空间得到有效保护，而且还能吸引一批城市艺术工作者进入，从而促进了城市绅士化过程。

绅士化过程带来的"活性"文化元素与城市本身的物质文化要素取得良好的结合，一些曾经废弃的城市空间，则被政府和开发商重新利用，得到较大的资金与政策支持，由此形成了更多元化的文化休闲空间。例如高档文化休闲空间有南京1912、上海的新天地；游憩性空间有南京的石头城遗址公园、巴尔的摩的内港休闲娱乐区、伦敦码头的游憩公园等。因此，这些地区通常表现出多种功能的叠加，如休闲、消费、旅游、创意、生产等。

根据主要内容的不同，文化集聚区可以分成三种，即文化基础设施集聚区、文化休闲消费集聚区以及文化产业集聚区。

1.文化基础设施集聚区

文化基础设施集聚区通常具有公益性特征，即政府为了改善城市文化基础设施，提升城市居民文化生活共享率，利用已有的文化基础设施资源，根据服务范围需要，建设的以大型文化基础设施为中心、多种文化设施集聚的空间。例如南京的长江路地区和河西奥体中心地区等，这些空间通常成为城市主要的旅游资源点。文化设施的集聚同时具有指数级的影响效应。因此，在城市中建设文化集聚区成为全球顶级城市的标配，如伦敦、华盛顿、纽约、柏林等城市都有蜚声海外的文化集聚区。

2.文化休闲消费集聚区

文化休闲消费集聚区通常是以商业获利为主要目标，例如南京水木秦淮艺术街区等。在功能上，文化休闲消费集聚区体现了城市文化集聚区内涵逻辑的变化，从"关注物"转变为"服务人"，以文化消费为基础，通过走向人群、走向人心，更多地从使用者的需求去配置各项功能。

3.文化产业集聚区

文化产业集聚区通常既是城市文化产业发展的载体，也是文化产品生产的主要空间，这些空间通常会以飞地的形式存在于城市边缘区。文化产业集聚区的形成，主要经历了艺术家自发组织集聚、政府认可与支持以及政府大力推行三个阶段。

文化集聚区的出现，反映了城市文化战略从组织大型文化事件所关注的偶然性、专门性文化消费，到锁定城市空间的综合性、持久性文化经济策略的转变。

文化地标系统的强化，这一空间特征出现的原因主要包括两个方面：其一，城市形象塑造和感知系统建设的结果；其二，大型文化事件演绎和大型文化基础设施建设的结果。感知系统的建设通常采用了凯文·林奇的理论，主要注重五大要素的塑造，例如南京对火车站、滨江地区进行了新的美化整饰，对历史轴线进行了强化等。大型文化基础设施建设通常有两种情况：第一种为实现城市经济复苏，典型案例是毕尔巴鄂的古根海姆博物馆的兴建，其已经成为毕尔巴鄂的文化标志；第二种为与大型文化事件演绎直接关联，典型案例是南京第十届全运会以及上海世博会的举行。

城市文化战略使得城市空间更具有可感知性，城市环境得到了极大改善，城市中多种功能可叠加于同一文化空间。但由于城市增长机器这一本质内涵的存在，城市文化战略都具有浓厚的商业味道。这一特征造成的不可避免的后果就是城市文化空间的重新划分，以及随之出现的文化空间隔离。

正如，沙朗·佐金（Sharon Zukin）所质疑的那样：艺术家和商业服务的扩张，使得曼哈顿成为城市商业与文化之间阈值的始祖，无家可归始终是城市永久存在的问题。在公园、街道、地铁站等几乎所有的公共空间，商业区使市场经济中的阈值问题的矛盾更加凸显。公共空间是每个人都可以占用的吗？抑或它只是私人开发的场地。在这一根本矛盾的驱动下，为了保护某些"文化特权阶层"，将一切不合时宜的文化行为者排除在外，成为城市文化战略的一个重要的负面行为。最典型的是上海的淮海路和南京路，为了打造东方魅力街，对国外品牌给予热烈欢迎而对国内品牌予以谢绝，这一自我矛盾的行为，不知如何能从国外品牌充斥的街区中体现所谓的"东方魅力"。

（二）拉动经济增长

从短期正面效果来看，城市文化战略的正面经济效应通常表现在四个方面，即拉动经济的快速发展、促进城市就业岗位增加、促进城市产业结构转型、扩展城市文化消费市场。

城市文化战略拉动经济快速发展的直接原因是城市文化创意产业的发展。文化创意产业的巨大经济附加值特征以及强大的带动作用，是其经济收益高回报的直接原因。研究显示，文化产业的重要构成部类之一的会展业具有1：9的带动效益，即展览场馆收益如果是1，相关的社会收入将高达9。文化创意产业拉动经济的快速发展主要表现在对国民经济总量的贡献以及自身较高的增长率上。

以欧洲主要国家的文化产业发展情况为例，从行业比较来看，传统制造业和服务业中，除食品制造外，其他对GDP贡献率大于2%的行业很少，而文化创意产业对GDP的贡献多处于2%～3%之间。其中，意大利、法国、英国、挪威的文化创意产业的贡献率在所有产业部门中处于最高水平。在1999—2003年间，上述欧洲国家的GDP增加百分比为17.5%，而文化创意产业则达到19.7%，比GDP增加百分比高出2.2个百分点。此期间，文化创意产业的累计增加值占GDP累计值约达到7.1%，比我国2004年文化创意产业的累计增加值2.15%高出约5个百分点。

在城市就业岗位增加方面，城市文化产业亦表现出巨大的能量。例如，日本在1990—1995年间，文化产业人数增长了5.3%，而日本所有的产业只增加了3.6%。从文化产业内部业态来看，从事传统类型诸如报纸、电子设备等的岗位人数处于降低状态，而文具、体育用品、乐器、电影、视频、新闻等则处于快速增长状态，平均五年内增加了约15%。

城市文化战略促进城市产业结构转型具有明显的内在逻辑性。首先，城市文化战略的原始动机即是面对传统工业衰退提出的应对策略，通过挖掘文化符号的经济价值，将一些废弃厂房打造为"后现代"设施，形成以高附加值、低污染为基本特征的集旅游、休闲、文化消费等多种经济部类同时叠合的空间。其次，文化产业高效的地均产值能力，也迫使城市传统工业外迁或者向其他欠发达地区转移，而为了应对政府产业转型的发展趋势，传统工业企业也趋向投资文化创意产业领域。例如南京熊猫洗衣机厂、南京晨光机械厂等，都通过功能置换实现产业转型。

城市文化消费市场的扩展，不仅源于城市文化战略对城市居民文化消费的刺激，还源于当前人类需求的普遍高级化。例如查尔斯·兰德里（Charles Landry）通过实地调查得出结论：创意阶层喜欢居住在能够提供较为频繁的音乐、艺术、体育活动的城市，同时希望能够提供酒吧、小剧场、书店、咖啡店以及电影院等各种文化消费空间。

而城市文化战略在经济方面表现的负面效应在于，文化产业的发展无疑将吸纳巨大的劳动力，但是劳动力结构具有明显的高级化趋势。这主要源于文化产业对高级人才的需求。而对于没有一定文化、技术的就业者来说，文化产业的发展并非好事，甚至可能具有灾难性后果，即造成其结构性的失业。

（三）增加社会影响力

城市文化战略的最直接表现是引起明显的社会关注，如媒体播报、网络流行等。其次较可感知的是城市居民认同感和归属感的增强、城市人才集聚等。而城市文化社会效应最为深刻的方面则通常具有隐性特征，其隐性特征通常表现在那些最为深刻的方面，例如城市居民观念的改变、生活方式的变迁以及城市精神的塑造等。但这些方面需要长时间的累积与沉淀，才能显示一些可寻痕迹。

在当前情况下，社会关注度的提高主要源自城市大型文化事件的组织策划，典型的情况是2008年北京奥运会的举办（图5.4）。根据全球知名媒介和资讯机构尼尔森在全球37个国家和地区所收集的数据表明，从2008年8月8日至8月24日收看北京奥运会的观众达到了47亿人，约占全球人口的70%，比2004年雅典奥运会的39亿观众人数增加了约21%，比2000年悉尼奥运会的36亿观众人数增加了约31%。社会关注度的提升，也必然伴随着城市知名度的提升。截至2017年，9年内鸟巢已累计接待中外游客超过3000万人次，举办各类比赛、演出活动290余场，年营业收入超过2亿元人民币，连续多年实现盈利。鸟巢从2009年开始连续9年举办"鸟巢欢乐冰雪季"活动，吸引超过160余万人次参与，已成为北京市冬季具有代表性的体育文化品牌，良好的口碑带来了国际的冰雪合作（图5.5）。北京奥运会的成功，使北京这座城市在世界范围内建立了良好的国际形象，为吸引投资和旅游埋下伏笔。作为承办2008年北京夏季奥运会和2022年北京冬奥会开闭幕式的标志性场馆——国家体育场（鸟巢），截至2023年已成功举办12届的"鸟巢欢乐冰雪季"，更是加大了冬季冰雪项目的开发力度，提升鸟巢欢乐冰雪季品牌，打造国际级冬季体育赛事平台。

图5.4　2008年北京奥运会　　　　　图5.5　"鸟巢欢乐冰雪季"活动

　　城市知名度和城市独特的主题文化、城市累积的文化底蕴作为一个整体文化存在，必然增强城市与其他城市的区别，由此，也促进了城市作为一个独特整体的市民认同感。例如在中国人看来谈到世博会必定与上海相关联；讨论六朝文化则必定与南京紧密相关。

　　而城市文化场所的塑造，各种文化礼俗活动的培育，则直接培养了城市居民作为不同群体的内部归属感、认同感和安全感。归属感的形成一般源于场所内部人群的同质性，如具有相似的社会地位、工作类型、文化崇拜、民族习俗等。认同是通过个体的自身意义和个体化过程建构起来的，认同分成三种形式，即合法性认同、抗拒性认同和筹划性认同。筹划性认同基于个人生存环境及其所掌握的文化材料，是自身意义获取的过程，场所无疑是这一认同形式的重要基础。安全感则源于人与人之间的相互照顾与监督，以及彼此稳定性的重复关系。每一个场所不仅保持其独有的文化特征，还注重传统人际关系网络的保留和培育，通过文化礼俗活动促进交流，形成之于"进入场所者"具有深刻意义的"情"与"物"的密切关联。这些特征保证场所具有充分的认同、归属和安全基础。

　　城市文化战略在社会方面表现出三个明显的负面效应。文化产品作为一种商品时，其与一般商品一样具有使用价值，这是文化产品能够成为商品的基本前提。但是一味追求经济价值的结果是造成文化本身的变质，以及对社会造成负面影响。原因在于，文化产品除了一般意义上相对于个人而言的使用价值外，还包含一层社会广义层次上的价值，即社会价值。一旦我们忽视文化产品的这一特殊性，那么对社会将造成巨大危害，例如低劣文化产品充斥市场、网络消极文化传播、艺术工作者不负责任的态度等。

　　文化商品化的过程，是文化艺术品批量、标准化生产的过程，因此，真正具有艺术价值和内涵的作品如果不能获得较大市场，往往难以得到社会和政府的充分支持。有时经营者为了追求利益，迫使艺术家不得不改变个人艺术创作初衷，以迎合大众消费，这无疑将扼杀文化艺术家的创作本能和文化艺术本身的进化。

多样性和文化管理之间的悖论。引用哈莫的一段话：城市文化的异质性、多样性的剧增，使那些视管理和规划城市文化为己任者忧心忡忡。使城市文化清晰可读，就意味着规范化，鼓励某种独特的文化态度，部署井井有条的现代化模式。当人们夜间在城市公园等公共空间进行非商业化的寻欢作乐时，可能会发现社会的宽容仍与他们想象的多样性相距甚远。

第三节
中国城市文化形象地标构建

一、中国城市文化形象感知

城市应该是大众的公共艺术品，是大众的评论对象。城市形象在长期的社会发展中，会形成文化特质、文化丛、文化链、文化圈、文化行为、文化模式等。在这些文化的表现系统中，文化模式在大众心目中会形成浓缩的、概括性语言，这些浓缩的、概括性语言是大众对城市形象的总体感知。

人们对城市形象的感知，是通过观察、观看来感知的。城市的形象在多数场合是被观看和观察而印在人们心中的，城市在大众的"观看"中，从一件复杂的事物身上选择出的几个突出的标记或特征，还能够唤起人们对这一复杂事物的回忆。❶事实上，这些突出的标志不仅足以使人把事物识别出来，而且能够传达一种生动的印象，使人觉得这就是那个真实事物的完整形象。❷

在中国，相当多的城市已经存续了上千年的历史，既有特有的文化积淀，又有现代创造，而这些文化积淀与创造，并非都是正向的表现。因此，在文化符号上，在历史存在价值上，在人们的心理结构认同上，已经具有某种风格或者是某种印象，有的也已具有某种形象意义。❸

城市的"公共意象"是社会多数人感知的结晶，城市形象是人感知的总结。美国学者欧文·拉兹洛在《系统、结构和经验》一书中，对认识事物的环境控制进行了理论解释。他认为："我们的日常生活世界充满了事物和事件，能够很容易地把它们归

❶ 朱城琪. 城市CIS城市形象营造的方法初探[D]. 西安：西安建筑科技大学，2005.

❷ 鲁道夫·阿恩海姆. 艺术与视知觉[M]. 滕守尧，译. 成都：四川人民出版社，2019.

❸ 朱城琪. 城市CIS城市形象营造的方法初探[D]. 西安：西安建筑科技大学，2005.

人不变的、可认识的完形系统中去。的确，我们用我们所认知的事物包围了自己，并试图减少我们所处的经验领域中的偶然事件，因为偶然事件可能会是令人不解的和人所不熟悉的。"❶ 欧文·拉兹洛对人的行动后的反应与影响提出，可认识事物的环境，它是积极的、有目的的人对环境的影响。

我们借用拉兹洛的解释，旨在说明城市人对城市环境的感知与意义，城市作为城市人的外部环境可感知的领域，有一个特定的接受系统。城市形象作为感知的要素主体，要创造与"信息接受主体"相匹配的信息要素，否则，人对外部城市环境与城市形象要素感知就不会完整接受，而形成人对外部信息感受的偏差。因此，城市作为人的外部感知整体具有"客体巨大"的表现性，人们对作为客体的认知总信息不匹配，或形成人的个体的"外部感知不完整"。❷

当然，这种不完整是相对概念，或许这种"外部感知不完整"恰恰是城市特质的一种效应或特质的文化升华。在本书前几章的论述中，我们强调对城市形象感知的个人文化背景、心理文化结构和城市中的"个人遭遇"，或可称为"个体的城市情结"，都会明显地影响城市形象的认知与传播。我们经常可以看到，某些人对某一城市的评价是直接"个人遭遇"的结果，其中必然蕴含着个人的"城市情感"与"城市情境"。

通过大众流行的"城市外部认知"，我们可以看到人们对城市的理解包含"情感的感知"，包含着"审美地产生能动性"，对城市的直觉、想象、感觉随处可见。人们在对城市形象的表述上，最直接的话语是"这个城市很美"或"这个城市一点也不美"，人们对城市的审美从"审美地产生能动性"方面，表现了城市形象作为美学意义的特殊传播性，即大多数人都有过对城市美、城市形象感知的"经验世界"。这个"经验世界"可能来自自己的直接感受、直接感觉，也有的来自文献或电视传媒方面。人们对城市最初的"经验世界"，在一定意义上构成城市审美和城市形象文化要素"首位感知"。

成千上万人对某一城市的感知，并不遗余力地传播、传扬，这往往会成为更多人的"主观介入要素"，形成更多人的主观认知，这是城市形象感知的最重要表现。并且任何人都可以通过个人的信息接受"城市外部感知"，来评价城市，并形成众口铄金的效果。

城市整体感知是群体与个体共同创造，并通过传播的扩张形成的文化要素。城市形象的建树如同鲁迅所言，人走多了就成了路。人们认同的文化要素越来越多，往往成为社会传播型的城市形象模式，这既是可悲的，也是可感悟的。正如某些人说某城市是"穷山恶水出刁民"，这是从少数人的"城市情节"中获得的偏差感知。无知来

---

❶ 欧文·拉兹洛. 系统、结构和经验 [M]. 李创同，译. 上海：上海译文出版社，1997.

❷ 朱城琪. 城市 CIS 城市形象营造的方法初探 [D]. 西安：西安建筑科技大学，2005.

自偏见，更多的偏见来自不了解。城市形象的构建，就是要为大众创造对外部环境合理的、科学的，甚至在一定意义上是整体的感知。

对城市的内部与外部要素进行创新改造，塑造新的城市形象，其核心就是让大众对城市的优势整体获得感知。更重要的是，使城市的品质真正得到提升，从而让大众能够充分感知。无论是城市整体还是局部，无论是城市的群体还是个体，能够在多数意义上形成良性外部环境感知体系，让人们在城市形象的提升中，获得生活品质与生命质量的提升，让更多的人通过城市中实实在在的品质优化，获得对城市的整体感知❶。

二、中国城市文化地标景观

城市的记忆是城市生活的一部分。对新的城市，每个人都想获得城市中最主要的意象和感觉。城市文化地标景观是一个城市的历史和城市文化模式的构成要素。文化景观的解释多种多样，地理学认为景观是指地球表面各种地理现象的综合体。景观大体可以分为两大类，一类是自然景观，一类是人文景观（也可把人文景观称为文化景观）。在传统社会里，文化景观是人类社会中的某一群体为满足某种需要，利用自然条件和自然提供的材料，有意识地在自然景观之上叠加了人类主观意志所创造的景观。

在现代社会里，城市文化景观是大众的产物。由于不同的集团和阶层的人有着不同的文化需求和背景，文化景观也因分化的群体的不同而不同。从一个特殊层面来认识，文化景观是某种群体的文化、政治和经济关系，及社会发展水平的反映。文化景观是人类群体和个人的某种需要，文化景观在最低存在价值上，是人类衣食住行、娱乐和精神需求的补偿，最高价值意义表现为不同群体的政治观念、价值观念、人文精神和宗教观念。❷作为"城市文化资本"要素之一，城市文化景观反映着不同城市物质与精神的文化差异。

中国的城市传统景观总体风格带给人们的是红墙、绿树、黄瓦、大飞檐、斗拱、园林、高台、亭、榭、殿、阁和四合院等，也是人们认同的城市景观特征，这种景观是自然的延伸和自然对社会生活的介入。❸

西方的城市传统景观是"文艺复兴"后对古希腊和古罗马文化的张扬与重塑，并成为西方城市景观的灵魂。当代西方城市景观则分成两个部分，一部分是工业化社会形成的符号，几何形建筑、抽象景观、花园、别墅、宗教建筑、喷泉、雕塑等为其重要的文化特征；一部分是后工业社会自然回归的文化表现。在19世纪初的美国或其

❶ 巩磊. 具有西北地域特色的现代城市广场规划设计初探[D]. 西安：西安建筑科技大学，2004.
❷ 杨古月. 传统色彩、地方色彩与现代城市色彩规划设计[D]. 重庆：重庆大学，2004.
❸ 朱立艾. 北京旧城更新中城市文化的延续性研究——以什刹海历史文化保护区为例[D]. 北京：北京师范大学，2004.

他发达国家，很多别墅区反而更像中国传统的园林景观建筑区，与中国传统的居住方式很接近，即类似中国的"天人合一"的生活系统与形式。城市文化景观反映的是历史的特殊的意义和发展特质，而且有些城市的文化景观就是城市历史的写照，城市文化景观往往具有政治和特定的文化意义。

城市文化景观在城市中有一个自然形成的发展序列，正如西方学者所提出的"相继占有"的文化现象。如澳大利亚政府规定在主要城市中，超过一定年份的建筑就不允许拆除了，而要作为文物保护起来。在中国，由于城市历史悠久，城市文化景观的权重因时间不同而有所不同。

如果从认识上把城市作为一个艺术品来开发，城市本身即是文化景观的集合体。在城市形象建设与"城市文化资本"运作体系内，城市所有的要素都应具有景观性，正如日本人把街道的各种要素称为"城市家具"一样。关键是在城市文化景观的建设上，几乎所有的城市都经历了急功近利的过程，这虽然与社会经济发展水平的制约有关，但是，不同的社会形态中的城市的确显示了城市社会的品质对城市景观的影响。农业社会的城市、集权制条件下的城市、市民社会的城市、工业社会的城市和后工业社会的城市，在景观的社会化意义上有着明显的差异。城市文化景观的创造与开发包括以下四个层面。

第一层面是居住形式、形态与布局。后工业化社会的城市文化景观与整体社会的工业需求和工业化特点相一致。因此，在美国的城市里，高耸入云的高楼大厦体现着城市工商业的发达，而且越往市中心楼越高，而越向郊外则显得越矮。高楼既是技术发达和科技发达的象征，也是人类的智慧与财富的象征，那些金融机构、贸易机构和商业机构经营大楼的高度与公司的财富似乎成正比。

第二层面是城市所属国家、民族和区域文化的创造，即城市个性化人文景观的开发。北京的胡同、上海的里弄、美国带有编号的大街、泰国的宗教建筑等，城市的历史和文化惯性使城市景观具有个性化符号特征，并成为城市人的文化心理结构符号和人生认知的一部分。

第三层面是完全意义上的装饰性景观，即为城市美化而构建的文化景观。例如哥特式风格的圣家族大教堂以及解构主义的代表作品毕尔巴鄂古根海姆博物馆这一系列建筑本身即是景观的"代言物"和象征。

第四层面是城市景观人性化思考和超前的人类社会的自然回归。正如本书其他章节中所提及的，城市越现代化，城市的整体风格越雷同。在中国，我们能够感觉到农业社会向工业社会过渡的城市景观变迁。城市景观的共性是高楼、高架路、过宽的马路、汽车流、金属装饰、豪华的大型商业设施、相似的建筑风格及风格一致的装饰。上海的高架路给了我们现代化大都市的感觉，同时也给了我们"城市水泥森林"

的悲哀。❶

作为人类向往的一种居住形式，高楼也体现了人类对自身发展的追求。20世纪50年代的中国人曾向往"楼上楼下，电灯电话"的生活。人类社会的发展应该从"以人为本"向"人与自然和谐为本"转型。人类社会的住宅形式演变过程为：洞穴式、地穴式、半地穴式、地面式、高台式、两层楼阁式、三层楼、中世纪的多层住宅、近代的高层住宅和现代的超高层住宅。这体现了人类居住理性的选择方式，也是地球土地绝对存量的形式与人类不断增长的关系下的必然选择。这一理性选择既有人类生存的需求关系，也有人类在生存条件基本满足情况下对生活审美条件的追求。

但是，现代城市的文化景观不是只要有了发达的经济，就必须呈现向上、向高发展的结果。在发达的欧洲，有着优秀历史传统的国家和民族，对城市景观的认识、保留方式和发展战略，往往受到历史文化景观的左右和影响。因为有了历史文化景观，很多城市文化景观的设计与开发就不得不遵循历史文化景观的要求，或是不能超过以往文化景观的高度，或是不能破坏这一景观的内涵。因此，一百多年来，几乎所有的国家都开展了如何保存和保护城市传统历史文化景观的问题讨论。

西欧发达国家的城市因为有了自己历史文化景观的约束，所以超高层的建筑往往不在市中心，而是在城市边缘，这恰恰与美国的城市文化景观建设相反。比较而言，工业化国家的城市的技术性、现代化性在增强，城市文化景观越来越与人的情感、本性相分离，更多的是"工业符号"和财富符号。

城市文化景观的建设，反映在城市中心点上，集中说明了城市文化景观的历史与社会作用。后工业社会国家在城市文化的表现上有两种状态，一种是前沿性的城市技术发展，如城市建筑的新材料、新技术等；一种是朝着生态化和回归自然化方向发展。而从城市一般意义上的景观中，可以找到城市的政治功能、文化功能、经济功能和这些功能的相互关系，特别是这些功能的排列顺序。

在古代的中国，北京作为封建王朝的一个古都，其宫城建筑在城市的中心位置上，这充分说明城市是统治者的堡垒。而其政治属性也是十分清楚的，即政治属性是第一位的，城市中的平民居住者不是真正意义上的城市生活的享受者，而在某种意义上是为城市中的统治者服务的阶层。

在西方中世纪的城市，城市中心往往是广场、市场和其他活动的中心地，城市中心的功能是体现市民意志的"节点"或"区域"，并主要是为市民服务的。法国巴黎的中心是星形广场，其标志性建筑之一是凯旋门，有12条大道从这里辐射出去，附近下议院的建筑的柱廊、军功庙代表着拿破仑时代的战功和伟绩。美国首都华盛顿以国会大厦和白宫的东西向和南北向两个轴及其交会处作为城市的中心，而体现资产阶

❶ 张鸿雁. 城市形象与城市文化资本论 [M]. 南京：东南大学出版社，2003.

级民主政治的国会大厦则居于最高处，这是一种政治关系的体现。

各种建筑要素通过空间关系的变化组合，成为城市特有的文化景观，人们对城市景观的感知在不同的时代有不同的解释。城市景观与反映在人们头脑中的东西并不完全一致，往往经过个体文化的筛选。这是因为人们头脑中存在着所谓的"意境地图"，对这种"意境地图"包括不同感知的解释，如果这种解释偶然与景观的功能结合，就会成为流行文化的一部分，特别是成为一个城市中流行文化的一部分。如南京新街口曾有个"三把钥匙"的雕塑，市民有多种理解，或理解为"三面红旗"，或理解为"三把菜刀"，最终被迁移。这主要是由于每一个人对自己所处的环境都有其个性化的心理和生活需求，因此，对城市景观的景象就有了不同的理解和选择。

从现有的资料来看，人们很难完全认同其城市文化景观，虽然其中必然有社会大众基本认同的建筑物，但是对于生活在这个城市中的市民来说，寻找对城市景观认同的同一性是一件很难的事情。随着城市历史的发展，城市景观在文化中沉淀，经过历史考验的文化景观，最终才能够成为城市人共同的文化心理符号。

城市文化景观只有被社会的大多数人认同，才具有生命力。商业属性过强的文化景观，多是昙花一现。1950年以来，中国的城市迅速膨胀，交通拥挤的情况越来越严重，商业街区的汽车几乎无法移动，为了解决这一矛盾，很多城市掀起了建设人行天桥的热潮。沈阳、大连、成都、重庆、北京等城市都在繁华的闹市区修建了人行天桥。在修建之初，城市中的各种新闻媒体都进行了大规模的报道，引起了市民的广泛关注，出现一片叫好声。可是当人行天桥修建起来以后，得到的市民反馈却是多种多样。老年人认为天桥修建得多，就无法上街了，走几步路就是天桥，而且天桥的坡度大，又滑；司机对天桥的样式和桥墩的位置等提出了意见；学者们有针对性地提出了城市文化景观问题……这一情况说明，虽然精英是城市文化选择的主体，但是大众的需求和共同的主观感知是非常重要的，因为城市景观是公共视点，是城市人共同的财富。

一个人的文化修养，决定着其对城市文化景观审美要求的强度。从一般意义上说，人们对城市文化景观的感受总是受到心理状态、生活经历、情绪的影响。一个人在心情不好的时候，很可能对原来已经长期适应的环境感觉十分讨厌。人们对城市文化景观的理解，表现了强烈的主动选择关系，对色彩、样式和造型等每一方面都有自己的认识观。

三、中国各大城市地标构建案例

中国城市历史文化丰富，地大物博，地域文化所产生的地标代表了城市发展中的精神与意识形态。如果说，一个城市能够以森林生态为重要的发展模式，利用城市特有的山、水、森林、城墙等特殊优势建造地标，可以创造全新的城市形象和城市理念，并在城市的整体规划中加以落实和应用。

城市之中的地标建筑产生于不同的经济、政治、历史文化的年代，其建构的地标各具特点与象征意义。优秀的地标建筑可以促进人与城市、人与人之间的感情交流，而城市文化地标的基本目标是为城市中的人与人之间提供日常的情感交流，为日常随意性谈话提供轻松的空间，增强城市居民对该城市的内心安全感、认同感和归属感，为外来旅游者提供视觉上的放松，体验多种文化带来的新鲜感。通过塑造城市地标空间的构成逻辑与社会内涵，保证人们对城市的物质需求转化为对城市的精神需求，促进市民之间的和谐共处，减少社会冲突和矛盾，形成城市文化的独特化、多元化和丰富化的基本映象，进一步吸引市民以及外来旅游者前去观赏与游玩。

城市文化地标作为城市形象的代表符号之一，联结了城市的物质环境空间与精神文化空间，满足的是人们对生活艺术与生活乐趣的追求。因此，最具有地方特色的文化要素不仅体现在一个城市的衣食住行上，也体现在以城市面貌为代表的城市地标上。城市地标作为城市物质形态与符号，以及城市之中不同文化的物质容器，使人们在对城市地标的观察与理解中，最真实地体验城市生活状态与较为完整的城市社会生活意象。在这一过程中，人与人、人与物之间有无形之中的沟通与互动感，以人为主体，以地标为媒介，完成了城市文化的传播、传承、发展、创新。

对中国不同城市的地标性建筑进行分析，国内地标建筑以商业场所、历史象征、高层建筑、文化场所、交通功能类地标进行划分（表5.2）。其中，地标建筑较多为历史象征与文化场所类，多为展现历史在城市中遗留的痕迹。部分地标建筑不仅作为城市地标而存在，同时作为城市遗产中的一部分。这也体现了建筑在城市文化历史中的轨迹，以地标建筑的形式留存城市的历史文脉与形象特征。

表5.2　中国各个省级行政区的著名城市地标建筑

地标类型	国内城市著名代表性地标性建筑					
	省级行政区名称	城市名称	城市地标	建立时间	象征意义	城市地标图片展示
商业场所类地标	广东省	广州	广州中信广场	1997年	商业中心	

190

续表

地标类型	国内城市著名代表性地标性建筑					
	省级行政区名称	城市名称	城市地标	建立时间	象征意义	城市地标图片展示
商业场所类地标	山东省	济南	泉城广场	1999年	济南的标志象征	
	广西壮族自治区	南宁	南宁国际会展中心	2005年	经济繁荣发展的体现	
	河北省	石家庄	艺术中心	1999年	娱乐艺术中心	
	香港特别行政区		中银大厦	1989年	生机茁壮和锐意进取	
历史象征类地标	北京市		天安门	1417年	现代中国的象征	
	重庆市		解放碑	1947年	纪念抗日胜利	
	安徽省	合肥	教弩台	东汉末年	纪念先人	
	江苏省	南京	玄武门	1909年	俯瞰全城	

城市形象与地标空间——基于城市形象建构的地标性公共环境空间设计研究

续表

地标类型	国内城市著名代表性地标性建筑					
	省级行政区名称	城市名称	城市地标	建立时间	象征意义	城市地标图片展示
历史象征类地标	云南省	昆明	东寺塔	854年	昆明最古老的塔	
	山西省	太原	双塔寺	1599年	太原市标识	
	河南省	郑州	二七纪念塔	1971年	纪念京汉铁路工人大罢工中牺牲的人	
	辽宁省	沈阳	故宫	1636年	满族特色建筑	
	贵州省	贵阳	甲秀楼	1598年	人杰地灵的象征	
	福建省	福州	白塔	905年	福州历史文化象征	
	湖北省	武汉	黄鹤楼	223年	锲而不舍的精神	

续表

地标类型	国内城市著名代表性地标性建筑					
	省级行政区名称	城市名称	城市地标	建立时间	象征意义	城市地标图片展示
历史象征类地标	浙江省	杭州	雷峰塔	977年	风调雨顺，国泰民安	
	陕西省	西安	钟楼	1384年	古都西安的象征	
	江西省	南昌	滕王阁	653年	象征吉祥的建筑	
	宁夏回族自治区	银川	鼓楼	1821年	革命纪念意义	
高层建筑类地标	上海市		东方明珠塔	1994年	经济发展象征	
	天津市		天塔	1991年	文化传播	

地标类型	国内城市著名代表性地标性建筑					
	省级行政区名称	城市名称	城市地标	建立时间	象征意义	城市地标图片展示
高层建筑类地标	台湾省	台北	101大楼	1998年	事业节节高升	
文化场所类地标	湖南省	长沙	岳麓书院	976年	教书育人	
	新疆维吾尔自治区	乌鲁木齐	国际大巴扎	2003年	展现中国古代文明与现代文明的和谐交融	
	吉林省	长春	南湖四亭	1933年	消遣娱乐	
	青海省	西宁	东关清真大寺	1913年	伊斯兰教建筑	
	黑龙江省	哈尔滨	圣·索菲亚教堂	1907年	异国情调	
	澳门特别行政区		大三巴牌坊	1602年	中西文化交融的结晶	

续表

地标类型	国内城市著名代表性地标性建筑					
	省级行政区名称	城市名称	城市地标	建立时间	象征意义	城市地标图片展示
文化场所类地标	西藏自治区	拉萨	布达拉宫	公元7世纪	信仰的化身	
	内蒙古自治区	呼和浩特	金刚座舍利宝塔	1727年	佛陀的出现和代表	
交通功能类地标	四川省	成都	廊桥	1996年	遮风避雨，休息交谈	
	甘肃省	兰州	中山桥	1909年	运输通行	
	海南省	海口	世纪大桥	1998年	促进海甸河两岸的发展	

城市形象的文化社会诠释：城市地标性公共环境形象的文化转型与社会转译

在"一带一路"的背景下，我们寻求塑造中国城市形象的途径与机遇。城市形象包含多方面的文化命题，也孕育着城市形象的深刻变革，而城市地标则是对城市形象最好的诠释与解析。中华文化源远流长，今天经济的外向度不断提高，中外交流不断扩大的同时，我们也迎来了一个新的历史发展契机。本章探讨世界著名城市形象塑造的经验、研究，同时从中发现对中国城市形象和城市地标的启示。

第一节
中国城市文化与城市形象成功案例解析

一、上海文化城市形象地标

上海位于中国东部，地处长江入海口，面向太平洋。它与邻近的浙江省、江苏省、安徽省构成长江三角洲，是中国经济发展最活跃、开放程度最高、创新能力最强的区域之一。上海是中国第一大城市，中央四个直辖市之一，是中国大陆的经济、金融、贸易和航运中心。上海位于我国海岸线中部的长江口，拥有中国最大的工业基地、最大的外贸港口。有超过2000万人居住和生活在上海，其中大部分人属汉族江浙民系，通行吴语上海话。

（一）上海的历史文化

上海，简称"沪"，别称"申"。约六千年前，现在的上海西部即已成陆。相传春秋战国时期，上海曾经是楚国春申君的封邑，故别称为"申"。公元4世纪至5世纪时的晋朝，因此地居民创造了一种竹编的捕鱼工具而得名"滬（沪）"。公元1292年，元朝政府把上海镇从华亭县划出，批准设立上海县，标志着上海建城之始。16世纪中叶，明代的上海已成为全国棉纺织手工业中心。公元1685年，清朝政府在上海设立海关，对外开埠通商。19世纪中叶，上海已成为商贾云集的繁华港口。1949年中华人民共和国成立后，上海的经济和社会面貌发生巨大变化。1978年以来，上海率先走出一条具有特大城市特点的科学发展之路。2022年，上海在已基本建成国际经济、金融、贸易、航运中心的基础上，形成具有全球影响力的科技创新中心基本框架体系，并正坚定打造具有世界影响力的社会主义现代化国际大都市。

（二）上海城市形象的定位

上海是我国直辖市之一、国家历史文化名城，国际经济、金融、贸易、航运、科技创新中心。上海的定位是世界级的大都市，是未来亚洲的金融中心，甚至是世界的金融中心之一。整洁、有序、美观、安全，是上海城市容貌的通用标准。简约、实用、自然、协调，是上海城市容貌的基本风格。上海面向未来打造具有世界影响力的社会主义现代化国际大都市，很重要的抓手就是加快构建上海形象的全球识别，打造面向世界的具有中国气派和中国美学的"大国大城"形象。

"虹口是海派文化的发祥地，先进文化的策源地，文化名人的聚集地。"2007年，习近平总书记在上海工作期间来到位于虹口区的中共四大史料陈列馆参观时这样说，他更用"海纳百川、追求卓越、开明睿智、大气谦和"这十六个字来概括上海的城市

图6.1　王成城《眺望浦东》版画

精神。上海要建设成为社会主义现代化国际大都市，如果没有文化这一核心资源，就不可能有国际竞争力。海派文化是中华文化的组成部分，"海纳百川、追求卓越、开明睿智、大气谦和"的十六字上海城市精神，是对海派文化的最好诠释，是海派文化的内涵特质。"海派文化，是中国文化在近现代转型过程中形成的城市大众文化。"这是上海大学博物馆一位颇为年轻的专业人士作出的论断。当然，究竟何谓海派文化，不同的人在不同的时代居于不同的视角，都会有不同的观点或者答案（图6.1）。

（三）上海城市形象的塑造

1.上海的地域符号

首先是人文景观符号，上海的人文景观代表是新天地。新天地位于上海市黄浦区，是一个融合历史文化和现代生活的商业区。这里保留了大量传统的老建筑和街道，同时又引入了国际知名品牌和高端餐饮，成为城市内外游客前来体验上海式时尚生活的热门目的地。作为一个融合上海历史文化风貌和中西建筑元素的城市旅游胜地，新天地坐落于上海旧城区的标志性建筑石库门建筑群周围。石库门原本的居住功能已经被新天地改变，现在它被赋予了商业经营的新功能。这片老房子代表了上海的

历史和文化，现在被改造成了一个集餐饮、购物、演艺等多种功能于一体的时尚、休闲、文化、娱乐中心。

　　其次是城市景观符号。东方明珠广播电视塔，简称"东方明珠"（图6.2），位于上海市浦东新区陆家嘴世纪大道1号，地处黄浦江畔，背拥陆家嘴地区现代化建筑楼群，与隔江的外滩万国建筑博览群交相辉映，1991年7月30日动工建造，1994年10月1日建成投入使用，是集都市观光、时尚餐饮、购物娱乐、历史陈列、浦江游览、会展演出、广播电视发射等多功能于一体的上海市标志性建筑之一。截至2019年，为亚洲第六高塔、世界第九高塔。

　　"外滩"（图6.3）位于上海市中心黄浦区的黄浦江畔，它曾经是上海十里洋场的风景，周围还有位于黄浦江对岸浦东的东方明珠、金茂大厦、上海中心、上海环球金融中心、正大广场等地标景观，是去上海观光游客的必到之地。外滩自1945年起，又名为中山东一路，全长约1.5千米。它南起延安东路，北至苏州河上的外白渡桥，东临黄浦江，西面是由哥特式、罗马式、巴洛克式、中西合璧式等52幢风格迥异的古典复兴大楼所组成的旧上海时期的金融中心、外贸机构的集中带，被誉为"万国建筑博览群"。

图6.2　东方明珠　　　　　　　　　图6.3　上海外滩

2.上海的地域色彩

　　上海城市色彩规划围绕城市建设发展的总体目标，按照"五个中心"的城市定位，结合城市精细化管理的要求，统筹自然环境、城市空间、历史文化等要素，抓紧开展城市色彩图谱的基础研究，建立上海色彩基因库。找到上海自然、人文环境的色彩关联，为后续的色彩规划、建设和管理提供依据。

在建立过程中，可将城市色彩分为宏观、中观及微观三个层次规划。宏观把握整体性，确定一种总的色彩倾向。中观可按照功能分区制定分区色谱，明确各分区的色彩风格。微观则集中在建筑、城市绿化、交通场所、交通工具、户外广告、公共设施、公共艺术品等具体的城市元素色彩设计上。

《上海市历史风貌区和优秀历史建筑保护条例》第二十七条仅强调，在优秀历史建筑的周边建设控制范围内新建、扩建、改建建筑的，色彩应当与优秀历史建筑相协调，但关于如何协调却没有具体规定，也没有相关法规进行补充。作为地方性法规文件，其内容应包括城市色彩指标体系、实施方法，以及后期维护管理两部分。具体为城市宏观色彩定位，中观区分主题色、辅助色以及辅助色色谱；色彩分级管控，推荐色示例；建筑色彩报批、设计、竣工审核流程及方法；城市色彩后期维护与管理等。

为保障其可实施性，编制时可从定量化、图示化和法定化三方面考虑。可通过局部地区试点工作，逐步形成上海色彩规划编制的技术规范和导则，明确管理主体和监督机构，以保障城市色彩规划的有效实施。突出政府主导，实现动态管理。"欧洲模式"的色彩研究范式和以日本为代表的"亚洲模式"系统管理方法，为上海城市色彩建设提供了两条可能的路径。在实践中，以日本为代表的"自上而下"政府主导模式更适合我国现行的管理体制。然而，日本缺少色彩实践创新性，许多城市色彩和谐有余，但个性不足。作为特大城市，建议上海仍以政府为主导，发挥市、区两级政府积极性，联合建交、市政、工商、城管等多部门成立城市色彩联合指导机构。同时，强化科教文卫和各层面的公众参与，将"自上而下"和"自下而上"相结合，从规划设计、项目实施、竣工验收、后期维护管理各阶段对城市色彩全程把控，找到符合上海的创新之路。

3.上海的大数据时代

大数据已经成为当前媒体上最热门的信息技术词语之一。然而，何谓"大数据"，目前尚无一个统一的定义。如果将大数据比喻成一棵树，麦肯锡强调数据集像是大数据深入地下的根；著名研究机构高德纳（Gartner）强调资产和增值恰如大数据树上绽放的鲜艳花朵；牛津大学数据科学家、畅销书作家迈尔-舍恩伯格强调分析方法可以应用于不同的情境，相当于大数据的枝干。

对于上海而言，大数据具有无限的魅力：它挺立于IT产业的高端，吸引着产业和资本的无数眼球；它枝藤蔓延，广泛应用于各行业的应用和创新，不经意间就掀起一场行业变革的风暴。对于正处在转型发展中的上海来说，它的到来适逢其时。上海是海量数据的信息枢纽，大数据对于上海要重点发展的先进制造业和现代服务业，以及传统服务业与信息化的深度融合的先行先试，率先迈向智慧城市这一目标，与国内其他城市相比有着迥然不同的重大意义。

　　作为一项通用技术，大数据所影响的不是某个特定行业，而会波及所有行业。但在初期，对不同行业的影响存在差异。那些率先迈入数据密集型、基于知识创新、个性化要求高的行业，如金融、保险、医疗、零售、电信等有机会先行一步。

　　在后工业社会中，大数据并非孤军挺进，智能技术支持决策制定需要有相应的经济和社会环境支持，包括服务经济占主导、专业技术阶层的优越地位和理论知识的首要位置。

（四）上海城市形象的地域文化地标打造

1.城市地标建筑

　　上海中心大厦（图6.4）是一本卷起来的书。与绝大多数现代超高层摩天楼一样，上海中心大厦不只是一座办公楼。上海中心大厦的9个区每一个都有自己的空中大厅和中庭，夹在内外玻璃墙之间。1号区是零售区，2号区到6号区为办公区，酒店和观景台坐落于7号区到9号区。空中大厅的每一层都建有自己的零售店和餐馆，成为一个垂直商业区。上海中心大厦是上海市的一座超高层地标式摩天大楼，其设计高度超过附近的上海环球金融中心。

　　上海环球金融中心（图6.5）是一柄竖起来的剑。上海环球金融中心是陆家嘴金融贸易区内的一栋摩天大楼，大楼楼高492米，地上101层，94～100层为观光、观景设施，是游览上海的必经之地。大厦由商场、办公楼及上海柏悦酒店构成。建筑的主体是一个正方形柱体，由两个巨型拱形斜面逐渐向上缩窄与顶端交会而成。为减轻风阻，在原设计中建筑物的顶端设有一个巨型的环状圆形风洞开口，借鉴了中国庭院建筑的"月门"，后来将大楼顶部风洞由圆形改为倒梯形，并确定为最终设计方案。

　　金茂大厦（图6.6）是一支竖起来的毛笔。金茂大厦又称金茂大楼，位于上海浦

图6.4　上海中心大厦　　　图6.5　上海环球金融中心　　图6.6　金茂大厦

东新区黄浦江畔的陆家嘴金融贸易区。金茂大厦楼高420.5米，为上海第三高的摩天大楼（截至2015年），每天最多迎客15600人。从金茂大厦去浦西最繁华的街区，过隧道仅2分钟，到上海虹桥机场或到浦东国际机场车程时间仅30分钟，地理位置优越。金茂大厦毗邻上海地标性建筑物东方明珠、上海环球金融中心和上海中心大厦，与浦西的外滩隔岸相对，是上海最著名的景点以及地标之一。

图6.7　东方之光

2.城市地标雕塑

东方之光（图6.7），是位于上海世纪大道的著名雕塑。其以跨世纪的重大时间为主题，并且具有计时功能，由于设计精巧、计时准确而受到好评，成为世纪大道的又一标志性建筑。日晷令人联想到遥远的历史，上小下大、椭圆的晷盘又象征地球，晷针穿过的中点代表中国，同时整件雕塑的造型像是某种高科技卫星天线。

3.公共景观地标空间

城市里的公共空间，不仅能提供休息好去处，还能带来美丽的风景。上海艺仓美术馆水岸公园（图6.8）原来是老白渡煤仓，变身为公共文化空间。空间中展现了高架的步道、步道下的玻璃体艺术与服务空间、上下的楼梯，以及从一方水池上蜿蜒而过的折形坡道，直上三层的钢桁架大楼梯，在大楼梯中途偏折的连接艺仓美术馆二层平台的天桥。美术馆在闭馆后仍能抵达并穿越各层的观景平台与咖啡吧。

杨浦滨江可能是拥有浦西最长滨江岸线的一段区域，15.5千米的岸线蜿蜒曲折，在上海的版图上画出一只"耳朵"来。杨浦滨江从上到下分为北段、中段和南段。杨浦滨江公共空间虽然有不同路段的风景，但每一段都充满了设计者的美学探索。

图6.8　上海艺仓美术馆水岸公园

二、广州文化城市形象地标

广州，简称"穗"，又称羊城、花城，是广东省省会、副省级城市、国家中心城市、特大城市、国际大都市、国际商务中心、国际综合交通枢纽、国家综合门户城市、首批沿海开放城市。广州位于广东省的中部和南部，珠江三角洲的北部边缘，靠近南海，靠近香港和澳门，是中国面向世界的南大门、粤港澳大湾区核心城市、泛珠三角经济区核心城市、"一带一路"枢纽城市。自秦朝以来，广州一直是州、市政府的行政中心。它一直是中国南方的政治、军事、经济、文化和科学教育中心，是岭南文化的发源地和繁荣之地。广州在东晋时期成为海上丝绸之路的主要港口，在唐宋时期成为中国最大的港口，是一个举世闻名的东方港口城市。明清时期，它是中国唯一的主要对外贸易港口，也是世界上唯一一个持续繁荣2000多年的港口。广州总面积7434平方千米，有11个市辖区，属海洋性亚热带季风气候。广州是中国南方最大的城市，被全球权威机构GaWC（全球化与世界级城市研究小组与网络）评为全球一线城市。一年一度的中国进出口商品交易会在广州举行，吸引了大量投资者，以及大量的外国企业和世界500强企业。广州拥有国家高新技术企业8700多家，居全国前三。广州拥有广东省80%的高等院校和70%的科技人才，大学生总数居全国第一。

进入21世纪以来，广州城市经济发展迅速。城市区域不断扩大，人口不断增加，城市交通、互联网络技术发展迅速，地铁从无到有。2016年2月，国务院同意将广州定位从华南地区中心城市上升为国家重要中心城市。城市的高速发展带来了经济发展的机遇，广州被推向国际的舞台，使得其城市视觉形象与城市文化的塑造显得格外重要。

（一）广州的历史文化

广州历史悠久。据考古发现，早在七八千年前的新石器时代，祖先就在这里生活繁衍。大约三四千年前，农业生产开始了。西周至战国时期，农业进一步发展，促进了人口再生产。"五羊抬粮种楚"的传说就反映了这种情况。相传周夷王的时候，有五个仙人穿着五种颜色的衣服，手持米穗，骑着仙羊，从南海来到古广州（俗称楚庭），把米穗献给人们，并祝愿这里丰收，永不饥荒。神仙走了，五只神仙羊变成石羊留在广州，广州遂有"五羊城""穗城""羊城"的美称。

从秦汉到明清，广州一直是中国对外贸易的重要港口城市。汉武帝时期，中国船队从广州出发，与东南亚、南亚国家通商。东汉时期，航线远达波斯湾。在唐代，广州已发展成为世界著名的东方港口，也是当时世界上最长的海上航线"广海驿路"的起点。宋朝最早派遣专门从事对外贸易的官员到广州。宋代，广州成立了第一家外贸社。明清时期，广州是一个特殊的开放口岸，在很长一段时间内是中国唯一的对外贸易口岸城市。广州在中国古代史上区别于其他大城市的一大亮点，就是"一口通商"持续了85年的十三行。没有十三行，就没有广州这个"千年商都"。十三行及其历史无疑能为广州的金融文化添上浓墨重彩的一笔。

（二）广州城市形象的定位

广州自秦汉以来就是中国对外联络和通商的口岸，是古代海上丝绸之路的起点，"南海商都""贸易港口"的城市形象延续了两千多年。进入现代社会以来，广州作为最早对外开放的城市之一，商业贸易空前繁荣，已发展成为华南地区的商贸中心；随着广交会规模和影响的不断扩大，广州国际性商贸城市的形象日渐深入人心。纵观两千多年的历史演变历程，广州城市形象日益丰富立体，城市功能不断增强完善，发达的商贸业和强烈的商业意识始终贯穿其中，在城市形象的塑造中发挥着重要作用。

在新一轮总体规划调整中，广州市将城市性质确定为东南亚地区的政治、经济、文化交往中心，国际重要的交通枢纽之一，华南地区的商贸中心和华南重要的重型装备制造业基地；到2020年广州的城市定位为：国家中心城市、影响东南亚的现代化大都市。这充分说明了广州在全国以及世界城市体系中所处的位置和所起的作用。广州城市形象定位应立足这一现实基础，充分体现广州的城市地位，同时也要具有前瞻性、创新性。

广州在城市特色方面可谓丰富多彩。一是悠久的历史文化，"五羊"传说引人入胜，历史文化、宗教习俗、近现代革命等遗迹众多，是全国第一批历史文化名城之一；二是融汇中外文化精华，形成了独特的岭南文化，建筑、园林、音乐、粤剧、饮食、城市景观、生活习俗等都自成一体，充满了浓郁的岭南风格；三是对外交往历史源远流长，从秦汉时期开始频繁的海外交往到现在发展34个国际友城，积累了深厚的海外人脉资源，形成了遍布五大洲的对外关系网络；四是优美的自然环境，山清水秀，风光旖旎，人居环境良好，旅游资源丰富；五是开放与兼容的城市风气和务实与奋进的广州人精神，创造了一个又一个城市建设和社会发展的里程碑。这些都是构成广州城市特质的重要方面，对广州的形象定位需要涵盖这些要素。特别是岭南文化最具普遍吸引力，可以说，是广州彰显城市风格的身份名片，也是广州城市形象定位中最重要、最生动的内容。

（三）广州城市形象的塑造

1. 广州的地域符号

首先是人文景观符号。广州的人文景观符号繁多，旅游资源丰富，其中以花城广

场、广州塔、白云山、长隆旅游度假区、
珠江夜游、陈家祠、沙湾古镇、沙面、圣
心大教堂、岭南印象园、宝墨园、越秀公
园、南越王博物馆、中山纪念堂、南沙湿
地公园、海珠湖国家湿地公园等景点最负
盛名。

图6.9　越秀公园

越秀公园（图6.9）是广州最大的综
合性公园。越秀公园主体越秀山，以西汉
时南越王赵佗曾在山上建"朝汉台"而得名。园内有古之楚庭和佛山牌坊、古城墙、
四方炮台、中山纪念碑、中山读书治事处碑、伍廷芳墓、明绍武君臣冢、海员亭、五
羊石像、五羊传说雕塑像群、球形水塔等景点。公园所处区域，自元代以来一直是
"羊城八景"之一。2006年公园被评为国家4A级旅游景区。越秀公园是广州市城市中
心区范围内面积最大的绿地，是以混交林和湖泊为基础的自然生态系统，园内自然环
境得天独厚，园中植物种类多样。

其次是自然景观符号。广州自然景观众多，其中最负盛名的就是广州白云山风
景区（图6.10）。白云山为南粤名山，自古有"羊城第一秀"之称，由30多座山峰组
成，是广东最高峰九连山的支脉，主峰摩星岭海拔382米。每当雨后天晴或暮春时
节，山间白云缭绕，蔚为奇观，"白云山"之名由此得来。白云山风景区由麓湖游览
区、三台岭游览区、鸣春谷游览区、摩星岭游览山峰等7个游览区组成，有"蒲涧
濂泉""白云晚望""景泰僧归"等古代"羊城八景"，以及3个全国之最的景点。

广州石门国家森林公园（图6.11），总面积2636公顷，森林覆盖率达98.9%。公
园设5个风景区：田园风光区、石门风景区、石灶风景区、天堂顶风景区、峡谷探险
区，是集自然景观、人文景观、森林保健功能于一体的生态型森林公园。石门国家森
林公园内峰山叠翠，云涛波涌；峡谷千姿，幽谷百态；绿水青山，相映生辉；四季景
色迷人，有"世外桃源"之美称。

图6.10　广州白云山风景区

图6.11　广州石门国家森林公园

2.广州的地域色彩

广州的城市色彩包括三个方面的内容，对土地、植被、水域以及天空等自然环境色彩的认识可以确立对广州的抽象的色彩概括和评价。广州的城市色彩无法用几种颜色或者几个色系去涵盖，而是多元化、多层次的缤纷色彩，延续低明度、低纯度的"历史人文色彩"。广州是一个有着悠久历史的城市，有独特的南国自然地理条件，其历史、地方文化和传统习俗等因素，沉淀出了属于广州自己特有的"历史人文色彩"。色彩是最好的体现历史文化特征的表现手法。广州的自然色彩中，植被花卉色彩占据了主导地位。广州地处亚热带，阳光充足，雨水丰沛，植物生长繁茂，色彩明快。可以说，以绿色为基调的植被花卉色彩，是广州特有的自然环境色彩。

3.广州的大数据时代

广州市是我国的经济大省、外贸大省、制造业大省和电子信息产业大省的省会，国家超级计算广州中心、广州大数据交易平台、华南大数据产业联盟、广州大数据管理局和广州大数据专家智库等的设立，足以显示大数据产业发展的基础日渐雄厚。

（四）广州城市形象的地域文化地标打造

1.城市地标建筑

图6.12　广州塔

广州塔（图6.12），又称广州新电视塔，昵称"小蛮腰"或"水蛇腰"（粤）。广州塔以中国第一、世界第三的旅游观光塔的地位，向世人展示腾飞广州、挑战自我、面向世界的视野和气魄。广州塔屹立在广州城市新中轴线与珠江景观轴线交会处，地处城市CBD中央商务区，与海心沙亚运公园和珠江新城隔江相望，以其独特的设计造型，将力量与艺术完美结合，展现了广州这座大城的雄心壮志和磅礴风采，成为新中轴线上的亮丽景观，是集都市观光、至高游乐、时尚餐饮、婚庆会展、影视娱乐、环保科普、文化教育、购物休闲等多功能于一体的旅游观光塔。广州新电视塔建设有限公司经营管理分公司，致力于将广州塔打造为一个世界一流水平的旅游景区。广州塔采用了当代最优秀工程设计和最新施工技术，依托其得天独厚的旅游资源，创造了"云霄488"户外摄影观景平台"世界最高户外观景平台"（Highest Observation Deck）和速降体验游乐项目"世界最高惊险之旅"（Highest Thrill Ride）两项吉尼斯世界纪录。凭借其显著的社会影响力，广州塔2011年加盟"世界高塔联盟"，并于2013年成功创建国家4A级旅游景区，巩固了广州塔作为广州城市旅游新名片的优势地位。作为"羊城新八景"之一，广州塔肩负着传承广州2000多年历史文化底蕴，传扬广州国际化大都市发展轨迹的历史使命，一跃成为城市新地标，成为广州最受游客瞩目的旅游景区。新广州，新地标。世界之巅，一塔倾城。

2.城市地标雕塑

五羊石像（图6.13），是广州市的标志。石像建于1960年4月，由尹积昌、陈本宗、孔繁纬创作。雕像高11米，用130块花岗石雕刻而成。以四只形态各异的小羊簇着一只口衔稻穗的高大母羊造型，再现了羊化为石，把稻穗赠给广州人民的传说。这座石雕有一个美丽的传说，传说在两千多年前周夷王时，广州这地方海天茫茫，遍地荒芜，人们辛劳终日难得温饱。天空仙乐缭绕，有五位仙人身穿五彩衣，骑着口含六束谷穗的五只羊飞临广州，把谷穗留给广州人，并祝愿这里年年五谷丰登，永无饥荒，然后驾云腾空而去，羊化为石。从此，广州成了富饶的地方。这动人的传说世代相传，广州也因此得名"羊城""穗城"，五羊石像也成为广州城市标志之一。

图6.13　五羊石像

3.公共景观地标空间

一座伟大的城市不仅要有悠久的文化历史、优美的建筑，还需要城市公共空间来增添色彩。城市的公共空间能够为城市居民的生活提供诸多的服务，改善人们的生活，彰显出城市的文化魅力。因此，城市公共空间的设计就显得尤为重要。广州公共空间的设计体现为以下几种。

第一，对公众开放。广州市居民区的公共空间设计就要以居住为主题对公共空间进行设计，公园、广场是居住区的主要公共空间，在设计时就要重视对公众的永久开放。同时，要建设出令人舒适的美丽环境，能够提供给人们休闲、娱乐、健身、谈心的公共空间。此外，要根据广州的气候条件重视公共空间的安全设计。

第二，展现多元功能。城市公共空间是提供给城市居民使用的场所，要提高其使用的效率，就要重视公共空间的多元功能设计。作为现代化的都市，广州的城市功能要更加多元化，要能够满足不同居民的需要，在公共空间的设计上要重视这一特点。

第三，重视空间的承载量。广州市在建设公共空间时就要重视对周边人口进行统计，尽量保持空间人口承载量的最优化，在保障空间使用率的情况下带给居民良好的空间体验，使公共空间保持较长寿命，或者避免重复建设浪费资源。此外，还要重视改造未被充分利用的公共空间，更好地为公众服务。

第四，营造宜居的环境。广州市的环境问题较为严重，在城市公共空间的设计中要重视通过公共空间的设计来改善其环境问题。

三、重庆文化城市形象地标

重庆是我国四个直辖市之一，位于中国西南部，简称"渝"，别称山城、江城，是国家重要的中心城市之一。同时，在经济上也发挥着至关重要的作用，是长江上游地区经济、金融、科创、航运和商贸物流中心，也是国家重要的物流枢纽、"一带一路"的重要城市。除经济以外，在文化上有着世界文化遗产大足石刻，世界自然遗产武隆喀斯特和南川金佛山等景观。解放碑、洪崖洞都是重庆优秀的地标建筑，每年都吸引着无数的游客前去观光打卡。

一方水土养一方人。在这片水土中诞生的巴渝文化，则是长江上游最个性鲜明的民族文化之一。巴渝文化起源于巴文化，它是指巴族和巴国在历史的发展中所形成的地域性文化。巴人一直生活在大山大川之间，大自然的熏陶、险恶的环境，练就一种顽强、坚韧和剽悍的性格，因此巴人以勇猛、善战而称。这样的文化特点也深深印刻在了重庆人的血肉里。

（一）重庆的历史文化

重庆作为国家历史文化名城、中国山地城市典范、巴渝文化发祥地，有3000余年的建城史，自古被称为"天生重庆"。宋光宗先封恭王，再继帝位，升恭州为重庆府，由此得名。清末重庆开埠及国民政府迁都重庆，使重庆成为近代中国大后方的政治、军事、经济、文化中心，红岩精神起源之地，新中国初为西南大区驻地及直辖市，1997年又恢复为直辖市。

因古代流经重庆的嘉陵江称为渝水，故重庆古名为渝州，至宋徽宗年间改名为恭州。宋孝宗于淳熙十六年（公元1189年）二月禅让于宋光宗。光宗为孝宗第三子，封恭王，其封国就是恭州。按宋代制度，由宗室藩王入承大统者，其原封邑即称为"潜邸"，例于即位大典中升为府，故同年八月就升恭州为重庆府。对于命名为重庆，现有三种解释。

宋光宗藩封在恭州，是为一庆，后又由恭州承嗣天子大位，这是二庆，故美其名曰"重庆"。宋光宗即位时，其祖母宪圣慈烈皇后尚在，称寿圣皇太后，其父亲孝宗称太上皇，这二位均临视了光宗的登基庆典，故曰"重庆"，于是恭州就被命曰"重庆"府；明代《蜀中广记·郡县古今通释·重庆府》所载"重庆者，以其介绍、顺二庆之间也"，即因重庆之南为绍庆府（今彭水县），之北为顺庆府（今南充市），重庆介乎其间，所以称"重庆"。

远在两万多年前的旧石器时代，这片土地上就出现了人类的生息繁衍活动。到新石器时代，已有较稠密的原始村落，分别居住着夷、濮、苴等民族。约在三四千年前的夏商周时期，以四川东部、湖北西部为中心地带的大片地区，已形成一个奴隶制部族联盟，统称巴。秦灭巴国，置巴郡。秦始皇二十六年分天下为三十六郡，巴郡为其一。汉朝时巴郡称江州，为益州刺史部所管辖。魏晋南北朝时期，巴郡先后是荆州、益州、巴州、楚州的一个下属单位。隋文帝开皇元年（581年），以渝水（嘉陵江古称）绕城，改楚州为渝州。

这就是重庆简称"渝"的来历。唐代延续渝州之称，宋孝宗淳熙十六年（1189年），将恭州升格命名为重庆府。重庆历史文化是重庆地区经过长期发展形成的一种区域文化，包括移民文化、步行街文化、巴渝文化和陪都文化。

（二）重庆城市形象的定位

随着三峡库区的开发、重庆市的直辖以及西部大开发战略的推进，重庆在城市形象塑造上取得了明显进步，但重庆城市形象塑造与国内外其他城市相比，还存在很大的差距。随着知识和全球经济一体化进程的不断推进，城市形象定位趋同性现象日益突出。新形势下，构建21世纪重庆特色城市形象已成为当前的重要课题。

在《重庆市城乡总体规划（2007—2020年）》（2014年深化）中，首次增加了"美丽的山水城市"的城市性质论述。重庆美丽山水城市规划以充分利用自然山水田园、森林绿化、历史文脉、山城形态等特色资源为原则，彰显重庆国家中心城市与众不同的"自然山水之美""城市形态之美"。具体来看，规划构建登山步道，打造亲水活动岸线，完善城市绿地系统布局，有利于市民能够更便捷地享用山水资源。市规划局有关人士表示，在保护农林资源的基础上，利用原有的机耕道、滨河步道，构建城乡绿脉与农田林网系统，保留广大农村地区的田园风光，同时改善村民的生活条件（图6.14）。

图6.14　重庆城市形象

重庆作为年轻的直辖市，拥有丰富的城市形象资源，但与东部城市和毗邻的成都相比，重庆城市形象塑造与推广相对滞后。为此，重庆市委、市政府及有关领导、在渝专家学者近年来一直高度关注重庆城市形象定位与塑造，并提出了许多具体的城市形象定位。对塑造什么样的重庆城市形象，仁者见仁，智者见智。

（三）重庆城市形象的塑造

在经济优势上，重庆本身工业发达，有"汽车城""摩托之都"之称。重庆又是中国西部重要的离岸金融中心和国际金融结算中心，拥有银行、证券、保险和各类金融中介服务等功能互补的金融组织体系，金融机构数量为西部各地之首。

在环境优势上，长江和嘉陵江在重庆主城区汇合，城市依山临水、错落有致，是我国著名的"山城"和"江城"。山城和两江交汇的独特地形，形成两江四岸"山、水、城"交相辉映的城市风貌。多中心组团式的城市布局，使得重庆在保有大城市规模效应，得以集约、高效发展的同时，也能为居住者提供尺度适宜的生活空间。

在历史文化上，作为抗战时期的陪都，具有浓厚的红色革命气息。博物馆等优越的红色资源，有助于城市软实力的提升，显著提升城市的文化内涵。重庆在革命基地发展红色旅游产业有着得天独厚的优势。

在群众基础上，重庆文化深厚，自古以来巴渝人民就喜欢"摆龙门阵"，民间口头文学有着广泛的群众基础，直至今日喜欢"摆龙门阵"依然是重庆民间文学的一大特色。此外，重庆为长江上游水路交通枢纽，自然有着码头文化。

（四）重庆城市形象的地域文化地标打造

重庆的地标建筑首先是洪崖洞。洪崖洞，原名洪崖门，是古重庆城门之一，位于重庆市渝中区嘉陵江滨江路88号。2003年，政府投资3.85亿元对洪崖洞片区进行旧城拆迁改造，于2006年9月竣工开业，是兼具观光旅游、休闲度假等功能的旅游区。

洪崖洞是重庆市重点景观工程，建筑面积4.6万平方米，主要景点由吊脚楼、仿古商业街等景观组成。

战国时期，秦张仪灭巴国后修筑巴郡。三国蜀汉时期，李严主导了重庆历史上的第二次筑城。当时重庆人烟稀少，大规模开采山石困难，所以为土城。南宋时期，彭大雅为抗击元兵第三次筑城，城墙由条石堆砌而成。洪崖门原是一道开门，此地曾发生过一场惨烈战事。据《新元史·汪世显传》记载：汪惟正于至元八年（1271年）与两川行枢密院合兵围重庆，夺洪崖门，获宋将何世贤。明洪武四年（1371年），戴鼎第四次筑城，建九开八闭十七门，洪崖门为闭门。清代，重庆城区划分为二十九坊，城门外编为十五厢，洪崖门内地区属洪崖坊，附廓之区为洪崖厢。洪崖门历来为军事要塞，也是重庆城的一大胜景。

洪崖门早已损毁，位于洪崖洞海盗船位置，但保留了江陵炮台、洪崖闭门、纸盐码头、明代城墙、辛亥碑文等大部分历史遗迹。洪崖洞民俗风貌区长约50米，总占地面积3.15万平方米，分为纸盐河精品古玩街、天成巷百业工坊老街、洪崖洞巴渝民俗美食街、洪崖洞异域美食街，有特色餐饮、休闲娱乐、巴渝民间工艺品、特色旅游商品及精品古玩等店铺。洪崖洞一共有11层，夜晚灯光从晚上6点开灯，10点熄灯。可望吊脚群楼观洪崖滴翠，逛山城老街赏巴渝文化，烫山城火锅看两江汇流，品天下美食。形成了"一态、三绝、四街、八景"的经营形态，体现了巴渝文化休闲业态："一态"指的是文化休闲业态；"三绝"指的是吊脚楼、集镇老街、巴文化；"四街"指洪崖洞的四条街——动感酒吧街、巴渝风情街、盛宴美食街、城市阳台异域风情街，四条大街分别融汇了时尚元素，主题迥异，特色鲜明，成为重庆娱乐生活、夜生活的标向；"八景"指的是洪崖洞翠、两江汇流、吊脚楼群、洪崖群雕、城市阳台、巴文化柱、滨江好吃街、嘉陵夕照。

洪崖洞的吊脚楼属于栏式建筑，依山就势，沿江而建，房屋构架简单，开间灵活，形无定式，让解放碑直达江滨。随坡就势的吊脚楼群，形成线性道路空间，吊脚楼的下部架空成虚，上部围成实体。洪崖洞民俗风貌区以具有巴渝传统建筑特色的"吊脚楼"风貌为主体，通过分层筑台、吊脚、错叠、临崖等山地建筑手法，把餐饮、娱乐、休闲、保健、酒店和特色文化购物六大业态有机整合在一起，形成了别具一格的"立体式空中步行街"，成为具有层次与质感的城市景区、商业中心（图6.15）。

其次是解放碑（图6.16）。抗战胜利纪功碑暨人民解放纪念碑，简称"解放碑"，位于重庆市渝中区解放碑商业步行街中心地带，于1946年10月31日动工，1947年8月落成，是抗战胜利的精神象征，是中国唯一一座纪念中华民族抗日战争胜利的纪念碑。

抗战胜利纪功碑暨人民解放纪念碑正面向北偏东，为八面柱体盔顶钢筋混凝土结构，碑通高27.5米，边长2.55米。碑身高24米，直径4米，为八面塔形建筑，包括碑台、碑座、碑身及瞭望台。碑台直径20米，台高1.6米，台阶有花圃。碑座由8根青石砌结护柱组成，上有石碑8面，采用北碚出产的峡石。总占地面积62平方米，保护

图6.15　洪崖洞风貌

图6.16　解放碑实景

范围面积642平方米。该处是中国人民反法西斯战争取得胜利的象征，也是重庆解放及重庆市的象征。1947年竣工时的抗战胜利纪功碑耗资当时的货币2.17亿，全部用钢筋水泥浇筑。

　　抗战胜利纪功碑暨人民解放纪念碑的内部为圆形，置有悬臂旋梯140步，直升至顶部瞭望台。沿旋梯设抗战胜利走廊。瞭望台直径4.5米，可容20人登临游览，台顶设风向仪、风速仪、指北针等测候仪器，顶悬警钟一座，以备全市集会及报警之用。碑顶还有8根水银太阳灯环绕。人民解放纪念碑东、西两面踏花岗石铺地的8级台阶，供游客上碑座瞻仰、游览。碑座周围装有喷漆铁栏杆，台上为节日检阅和文艺演出活动场地。抗战胜利纪功碑暨人民解放纪念碑廊上原挂有抗战英雄、伟大战绩及日本投降等图片，重庆解放后，人民解放纪念碑改建，保存原碑体结构，浮雕图案改成人民解放军战士形象和装饰性图案。

四、敦煌文化城市形象地标

敦煌是一个历史悠久，具有浓郁本土地域文化特色的城市。早在汉武帝时期，这里已经开通了丝绸之路，朝廷在河西设四郡，置两关，保证丝绸之路的畅通，成为连接东西方政治、经济、文化交流的重要通道。这时就奠定了敦煌在丝绸之路上不可替代的地位。

经过了几千年中西文化交流、各民族的文化聚集，敦煌成为一个独具特色的城市。我们保存着敦煌的历史文化，延续着敦煌的富饶，同时发扬着这里的精神，跟上现代城市化建设的步伐。

2013 年 9 月国家主席习近平在对中亚的访问中，首次提出共建"丝绸之路经济带"的战略构想。"丝绸之路经济带"集中体现了中国政府在坚持全球经济开放、自由、合作主旨下促进世界经济繁荣的新理念，也高度揭示了中国和中亚经济与能源合作进程中如何惠及其他区域，带动相关区域经济一体化进程的新思路，更是中国站在全球经济繁荣的战略高度，推进中国与中亚合作跨区域效应的新举措。而敦煌作为"丝绸之路经济带"上最具代表性的城市，被推向国际舞台。敦煌在古丝绸之路上的特殊地位，使得其城市视觉形象与城市文化的塑造显得格外重要。

（一）敦煌的历史文化

敦煌是古丝绸之路南、北、中三道的"咽喉之地"，在几千年的历史中盛衰轮转，几经沧桑，东西方文化曾在这里交会碰撞，北方各民族文化曾在这里扎根繁衍。茫茫大漠，无边戈壁，独一无二的地域风貌塑造了敦煌这一奇特的"沙漠绿洲"。

国际著名的东方学大师季羡林先生曾这样描述这座神奇的小城："世界上历史悠久、地域广阔、自成体系、影响深远的文化体系只有四个：中国、印度、希腊、伊斯兰，再没有第五个，而这四个文化体系汇流的地方只有一个，就是中国的敦煌和新疆地区，再没有第二个。"古丝路上的敦煌充满着各国不同的文化，呈现出异彩缤纷的文化景象。

历史将敦煌打磨得更加多元共存、包容开放，而敦煌石窟，则是敦煌灿烂文化的最好见证。从敦煌学的文化和对莫高窟中雕塑、壁画、文献的挖掘中发现，敦煌石窟的彩塑和壁画大都是佛教内容，如彩塑、壁画的尊像，释迦牟尼的本生、因缘、佛传故事画，各类经变画，众多的佛教东传故事画，神话人物画等，每一类都有大量、丰富、系统的材料。还涉及印度、西亚、中亚、新疆等地区，既帮助了解古代敦煌，河西走廊的佛教思想、宗派、信仰的传播，佛教与中华传统文化的融合，以及佛教中国

图6.17　莫高窟

图6.18　汉代阳关遗址

图6.19　汉代玉门关遗址

化的过程，等等（图6.17），其同样也位于"丝绸之路"的重要地位。从这两个理念出发，敦煌多元化的地域文化特点综合归纳为以下三个方面：历朝历代的北方各民族文化的融合；西汉时期开始中原汉文化的主导地位；佛教文化贯穿了敦煌历史的始终。

（二）敦煌城市形象的定位

敦煌有其特殊的城市魅力，它拥有"咽喉"一样重要的交通地理位置，以及悠久的历史文化积淀。所以，对敦煌的城市视觉形象塑造定位应在敦煌的地域文化基础上，用文化来包装城市，进行特色化的城市改造，以提升城市品质，带动旅游发展，建设敦煌特色的国际文化旅游名城。

"丝绸之路"在中国甘肃段的历史地位非常重要。敦煌位于河西走廊最西端的咽喉关卡。其中，阳关遗址（图6.18）位于敦煌市南湖乡南工村西1千米，俗名"古董滩"。面积约550万平方米，暴露有黄土夯筑房屋残基以及窑址、墓葬，地表采集有五铢钱币、铁农具等。玉门关（图6.19），又俗称小方盘城，曾是汉代时期重要的军事关隘和丝路交通要道，始建于汉武帝开通西域道路，设置河西四郡之时。现存关城呈方形，四周城垣保存完好，为黄胶土夯筑，开西北两门，南枕祁连、西控西域，是中西交通、贸易南北两道的分合点，故而成为东西方文明交会的枢纽。最初这里极为繁华，后来发展海上丝绸之路后，陆上的丝绸之路逐渐衰落，敦煌也随之失去了往日的辉煌。

（三）敦煌城市形象的塑造

1.敦煌的地域符号

敦煌的地域符号体现为人文景观符号与自然景观符号。首先是人文景观符号。由于敦煌在古丝绸之路上的历史地位，以及一千多年不间断的石窟营建史，让敦煌留下了许多人文景观。其中，敦煌石窟中的飞天画像已经成为敦煌城市的代名词。飞天形象作为敦煌的象征早已深入人心，成为代表敦煌特色的典型符号，其城市的标志雕塑就是飞天舞蹈中的反弹琵琶。漫步在敦煌的大街小巷，飞天的形象随处可见，具有强烈的地域特点。

其次是自然景观符号。在敦煌，大漠、绿洲、戈壁、雪山、温泉、湿地共存共生。大自然赋予了敦煌奇特的自然景观资源。沙漠与清泉相伴的鸣沙山与月牙泉，以"沙岭晴鸣，月泉晓澈"著称。敦煌鸣沙山沙峰起伏，金光灿灿，宛如一座金山，像绸缎一样柔软，如少女一样娴静。在阳光下，一道道沙脊呈波纹状，黄涛翻滚，明暗相间，层次分明。狂风起时，沙山会发出巨大的响声，轻风吹拂时又似管弦丝竹，因而得名为鸣沙山（图6.20）。敦煌鸣沙山和月牙泉是大漠戈壁中的一对孪生姐妹，"山以灵而故鸣，水以神而益秀"。月牙泉，是敦煌诸多自然景观中的佼佼者，古往今来以"沙漠奇观"著称于世，被誉为"塞外风光之一绝"。月牙泉、莫高窟九层楼和莫高窟艺术景观融为一体，是敦煌城南一脉相连的"三大奇迹"，成为中国乃至世界人民向往的旅游胜地（图6.21）。有"魔鬼城"之称的雅丹国家地质公园，经常年风蚀形成罕见的奇特地质景观，形态各异，是迄今为止在世界上发现的规模最大、地质形态发育最成熟的雅丹地貌群落。

图6.20　鸣沙山

图6.21　月牙泉

2.敦煌的地域色彩

基于敦煌的历史文脉、地理风貌和气候特点，敦煌地域色彩的定位应该与环境基调协调统一。大漠的颜色，以暖黄和灰白为基础色调，汲取敦煌壁画中的颜色朱红、青绿、赭红、青灰等搭配，构成整个城市色彩体系。同时，敦煌壁画作为敦煌文化的重要文物历史代表，壁画色彩也呈现出独特的色彩之美。其中，莫高窟唐代壁画最闪耀夺目，代表了中国佛教艺术灿烂辉煌的时代。

这个时期的壁画大多描绘西方极乐世界的美妙，或是唐朝的开放文明。唐朝敦煌壁画的色彩与线条的结合，赋予了色彩飞扬之美。色彩以线和形为依托，色随线走，又随形动，形给色节奏韵律飞扬之美感。画师通过色彩与线条的结合与交融，将伎乐飞天、奏乐、散花，披巾飘带迎风飞舞等表现得五彩缤纷。正是这种飞扬之美，使整个壁画色彩流露出强烈的宗教情感和艺术情感。

塑绘不分家，致使敦煌彩塑与敦煌壁画在审美要求上达成一致，孕育出了雕塑与绘画的共同品格。在这个共同品格里，色彩是形成共同品格的主要元素之一。色彩，是一个民族世代相传的，具有鲜明的艺术代表性。敦煌莫高窟唐代壁画的色彩影响了中国传统的色彩走向，并对当今绘画与设计有着深远的影响。

3.敦煌的大数据时代

经济全球化背景下的城市化发展日益加快，人类的各种生产生活方式都发生了极大的变化，迎来了大数据时代，当下城市面临着众多发展机遇和更严峻的挑战。敦煌也是城市创造性建设重构大军中的一员，数字信息技术、大数据时代为创建国际文化旅游名城、国际敦煌学研究中心开拓出优越的平台，带给敦煌巨大的发展潜力。

（四）敦煌城市形象的地域文化地标打造

1.城市地标建筑

敦煌特色化城镇建设实施以来，用敦煌地域文化元素包装城市的战略思想在城市建筑中体现得越来越深入。城区临街主要建筑穿靴戴帽，古色古香，融现代建筑风格与汉唐古典风格于一体，以仿古汉唐风格为整体建筑的风格定位，延续敦煌传统地域文化，尽显历史名城的风韵神采。再现历史辉煌文明的目的，是使古典建筑的风韵雅致在现代建筑中得到新的诠释。

敦煌火车站（图6.22）和入城公路的门楼，是外地游客进入城市的第一个标志性的建筑。敦煌火车站的建筑相当有地域特色，借鉴了莫高窟汉唐壁画中城楼的样式，

屋顶舒展平远，门窗朴实无华，规划严整开朗，规模雄伟大气，气势恢宏。同时，敦煌火车站在设计上充分考虑了敦煌市的历史传承和文化底蕴，将敦煌地域文化特色与现代建筑风格有机融合起来。敦煌火车站建设风格集历史、文化、科技、绿色于一体，对应敦煌及莫高窟"兴于汉魏、盛于隋唐"的历史及文化特征。

图6.22 敦煌火车站

敦煌建筑还有一个特点是古代建筑

"阙"结构的运用（图6.23）。阙，即指皇宫大门外两边对称的望楼，或庙坛、墓道大门外左右两侧的高台、石牌坊，象征着庄严、尊敬的装饰性建筑。它是中国传统建筑形式，盛行于汉代，象征着汉代的神仙思想和道教思想。敦煌山庄外观以敦煌莫高窟的建筑及敦煌民间建筑为蓝本，强调古朴、粗犷的气质，观赏性较强，以突出敦煌古城大漠古堡的历史风情，与周围的大漠自然奇观融为一体，展示了古丝路历史的旧貌。

图6.23　敦煌山庄"阙"型建筑

2.城市地标雕塑

城市空间环境中的街景，是人们最常接触的地方，也是人们与本土地域特色文化进行沟通的最直接的渠道。漫步在敦煌的大街小巷，会看到弥漫着浓厚历史文化气息的地面铺装和古朴精美的灯饰。以敦煌市中心的标志性建筑反弹琵琶雕塑（图6.24）为坐标，东南西北延伸四条主街，阳关中路的地面铺装是表现阳关古道辉煌的"文物街"和"名胜街"；沙州南、北路两侧分别铺设了讲述沙州开放史和文明史的"开放街"和"文明街"。

除此之外，"敦煌特色"的建设理念在敦煌处处展现。在鸣山路，一排排古钱币组图和莲花藻井图案编排有序；在沙州路，228幅石刻艺术展示了敦煌2000多年的古代文明史与开放史；在盘旋路四周，凿空西域、天马故乡、佛教东渐、三危灵光、地灵人杰等组合浮雕展现了敦煌往昔繁华。各条马路上颇具敦煌地域特色的路灯造型成为小城的又一亮点。迎宾大道及两旁的飞天迎宾灯，将敦煌元素的飞天、莲花等世人所熟知的壁画

图6.24　敦煌市中心反弹琵琶雕塑

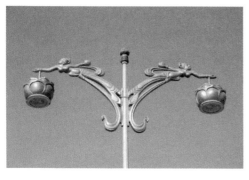

图6.25 敦煌街道路灯

形象处处展示,汉唐文化在这里得到了充分延续(图6.25)。坚持"一路一灯、一路一品、一路一景"的原则,实施了城市夜景灯光工程,提升了城市品位。这些造型无处不体现着敦煌特有的自然风貌和历史文化。飞天迎宾雕塑广场及"飞天群雕、腾空而起、开放迎宾"的大型铜雕,向中外游人展示了敦煌人民开放好客的热情和诚意。

3.公共景观地标空间

敦煌风情城、党河风情线两大景观工程建设,是敦煌这座小城的福利,极大地丰富了敦煌居民日常的休闲娱乐生活。汉唐古建筑风格的亭台楼阁、广场雕塑、丝绸之路文化墙、九龙喷水的党河大桥、网形结构特点的白马塔大桥等建筑物上的图案纹样,每种事物都在"润物细无声"地展示着敦煌的特色,在整个敦煌市的各个角落都可能有一些元素融入进去。敦煌石窟中传统元素的挖掘提炼与现代城市文化元素的重构融汇,新型建筑材料功能与历史地域文化元素的应用结合,在敦煌的小城中体现得如此和谐统一。

五、北京古都城市形象地标

(一)北京首都意识

北京,是中国的首都,是祖国的窗口,也是世界著名的四大文明古国之一的首都。首都意识具体表现为"主人翁"意识,核心是一种负责精神,北京应成为首善之地、全国表率。第二层次是"文明礼仪"意识、"道德规范"意识,要指导全体市民讲文明、讲道德。第三层次是"国际风范",即我们的"文明礼仪"和"道德规范"是建立在建设现代化国际大都市的前提下的。

(二)北京历史特征

早期的"北京人"生活在20万至50万年以前,属于旧石器时代早期,公元前2000年以后,北京地区就结束了石器时代进入了青铜时代。北京从元朝正式成为全中国的首都至今已经有870年历史了,是中国的政治文化中心,是一个有着光荣传统的城市,一个有着文化底蕴的城市,一个出了无数志士仁人的城市,一个特色鲜明的美丽城市。

北京史可划分为三个阶段，即先秦时期、军事重镇时期、帝王之都时期。三个阶段各有特色，而后一个阶段又是前一个阶段发展的必然结果。所以说，北京历史发展的轨迹不但完整清晰，而且具有方向性。

北京北枕长城，南控运河，处在交通的地理要道，属于必攻必守的城市。多民族在这里互相认同、互相融合，多元文化在此共存，形成了一个人口流动快速的大城市。

（三）北京城市形象建设的现实意义

建设北京城市形象，对强化北京政治地位有重要影响。城市形象这一无形资产，在城市发展中的长期潜在作用不容忽视。能够代表北京地位的城市象征物，除了具有代表北京城市客观性的外延意义外，更重要的是带有主观性的内涵意义，即情感作用。当我们一看到城市象征物，就可以直接联想到北京的重要地位和种种个性特征。

1.经济发展

建设北京城市形象，对北京经济的发展有重要影响。一个城市如果没有完整统一、清晰可视的形象，就很难深入现代经济领域。城市要长期发展，唯一的出路就是提高自己的可识别性，在视觉景观、民俗风情、生活消费和经济发展等方面，创造自己的城市品牌，塑造城市的视觉形象，彰显城市的主题魅力。城市的视觉形象所体现的个性色彩越鲜明，城市的商机就能应运而生，城市也就越有经济活力。例如，巴黎的埃菲尔铁塔、泰国的王宫和大象出现在不计其数的大大小小的商品上，每年为所在的国家带来大笔收入。因此，为了提升北京进入世界贸易组织（WTO）之后的城市形象，实现北京的可持续发展，促进北京在世界范围内的经济交流，更加需要建设北京城市形象。

2.旅游开发

建设北京城市形象，对北京旅游资源的开发有重要影响。北京曾是六朝古都，也是六朝的政治、文化中心，因此，皇家宫廷、园囿、朝坛及宗教建筑遍布，且大多保存完好，故文物古迹荟萃成了北京旅游资源的最大优势。北京也不乏自然风景旅游资源，名山、森林、草原、溶洞、温泉、湖泊不一而足。而且中华人民共和国成立后70多年来，北京新建筑如雨后春笋，北京成了全国重要的旅游热点城市之一，成为了解新中国的最佳窗口。因此，建设好北京城市形象，实际上有利于更好地扩展北京旅游外延，开发北京旅游产品，传播北京历史文化，从而吸引更多的中外游客，繁荣北京的旅游市场，促进北京经济增长。

3.环境建设

建设北京城市形象，对北京环境的建设有重要影响。城市环境建设应以城市理念为基础，以城市文化为背景，以视觉习惯为参照，在设计上遵循民族化与国际化相统一的原则。中外很多城市都将城市形象作为城市环境建设的指导思路。

（四）北京城市形象建设的特殊定位

1.国际大都市的定位需要建设城市形象

当今社会，城市之间的竞争，在一定意义上体现为城市形象的竞争。一个城市乃至一个地区要走上国外市场，首先要考虑的一个重要问题就是以什么样的姿态出现。城市标志涉及一个城市的文化背景、历史、经济活动以及文化符号，并在多层面上代表城市形象，所以，城市标志的设计是一项艰巨又有意义的任务。从视觉形象元素来看，大多数城市的标志都是以标志性建筑或代表形象为主。如今，世界上很多著名城市都有自己的市徽、市旗、市花、市树、市鸟等视觉要素作为城市的标志，用以凸显城市鲜明的特色和准确的定位。这不仅能够提升城市作为国际大都市的形象，而且能够促进经济发展和文化交流，加强民众的凝聚力和归属感。国际大都市的形象由以下几方面决定。

由国际大都市凸显文化历史资源的需要决定。任何有悠久历史的城市，都在历史长河中积淀了自己厚重的文化，并由其徽标体现出来。像是罗马的古徽由母狼改为独首鹰，东罗马帝国成立后，又改为双首鹰。这些动物标志不是人们凭空想象出来的，它源于城市原始的图腾信仰，与城市悠久的文化历史的深度密不可分。莫斯科的市徽是由深红色的盾牌构成的，骑士面向右侧，穿着银色盔甲，披着淡蓝色的披风，手里握着锋利的金色长矛刺向一只黑色的蛇状怪物。它是于1781年在"乔治十字勋章"里关于蛇魔的传说的基础上设计的，反映了莫斯科城市悠久的历史和传统的文化信仰（图6.26）。巴黎的市徽采用了一艘扬帆前进的渔船图案，银色帆船就是巴黎起源，河流与船只图纹代表了巴黎永不沉没的历史意义（图6.27）。

由国际大都市在世界的地位决定。日本的首都东京是世界上名列前茅的国际大都市，同时也是日本的政治、经济、文化中心。它的市徽是以太阳为中心向四周放射光芒的图案，象征东京是日本的中心，同时寄托了东京市民的美好愿望。

由国际大都市凸显国际城市特色的需要决定。比如，韩国大邱市吉祥物名为FaShiony，代表大邱市时装城的特点，也象征着大邱传统"飞天像"花纹的美感与期望大邱市发展成21世纪国际时装城的愿望。再比如，墨西哥首都墨西哥城新的城市标志（图6.28），这个标志设计的灵感来源于墨西哥城的标志性建筑"独立天使"，它是

图6.26　莫斯科市徽

图6.27　巴黎市徽

图6.28　墨西哥城新的城市标志

墨西哥城独立、和平、友谊和正义的象征，同时也象征着墨西哥人民和平与自由的美好憧憬。

　　北京作为国际大都市，在亚洲乃至世界都具有举足轻重的地位。同时，北京也需要在交流中凸显深厚的文化历史根基，更需要在国际市场上突出其国际化的特色。所以，北京理应像东京、莫斯科、大邱市那样建设一套体现国际化大都市特色的城市形象，将自身蕴含悠久的历史文化财富和独具一格的城市特色转化为可感知的视觉形象，从而突出城市个性和独特魅力，为北京走向世界奠定基础，使北京成为一个具有中国特色的北京，而不是世界通用式的北京。

　　2.首都的特殊地位需要建设城市形象

　　从地理位置角度考量，由直辖市的特殊地位决定。北京是直辖市，而且是中国的首都，然而在城市视觉识别系统（VIS）建设方面，却走在了同为直辖市和国际大都市的上海之后。上海市是中国四个直辖市之一，它的市徽是由市花（白玉兰）、帆船、

图6.29　上海市徽

螺旋桨组成的三角形图案（图6.29）。白玉兰是名贵的早春花木，象征纯洁、刚毅、清新、高洁，有着美好的寓意。而且，上海几乎是我国唯一选定玉兰为市花的城市，又为其规定了标准色白色，因此上海的形象定位和识别性自然强于其他城市。市徽也象征着其长江三角洲地区的黄金地理位置和全国水陆交通中心的商业地位。中国很多城市也都致力于城市VIS的建设，楚雄这样的中小城市也都相继建立了自身完整的视觉形象识别系统，而且还出版了相关书籍。

从人文历史角度考量，城市形象建设由城市在历史中起的特殊作用决定。南京市又称"石城"，是六朝古都，也是中国七大古都之一，是文化历史名城，有"江南佳丽地，金陵帝王州"的美誉。它的市徽是由城墙、龙、虎、辟邪石兽、长江水组成的，象征古都历史悠久和文化遗产丰富的内涵。它的市花梅花和市树雪松的确定是由其历史作用决定的。南京不仅是古都，而且是革命圣地；不仅有皇城等古建筑，而且有梅园新村、梅花山等富有历史意义、象征革命精神的梅花胜地。南京人赏梅、爱梅，赏松、爱松，还因为梅花和雪松都具有经得住风雪严寒考验的坚强品格。而且，梅花是最早迎接春天到来的花；雪松则是四季常绿、风雪不惧的常青树。这些特点正与南京市作为革命圣地起到的历史作用，以及革命先驱大无畏的精神相吻合。因此，南京城市形象的确立是由它在历史中起到的特殊作用决定。

北京是首都，同时它作为古代史上六个朝代的都城和近代史上"五四运动"的发源地，同样拥有古老悠久的历史和旗帜鲜明的革命精神，是具有三千年历史的历史文化名城和革命圣地。但是北京却没有象征自己悠久历史的视觉标志，已确定的市花和市树也没有关于北京革命精神方面的含义体现。所以北京建设一套内涵丰富、体现历史价值和城市精神的城市形象十分必要。

从城市文化角度考量，城市形象建设由城市在文化上的特殊意义决定。北京作为首都，文化渊源很深远，文化氛围列居全国之首。北京可以从其他历史文化名城借鉴经验，博采众长地设计一套城市形象标志来凸显自己的文化特色和文化内涵。

日本京都是一个历史都市，自794年到1868年东京奠都为止为日本的首都，名为"平安京"，至今已有1200多年的历史。京都完整地保留住了它千余年的历史文化遗产。在历史上，它是日本政治的中心，以天皇为首，贵族、官员、武士等都生活在这里。京都市的徽章始创于1960年1月1日，它在原有的简章基础上，增添了皇宫车轮的图案，再配上蔓草花纹。简章的颜色为金黄色，皇宫车轮的颜色是代表京都的紫色（图6.30）。

从交通运输角度考量，由城市在地理上的特殊位置决定。北京作为首都是中国重要的交通枢纽，它地处中国北方交通要道，自古就是兵家必争之地。到今天它已经不仅仅是铁路网上的一个交会点，而是一个中心辐射点，这种绝对优势的地位是其他任何城市不能替代的。北京特殊的地理位置和别具一格的旅游特色，完全可以通过市徽、市旗等形象设计来表达这些特点。

图6.30　京都市徽

3.基于北京城市形象的文化地标打造

我国的红色地标——天安门广场（图6.31）位于北京市中心。广场内沿北京中轴线由北向南依次矗立着国旗杆、人民英雄纪念碑、毛主席纪念堂和正阳门城楼，是党、国家和各人民团体举行政治活动的重要场所，雄伟庄严、气势磅礴，设计建造风格独特，堪称世界一流。作为中国最富政治象征意味的建筑之一，天安门广场不仅是一个政治地标，还犹如一部立体史书，记录着中国铿锵前行的足迹，见证人民的力量与中国奇迹。不仅见证了中国人民一次次要民主、争自由，反抗外国侵略和反动统治的斗争，更是我国举行重大庆典、盛大集会和外事迎宾的神圣重地，这里是中国最重要的活动举办地和集会场所。同时天安门具有重大的历史意义和深厚的文化底蕴，是北京城的灵魂与象征，永远不会被时尚的潮流所泯灭。作为京畿大地乃至中华文明的国宝级经典，天安门早已深入人心，天安门广场是北京的"名片"，也是全中国的红色"名片"。

图6.31　天安门广场

历史内涵核心建筑——北京故宫（图6.32）是中国明清两代的皇家宫殿，旧称紫禁城，位于北京中轴线的中心，占地面积约72万平方米，建筑面积约15万平方米，为世界上现存规模最大的宫殿型建筑。故宫被誉为世界五大宫殿之一。联合

图6.32　北京故宫

国教科文组织将北京故宫、法国凡尔赛宫、英国白金汉宫、美国白宫、俄罗斯克里姆林宫一起列为"世界五大宫殿"。故宫是历史文化名城北京的丰富内涵的核心，也是最有代表性的中华文化的象征物，是北京走向世界的一张最靓丽的城市名片。同时，故宫的宫殿建筑是我国现存最大、最完整的古建筑群。宫殿沿着一条南北向的中轴线排列，左右对称，南达永定门，北到鼓楼、钟楼，贯穿整个紫禁城，规划严整，气魄宏伟，极为壮观。平面布局、立体效果，以及形式上的雄伟、堂皇、庄严、和谐，都为现代人叹服。它象征着中国几千年悠久的文化传统，也显示着500余年前我国在建筑艺术上最为卓越的成就。

公共文化新空间——798艺术区诞生于北京的东郊，由20世纪50年代民主德国的专家精心设计建造，是带有包豪斯建筑理念的厂房建筑设计群，堪称工业发展史上的文物（图6.33）。20世纪90年代后，工厂衰落，同时新文化出现，一些受西方艺术思潮影响的艺术家开始融入798艺术区，演变至今。798从一个工厂编号，转变为文化代码，成为当代艺术区，包括北京季节画廊、白玛梅朵艺术中心、小柯剧院、尤伦斯艺术中心、佩斯北京、金属库、三匚创意汇等知名艺术机构。同时798艺术区汇集了

图6.33　798艺术区

画廊、设计室、艺术展示空间、艺术家工作室、时尚店铺、餐饮酒吧，以及动漫、影视传媒、出版、设计咨询等各类文化机构400余家。798也指这一艺术区引申出的一种文化概念，以及LOFT这种时尚的居住与工作方式，简称798生活方式或798方式。

798艺术区是一个特别的景观街区，设计师没有刻意去设计景观，而是一个个艺术家自己在不同的片区创作了不同的艺术品，建立了不同的艺术工作室，从而形成了现在这样的景观，较有个性。它的统一性体现在艺术作品，因此，环境不会因为没有整体设计而丧失整体。那些过去工厂的管道、阀门、钢铁支架、车间铁门已被涂鸦成现代艺术品。这里另类的当代艺术作品与陈旧厂房机械等历史痕迹相映成趣，仿佛展开了一场跨越时空的对话。

第二节
国外城市文化与城市形象成功案例解析

一、日本文化城市形象地标

（一）展现城市个性

日本有三大都市圈，即东京圈、名古屋圈、大阪圈。近代随着日本经济的发展，及由此带来的高速城市化进程，经济、人口向这些大城市圈的集中是令人惊诧的。在经济急速发展和高度城市化的今天，如何通过历史性街道的保存来保持原来的城市景观，恢复消失中的城市个性，已成为现代城市建设者的一个重要研究课题。

城市的主角是市民。在东京，有"山手""下町"等江户时代以来的地域构造，其街道、社会构造以及居住在那里的人们，都呈现出各自不同的特点，或者应该说"有各种各样的表情"。地方城市也具有类似的特征，比如四国的人有四国的表情，九州的人有九州的表情，他们是各不相同的。每个人的身上，都凝结着当地的风土性和历史性。

（二）历史性城市的追求

日本将明治维新以前建立的城市称为历史性城市。严格地说，历史性街道必须存在于历史性城市中。由于城市再开发和活性化等建设项目的实施，现存的"历史性街道"正慢慢地消失。

1."杜之都"仙台

仙台，是一座具有百万之众的日本政令指定城市。仙台市被冠以"杜之都"的美誉是从1915年开始的。"杜"是指人为地植树造林。仙台从大正初期（大约100年前）就开始积极地进行绿化。曾经有这么一个说法，就算是榉树枝叶堵住了房间的窗户，仙台人也毫不在意。这是因为他们与自然共存，以"杜之都"为豪。走在青叶大街和定禅寺大街榉树林立的大道两旁，可以充分领略"陆奥风情"。同时与青叶大街一同被视为"杜之都"仙台之标志的定禅寺大街（图6.34），甚至可以看到始于藩政时代的点心铺。可以说，仙台是少有的能够拿着市场上出售的"导游图"散步的城镇。

图6.34　定禅寺大街

2. "森林之都"盛冈

盛冈，位于日本岩手县中部，是县厅所在地，于1889年建立市制。市区位于南向的北上川和中津川、零石川交汇的河岸段的丘陵上。1611年以来，盛冈作为南部氏20万石的城下町发展起来，是个保留着城下町特色的森林之都，被誉为"城市性整合的城镇"。在这里，有重臣官邸的内丸大街是官厅街，东北本线开通后发展起来的肴町、本町是中心商业街，而继新干线开通后，始于站前的开运桥大街取得了惊人的发展。

盛冈，是一座出版、印刷业兴盛的城镇，除此之外，有一处名为"盛冈手工村"的手工艺园区。该园区是由周边市镇、行业协会、企业等共同创立的，主要用于振兴当地传统产业并促进旅游观光，属于政府和民间共建的综合设施，参与部门和团体之多，在日本全国都较为少见。

盛冈手工村主要包括三个功能区，即地方产业展销区、手工作坊区以及古建筑保护区。地方产业展销区主要进行地方传统产业信息提供、人才培育和新产品开发，并销售约4000种当地小作坊生产的各类产品。手工作坊区是盛冈手工村的主体，目前有15家手工作坊入驻，聚集了当地一流的工匠。这些作坊包括广受中国游客欢迎的南部铁器作坊、染布作坊，以及当地特色食品作坊和工艺品作坊。作坊均为生产和销售相结合的实体，部分作坊还可以接待参观游客，让游客亲身体验手工艺的乐趣。这些作坊原本分散在周边各地，因为规模小且分散，污水、噪声、废气等环境问题得不到有效解决，也无法吸引游客，作坊的经营非常困难，当地传统手工艺也面临传承问题。也正是因为存在这些问题，当地政府和民间合力创立了盛冈手工村，将散布在各地的作坊集中起来，以解决相关问题。其传统工艺学习体验，也深受大家好评和欢迎。

此外，这座拥有23万人口的城下町城市，不光风景优美，而且人才辈出，曾有过不少首相和学者。位于中之桥大街的西洋馆岩手银行总店（原盛冈银行总店）风格独特，是一座圆形屋顶的洋式建筑，风格非常协调，出自设计东京站的建筑师辰野金吾之手。建筑整体是由砖和白色花岗岩构成，左右并不对称，是个构思极其自由的设计。该建筑于1911年完工，虽然已经过一个世纪的洗礼，但其独特性和存在感超越了时代而得到继承和发扬（图6.35）。

还有绿丘四丁目的"多米尼修道院"，以及现存于郊外蛇岛的原日本红十字会岩手县支部的旧址等建筑都值得好好保存。这些西洋建筑为街道增添无限乐趣，虽然只是石制结构，但正因为有了这众多的西洋馆，盛冈才洋溢着独特风情。

3.“花柏的篱笆”弘前

“回廊”和“胡同”，“城堡”和“洋风建筑”，再加上“寺庙”和“花柏的篱笆”，构成了弘前的原有风景。回廊是藩政时代设计的有拱顶的木质结构商店街，步行的人在此躲避冬天的暴风雪和夏天的炎炎烈日的同时，还可以购物。目前，在龟甲町的“石场家”附近，还保留着其原型。

图6.35　西洋馆岩手银行总店

在通往弘前城的大街上，还有一些西洋建筑融入街道布景，如日本圣公会弘前升天教会圣堂、弘前天主教教会、弘前教会、青森银行纪念馆等。它们就像流过现代街道的“明治的河”一样，最后在作为“江户村”的弘前公园（图6.36）处汇合。这是弘前的风土和市民性所形成的“街道保存的图式”，虽然是非常自然的形状，但也是人为不断努力建设“历史性景观形成”的手法之一。

图6.36　弘前公园

4.“陆奥的小京都”角馆

角馆，位于秋田县仙北郡玉川和桧木内川的交会处。庄严华丽的建筑用木，为东北谷仓仙北平原一隅的角馆小镇增光添彩。被誉为“陆奥的小京都”的角馆，奥羽山脉丰富的森林资源和仙北平原的米，形成了角馆的生活基础。角馆正是得益于这两项经济性支柱产业而发展起来的，是人为建造的城下町（图6.37）。

据说，角馆的城市规划是从1620年着手的，并在一两年之后完成。该町的规划

图6.37　角馆

基本由角圣院的修行者承担，经过多年的变迁，今日仍保持着当时的状态。当初，町内的房屋都是两层建筑，标准化的建筑物一字排开，构成了独特的城市景观。1620年，该町有武家房屋80户，商家3513户，从而形成了佐竹藩的城下町。

227

二、新加坡现代城市形象地标

新加坡，全称为新加坡共和国，别称为"狮城"，通过短短几十年的发展，已成为全球知名的国际大都市。除了利用优越地理位置发展自由贸易，还塑造了鲜明的城市品牌形象。

新加坡素有"花园城市"的美称。一座城市想要繁荣发展，不仅要注重经济和政治，还应该注重城市的文化，更要讲好文化的故事。经过几十年的快速发展，多元文化的融合，新加坡成为一个别具一格的城市。在发展城市建设的同时，也在凝聚着一个城市的文化特色和品牌形象。城市形象是文化的印象，是引资的名片，是人文的体现，是厚重的积淀，是一座城市重要的无形资产，是城市自身价值的充分体现。城市形象的建立，不仅可提高城市知名度，提升城市品位，繁荣城市经济，还可增强城市的内在软实力，促进城市长远、健康、目标明确地发展下去。

自2013年中国提出"一带一路"倡议后，新加坡积极参与。目前，中国是新加坡最大的贸易伙伴，新加坡也是中国最大的外资来源国、第二大投资目的地国。中新贸易额占中国"一带一路"共建国家贸易总额的8%。由于中新两国民族、文化及政治体制的相似性，一段时间以来，新加坡的政策、制度一直是我国学习的榜样和效仿的目标。新加坡的城市定位就是要建设国际化、多元化的城市，以美丽、文化多样性吸引游客，其城市视觉形象与城市文化的塑造显得格外突出。

（一）新加坡城市形象管理

新加坡位于马来半岛最南面，由新加坡岛和附近的几十个小岛组成，面积为733.2平方千米，人口密集，城市用地紧张，但是城市绿树成荫、风光旖旎、居住舒适、交通便捷，被称为"花园城市"。这与新加坡政府对城市形象的管理和经营是分不开的。

20世纪60年代，时任新加坡总理的李光耀倡议将新加坡建设成为"花园城市"，当时的政府认识到改善城市环境，是树立良好的城市形象的关键所在，于是在继承英国规划学家霍华德"花园城市"理念的基础上，根据新加坡实际情况，将这一理念进一步深化发展，为改善城市环境作出了不懈的努力。新加坡政府强势并且高效，主导着新加坡城市规划建设和社会的发展进步。新加坡"花园城市"的形象，是政府全心投入和国民通力合作塑造出来的。

新加坡政府对城市形象管理的目标是"创造一个卓越的热带城市"，这个宏伟的目标既着眼于长远的发展，又合乎国情，切实可行。在总结欧美国家城市化过程中的经验教训之后，新加坡政府认识到人和自然和谐发展的重要性，于是"花园城市"作为一种塑造理念，贯穿城市形象建设的全过程。为了践行这一理念，新加坡政府在不同发展时期，制定了不同的发展目标。

新加坡政府重视的不仅是城市硬件形象的管理，更注意加强道德建设、法治建设、廉政建设、社会风气等城市"软"形象的管理。新加坡政府在精神文明建设上的种种措施，为新加坡树立了社会和谐有礼、市民守法诚信、政府廉洁高效的城市软形象。这些城市软形象与规划得体、环境优美的城市硬形象相得益彰，构筑了新加坡"花园城市"形象的灵魂，丰富了其城市形象的内涵，实现了政府对城市形象的有效管理。

（二）新加坡城市形象管理经验

新加坡政府在城市形象的定位上，抓住了城市的特色，综合考量了自身的历史传统与未来发展，以特色立足，挖掘出了自身的魅力和潜力。在此基础之上开展城市形象管理，准确的形象定位使城市形象生命力旺盛，具有长足的发展力。

新加坡政府重视交通建设和环境保护，将交通路网建设、交通设施改善、交通工具的健全、交通管理的科学化，作为城市形象优化的基本条件，对城市交通进行升级或改造。

为服务于长远发展，将城市环境的美化、优化作为城市形象优化的一个重要方面，对脏乱差地区进行综合整治，塑造优美宜人、有品位的城市形象。

新加坡政府还非常注重以人为本理念的贯彻，城市形象管理中的政策、措施都闪耀着人性化的光辉，其城市形象的管理并不是单纯地追求城市形象目标，而是更多地考虑到市民工作、生活的需要，是在服务于人的前提下实现城市形象人性化管理。

新加坡政府非常重视旅游业的发展。作为旅游胜地，旅游业的发展为城市形象的传播创造了条件。新加坡旅游局发布的《新加坡旅游城市形象设计升级战略》从"非常新加坡"升级为"YourSingapore我行由我新加坡"。强调定制化的旅行体验，彰显新加坡作为热门旅游目的地的核心竞争力。"YourSingapore我行由我新加坡"代表了汇聚各种景点、美食和文化的全新体验，着重强调以游客为中心的非凡个性之旅，彰显了新加坡旅游品牌对全球游客的吸引力（图6.38）。❶同时作为一个新品牌，

图6.38　"YourSingapore我行由我新加坡"品牌

❶ 我行由我新加坡——新加坡旅游品牌升级 旅游定制化时代到来[J]. 时代经贸（学术版），2010（12）：11-12.

"YourSingapore我行由我新加坡"宣告了新加坡旅游定制化时代的到来。它抓住了游客一直以来所向往和追求的个性化旅行体验,让游客可以为自己的行程注入更多个性色彩,使他们可以根据个人需要、偏好和兴趣定制旅行。

(三)新加坡城市形象的地域文化地标打造

1.城市地标建筑

新加坡占地面积仅有733.2平方千米,但是拥有350多个公园和4个自然保护区,城市预留绿地也是一道风景线。建筑外墙的垂直空中花园既美化城市,又起到隔热、净化空气的效果。每座新镇几乎都拥有一个社区公园,常常几个公园连在一起,形成一道自然景观带。

滨海湾花园(图6.39)将植物与科技巧妙结合,精准诠释了"花园城市"的意义,成为新加坡的新地标。滨海湾花园在设计上致力于实现价值观的转变,从"花园城市"变为全球化"花园中的城市",通过更多全面的整体性计划,提升市内的绿化和花卉景观,大幅提高新加坡居民的生活质量。此外,环境可持续性原则始终贯穿滨海湾花园建设的整体理念中。两个形如贝壳的玻璃温室和18棵钢铁结构的擎天大树

图6.39　滨海湾花园

图6.40　鱼尾狮雕塑

是滨海湾花园最值得一看的景观。较大的玻璃温室花穹模拟了地中海气候,来自五大洲的3万余株花卉植物在这里肆意生长,花卉布置会与不同的节日主题相呼应,不论什么时候,也不论第几次到这里,都能收获别样的惊喜。室内瀑布在另一个温室云雾林倾泻而下,较之干爽的花穹,模拟热带山地气候的云雾林更为湿冷。擎天大树高25～50米,最高的一棵足有16层楼高,登上树巅或漫步树与树之间的空中走道,能够收获整个花园乃至滨海湾的壮阔风光。

2.城市地标雕塑

城市独一无二的建筑就像一张名片,展示着一个城市的韵味。鱼尾狮雕塑坐落于市内新加坡河畔,是新加坡的标志和象征(图6.40)。该雕塑高8米,重40吨,

狮子口中喷出一股清水。鱼尾狮是在1964年由范克里夫水族馆馆长布仑纳设计的，旅游局在1966年把鱼尾狮注册为它的商标，于1971年委托新加坡著名工匠林浪新先生雕刻，并于1972年5月完成。在鱼尾狮像背面的一小块场地有四块石碑，碑文讲述了鱼尾狮象征新加坡的故事，近旁还建有一座小鱼尾狮像与之相伴。夜晚，登上鱼尾狮像向远处眺望海港，船影朦胧，千万盏灯火闪烁，一派海国风光。同时鱼尾狮象征新加坡是一个四面环海的岛国。它蕴含着新加坡从渔村渔港，发展为世界著名商埠的海洋基调，也让人想起远渡重洋到此谋生的移民先民。鱼尾狮最初是新加坡旅游局的标志，时任总理的李光耀决定将新加坡旅游局的鱼尾狮标志做成立体雕像，希望它能像丹麦哥本哈根的青铜美人鱼雕像一样，成为新加坡的著名标志。

同样，赞美广场（图6.41）也是新加坡重要的历史古迹之一，教堂的每根圆形石柱的柱头上都有一个独一无二的热带花卉或鸟儿的印记。它位于维多利亚街，原为教堂，后成为女子学校，再经翻修又成为教堂。历经世代演变，融合现代与五种新哥特式的古典建筑，因其拥有旧世纪的风格，吸引了大批游客到此寻求一种特别的风格感受。赞美广场正统的哥特式建筑外观，由美丽的五彩琉璃拼饰而成，前院设计了人工瀑布与喷泉，是新加坡迄今最古老的免费驻足参观地，为游客提供了一个具有历史意义的绝佳休憩场所。同时大厅经常演出音乐剧、独唱会及其他戏剧。

3.公共景观地标空间

新加坡金沙艺术科学博物馆（图6.42），是新加坡具有代表性的地标性建筑，于2011年2月19日首次向公众开放，其使命为探索艺术、科学、文化与技术的巧妙融合。博物馆是由国际知名建筑师摩西萨迪设计，是世界上首个艺术与科学相结合的博物馆。博物馆楼高四层，有十个长短不一的"花瓣"弯弯地朝天伸展，有人说那是一双张开着的手掌，有欢迎的意思。它的表皮是由特制的玻璃纤维制成，弯曲的"花瓣"中央有一个洞口。下雨天，这朵花就变成"集水库"。雨水顺着花瓣流到中央的圆形洞口，然后垂直落到

图6.41　赞美广场

图6.42　金沙艺术科学博物馆

底层的水池，形成一个35米高的室内瀑布。这些水也可以再循环使用。整个建筑都被一个4000平方米的荷花池围绕着，犹如一朵绽放的莲花在水边盛开。平时在远处瞭望的时候还不怎么能感到它的特别，但是一旦靠近，就能感受到这座"莲花"的巨大与震撼力。

三、悉尼文化城市形象地标

悉尼位于澳大利亚的东南沿岸，是澳大利亚新南威尔士州的首府、澳大利亚的最大城市和港口，地处塔斯曼海伸入大陆20千米的杰克逊港两岸，有长达1150米的铁桥跨连港湾。悉尼环抱杰克逊湾，东临浩瀚的太平洋，西接风光旖旎的蓝山山脉，南面是植物湾，北部有布罗肯湾，人口在2016年6月为503万人。悉尼交通便利，国际航空线四通八达，密集的公路与铁路网将悉尼与全国紧密相连。杰克逊湾（即悉尼湾）水深港阔，是澳大利亚重要的贸易港和世界上最大的海港之一，是世界上最大的羊毛销售中心。悉尼市内的标志性建筑是悉尼港大桥和悉尼歌剧院，它们闻名遐迩、享誉世界，不仅是悉尼的象征，也成为澳大利亚的象征。

青山碧浪柔情环抱，蓝色河流蜿蜒而过，悉尼拥有得天独厚的自然环境。这座城市与周边的自然环境完美融合，城市风光与自然色彩相得益彰。著名的冲浪海滩、薄雾缥缈的群山，悉尼周边的绝美自然环境让游客心驰神往。朝市中心进发，悉尼的地标性建筑映入眼帘——悉尼歌剧院、海港大桥，都是悉尼的璀璨明珠。悉尼市区的建筑风格结合了古典与现代之美，将文化古迹与摩登都市完美融合。

悉尼盛名享誉全球，但它其实是一个相对紧凑、易于探索的城市。与欧洲的主要城市相比，它的规模并不算大。城市里的公共交通十分发达，覆盖范围非常广阔。

（一）悉尼的土著文化

悉尼是澳大利亚最古老的城市，最早漂洋过海移民澳大利亚的土著人，也是在这里登陆。"土著"一词，是欧洲入侵者站在自身角度杜撰的术语，殖民者们利用拉丁语"Aborigines"表示原始居住者的意思，澳大利亚土著人民据说是世界上最古老文化的持有者，他们的世界观聚焦在人和环境之间的相互联系，还有他们之间的纽带上。他们也是澳大利亚历史构成中不可或缺的重要部分。对澳大利亚这个国家方方面面的了解，都不能脱离它的土著人民和文化。当英国人抵达澳洲大陆之时，澳洲大陆已经拥有500多个土著部落，总人口达到了30万人，并且已经繁衍生息了超过6万年之久。

土著人靠猎取袋鼠等动物为生，以野生植物、坚果、浆果等为辅助食物。狩猎者使用装有石刀的矛和飞去来器（回旋镖）。对于土著人来说，草、树全身都是宝。花蜜泡在水里就是香甜解渴的饮料，花秆可以制作狩猎的长矛，树干分泌的树脂可以提炼黏合剂。当年的欧洲殖民者很快就发现了这种树脂的实用性，将其用于药品生产，并加工成胶水或清漆。

如今，有120～150种土著语言在澳大利亚各地被广泛使用。在澳大利亚本土其他地方还有数百个来自土著和托雷斯海峡附近岛民的文字，尤其是许多动植物的名称。人们发现，这些文字与英语并不相同，但是仍然在多个城市和地区被普遍使用。

考古学家发现了可以追溯到数万年前的古代岩画，这些艺术曾被用来传达土著文化的故事。当前，土著艺术是悉尼的珍贵特色。著名的水彩画家阿尔伯特·纳马特吉拉是该国最受认可的土著艺术家。盛名的土著艺术受到很多人的追捧和热衷，每年都有众多海外艺术品爱好者慕名而来。

（二）悉尼城市形象的定位

悉尼港一直以来都是城市的中心，它位于帕拉玛塔河之上，附近有两个世界著名的地标建筑。悉尼歌剧院的白色风帆闪闪发光，附近有各式各样的酒吧和海滨餐馆。一小时的歌剧院之旅十分昂贵，建筑物的外观其实比内部更美。环形码头是悉尼的主要交通枢纽，包括地铁和河上交通。这里有各种各样的吃喝玩乐的场所，但价格都相对比较高昂。

帕拉玛塔河将城市一分为二，海滩位于东部，这座城市实际上比人们想象的要紧凑得多。悉尼是一个发展迅速的现代化城市，劲头正旺，城市里有一千多个信用卡网点，游客可以使用任何一家银行的信用卡。悉尼不仅有冲浪沙滩、博物馆、纪念碑，还有许多酒吧、夜店，算得上是一个"不夜城"。

悉尼散发着一股年轻的气息，周边地区的海滩一片接着一片。其中，最著名的当属邦迪海滩，狭窄的海湾里却有几百名冲浪者。尽管拥挤的水域不利于学习，但仍有许多冲浪学校在这里上课。邦迪海滩至库吉海滩的沿海步道连接了许多郊区海滩，比如三叶草海滩、勃朗特海滩、塔玛拉玛海滩，每个地方都有绝佳的冲浪地和美丽的海滨居民区。邦迪海滩通常是人最多的，尤其是到了晚上，有很多当地人会在人行道上慢跑。

（三）悉尼城市形象的塑造

1.悉尼的地域符号

首先是人文景观符号。澳大利亚的发源地悉尼是如今大洋洲最大的城市，空气、阳光、自由是悉尼给人最深刻的印象。悉尼港，水深港阔，东临蔚蓝浩渺的太平洋，巨轮可直抵港口，是澳大利亚与世界上100多个国家和地区贸易的枢纽，也是大洋洲的贸易中心。悉尼气候温和，终年阳光充足，四季景色迷人，每年有300多天沐浴在阳光之中，夏日的海滩总是挤满了游人。唐纳德·霍恩认为："火、空气和水是构成悉尼的三大要素。"他所说的"火"即指照耀悉尼的灿烂阳光。悉尼日平均日照时间达6.8小时，平均气温近20℃；而从东北方吹来的阵阵海风沁人心脾，一望无际的蓝色大海令人心旷神怡。悉尼拥有众多的名胜古迹，其中，以悉尼港湾大桥、悉尼歌剧院、悉尼塔、邦迪海滩、猎人谷、蓝山、圣·詹姆斯教堂、海德兵房、皇家铸币厂、老悉尼城和伊丽莎白大厦最为著名。悉尼的主要节日有悉尼狂欢节、悉尼作家节、悉尼电影节、曼利爵士音乐节、海边雕塑展及悉尼至荷伯特帆船赛。

图6.43　悉尼蓝山

其次是自然景观符号。缥缈的蓝色薄雾飘过桉树林山谷，蓝山（图6.43）已列入联合国教科文组织世界遗产，是悉尼最受欢迎的周边地区一日游目的地。在这里既可以欣赏砂岩峰林和森林中茂密的灌木丛，还可以进入原始雨林。蓝山山脉的最高峰维多利亚山高1111米，因为偏远荒凉，至今仍是一座未被征服的原始山林。从蓝山国家公园边上的瞭望塔远眺，只见黛蓝色的山岭层峦叠嶂，一直消失在天际。近望，满眼悬崖绝壁，巍然屹立；飞瀑流湍，宣泄而下，融入郁郁葱葱的林海，或跌进耸峙的沟壑之中。千峰绿树云缭绕，落花寂寂水潺潺，在这蔚蓝的天空、清新的空气、缥缈的山雾构成的山谷大舞台上，特色分明的四季轮流上演不同色调的大戏。对于只知雨季和旱季的澳大利亚人来说，蓝山就格外显得四季分明了，因此，他们常来这里躲避海岸边的三伏。悉尼人很喜欢到宜人的小旅店过周末，蜿蜒在巨石、砂岩、瀑布、茂盛的桉树林和蕨木林之间的深深的峡谷，便成为远足和闲逛的理想之地。蓝山国家公园内居住着多达8万居民，星布在7个大小村镇，人类与自然，原始与文明，就这样长期和谐地相处着，给人一种返璞归真的世外桃源般的感受。

　2.悉尼的地域色彩

　　悉尼是用当时英国内务大臣悉尼子爵的名字命名的。1770年，库克船长率考察船"努力号"抵达澳大利亚东海岸的"植物学湾"，并宣布这块土地归大英帝国所有。1788年1月26日，英国海军上校亚瑟·菲利浦率领着由11只船组成的"第一舰队"

到达这里，在澳大利亚建立了第一块英国殖民地"新南威尔士"，并以当时英国内务大臣悉尼子爵的名字命名这里。最初的移民包括751名囚犯和大约250名士兵、船员及他们的家属，这支"杂牌军"当年驻扎和开发的岩石区及圆环码头一带，如今被认为是整个澳大利亚的发源地。而当年"第一舰队"抵达悉尼湾的日子，也被定为"澳大利亚国庆日"。200多年前，这里是一片荒原，经过两个世纪的艰辛开拓与经营，它已成为澳大利亚最繁华的现代化、国际化城市，有"南半球纽约"之称。

在世界上最适合人类居住的城市排行榜上，悉尼名列前茅，它给人最深刻的印象便是阳光、自由和欢乐。这是一个充满活力的城市，这是一个融合了所有种族和国籍的地方，这也是马克·吐温笔下"穿着美国服装的英国姑娘"。

3. 悉尼的包容特性

澳大利亚是一个移民国家，悉尼则有"移民城市"和"小联合国"之称，有140多个民族生活在这里。华人社团是悉尼历史悠久且受尊敬的民族社团。繁华美丽的悉尼每年吸引着大量国内外游客。世界各地每年到澳大利亚旅游的人在200万人以上，其中90%以上的人必到悉尼观光。国家财政收入中每年仅悉尼的旅游收入一项就达35亿澳元。2000年，悉尼以它日新月异的姿容风采、真挚热情的好客礼仪，成功地举办了世纪之交的奥运盛会。

悉尼是海港城市，品尝海鲜自然是很好的选择。除此之外，在悉尼不论你是哪国人，几乎都可以找到自己喜欢的口味，从希腊、意大利、法国等欧洲国家的风味，到泰国、中国、日本、越南、韩国、印度尼西亚等亚洲国家的料理，比比皆是。这里的蔬菜、水果品种繁多，而且新鲜价廉，牛肉、羊肉、海鲜也是新鲜美味，到悉尼大可以一饱口福。

（四）悉尼城市形象的地域文化地标打造

1. 城市文化地标建筑

悉尼歌剧院（图6.44）不仅是悉尼艺术文化的殿堂，更是悉尼的灵魂，来自世界各地的观光客每天络绎不绝前往参观拍照。清晨、黄昏或夜晚，不论徒步缓行，还是出海遨游，悉尼歌剧院随时为游客展现多样的迷人风采。悉尼歌剧院的外形犹如即将乘风出海的白色风帆，与周围景色相映成趣。每年在悉尼歌剧院举行的表演大约3000场，约200万观众前往共襄盛举，是全世界最大的表演艺术中心之一。歌剧院白色屋顶是由一百多万片瑞典陶瓦铺成，并经过特殊处理，因此不怕海风的侵袭，屋顶下方就是悉尼歌剧院的两大表演场所——音乐厅（Concert Hall）和歌剧院（Opera House）。

图6.44　悉尼歌剧院

2.城市经济地标建筑

悉尼塔（图6.45）是悉尼中心商务区中最高建筑，该塔高度为305米，位于澳大利亚悉尼海德公园和维多利亚女王大厦之间的马基特街上，是纵观悉尼市区全景的最佳观赏点。悉尼塔始建于1968年，曾经计划建设为购物中心，直到1981年才全部完成。悉尼塔是一个多功能建筑物，它的外表呈金黄色，在阳光的照射下显得格外壮观。

3.公共景观地标空间

横跨海湾、连接南北两岸的悉尼港湾大桥（图6.46），是早期悉尼的代表性建筑，世界上最长的单孔桥之一。大桥全长1150米，高出水面59米，桥面宽49米，上有双轨铁路、人行道、自行车道和8条平行的汽车道。悉尼港湾大桥从1857年开始设计，1932年竣工。建成的悉尼港湾大桥是连接港口南北两岸的重要桥梁。它像一道横贯海湾的长虹，巍峨俊秀、气势磅礴，与举世闻名的悉尼歌剧院隔海相望，成为悉尼的象征。

图6.45　悉尼塔　　　　　　　　　　图6.46　悉尼港湾大桥

第三节
社会转译：城市地标性公共环境空间的形象重构策略

一、武汉地标性公共环境空间形象现状分析

（一）武汉地标性公共环境空间形象分析

武汉，简称"汉"，别称"江城"，是湖北省省会。"九省通衢"的武汉，地处中国经济地理的"心脏"位置，是全国重要的水陆空交通枢纽和长江中游航运中心，同时也是长江经济带、中部崛起等多个国家战略的重要支点。

武汉是辛亥革命首义之地，近代史上数度成为全国政治、军事、文化中心。1911年10月10日，资产阶级领导的辛亥革命在武汉爆发，建立了湖北军政府。1949年5月16日，武汉解放，武汉市正式建置。2007年12月经国务院同意，国家发改委发文批准设立武汉城市圈，为全国资源节约型和环境友好型社会建设综合配套改革实验区。清末汉口开埠和洋务运动开启武汉现代化进程，使其成为近代中国重要的经济中心，被誉为"东方芝加哥"。

1.武汉的古诗文化形象

据史料考证发现，武汉地区可上溯到距今6000～8000年前的新石器时代早、中期，考古发现东湖放鹰台遗址的含有稻壳的红烧土、石斧、石锛以及鱼叉。市郊黄陂境内的张西湾古城遗址为4300年前古人类生活的重要遗存。盘龙城遗址是距今约3500年前的商朝方国宫城。春秋战国时期，武汉属楚国管辖。

九省通衢，楚天极目，登黄鹤楼，武汉三镇风光尽收眼底。长江大桥犹如巨龙一般，连接着武昌与汉阳。唐肃宗乾元元年（758年），李白流放夜郎时途经江夏（今湖北武汉），留下了"黄鹤楼中吹玉笛，江城五月落梅花"的诗句，也给世人制造了武汉"江城"的初始印象。

黄鹤楼（图6.47），尽管距今已有近1800年的历史，经27次重建，仍在世人眼中留下"天下绝景"的武汉文化印象。黄鹤楼作为荆楚文化与武汉文化的共同载体，将时间与空间交错，让人得以窥见武汉地域文化的一角。黄鹤楼二楼大厅正中间有一

图6.47　黄鹤楼

幅字，为唐代阎伯理撰写的《黄鹤楼记》，是目前已知最早的描写黄鹤楼的文章。

关于黄鹤楼最有名的古诗可能是唐代崔颢的《黄鹤楼》："昔人已乘黄鹤去，此地空余黄鹤楼。黄鹤一去不复返，白云千载空悠悠。晴川历历汉阳树，芳草萋萋鹦鹉洲。日暮乡关何处是？烟波江上使人愁。"描写了在黄鹤楼上远眺的美好景色，全诗音节流畅而不拗口，信手而就，一气呵成；情景交融，意境深远，被后世称为"唐人七律第一"，体现了诗中、景中的美学意蕴。

2.武汉的"过早"文化形象

在旅途中找寻生活，已经成为现代人的生活方式，而每一座城市都有着不同的魅力。对于一座城市，每个人都有自己的记忆方法，而武汉的"过早"文化也深深刻在了武汉人的骨子里。武汉之所以形成"过早"的文化，与武汉的重要地理位置密不可分。环抱两江的武汉，近代以来是重要的商贸码头。在匆忙赶工的路上，来不及吃早餐，只能在路上买了边走边吃。渐渐地，"过早"成了武汉的一种习惯，一种习俗。"过"字带有的仪式感，足以表明武汉人对早餐的重视态度；同时，与"吃早餐"这种说法相比，"过早"二字，总是带有着匆忙赶时间的意味。没有什么能够阻止武汉人"过早"，而户部巷，就是当地的"早点一条街"，也是知名的城市名片。

图6.48　户部巷

户部巷位于湖北省武汉市武昌区，被誉为"汉味小吃第一巷"，民间有"早尝户部巷，消夜吉庆街"之说（图6.48）。清代因毗邻藩台衙门（对应京城的户部衙门）而得名。户部巷于明代形成，有400多年的历史，现已发展成由户部巷老巷、自由路和民主路西段组成，集小吃、休闲、购物、娱乐于一体的年接待游客逾千万的汉味特色风情街区。2021年3月8日，户部巷被评为"武汉十大景"之一。

户部巷作为地名，历史相当悠久，在明嘉靖年间的《湖广图经志》里有一幅地图，上面清楚地标注着这条狭窄的小巷，由此看来，这条小巷已有400多年的历史了。历史上的户部巷知名度很高，巷子虽小，名气却很响亮。现在的户部巷也成为来汉旅游的游客必尝必看的汉味特色风情街。

3.武汉的桥梁文化形象

"江城"武汉无法错过桥梁，"有江的地方就会有桥"，武汉与桥，有着深深的羁绊。坐拥11座长江大桥的武汉，是当之无愧的桥梁之都。武汉长江大桥是中国湖北省武汉市连接汉阳区与武昌区的过江通道，位于长江水道之上，是中华人民共和国成立后修建的第一座公铁两用的长江大桥，也是武汉市重要的历史标志性建筑之一，素有"万里长江第一桥"美誉。作为"一五"计划的产物，如今坚固耐用的长江大桥体现了国家计划的远见卓识，上层桥面畅通无阻的汽车和下层桥面沟通南北的火车，整日在并行不悖的桥面上川流不息（图6.49）。

图6.49 武汉长江大桥

经历过很多次船只撞击和自然灾害的长江大桥，依然岿然不动。它于1955年9月1日动工兴建，1957年10月15日通车运营。该桥西起楚琴立交，上跨长江水道，东至中山路，主桥全长1156米，上层桥面为双向四车道城市主干道，下层为双线铁轨，2021年3月8日，武汉长江大桥被评为"武汉十大景"之一。

武汉长江大桥承接了太多武汉市民的记忆。工业风十足的武汉长江大桥也有迷人的一面。若是看过灯光秀上流光溢彩的桥头堡，就知道什么是"万里长江第一桥"的魅力。每过几分钟，一辆飞驰的火车就会横跨长江。这是一座非常亲民的桥，你可以选择步行、骑车、骑电动车、开车、坐公交车过桥，甚至可以买一张武昌火车站到汉口火车站的动车票，仅花上几元钱，全程20分钟，就能体验一把坐火车过大桥的快乐。

4.武汉的水文化形象

武汉水资源、水文化丰富。在漫长的历史长河中，形成了独具魅力的楚汉文化。因此，武汉素有"江城"之美誉。武汉三镇隔江鼎立，2021年该市下辖13个行政区，两个国家级开发区和一个国家级4A风景名胜区，市域国土面积8569.15平方千米，总人口934.10万人。随着经济发展和人民生活水平提高，人们对城市建设与生态环境的要求越来越高，这就需要更加重视水环境。武汉的水资源名片体现为：河流165条，湖泊166个，水库272个，水域面积2000余平方千米，湖面面积779平方千米。中心湖区40个，水域面积大约为170平方千米。东湖水域面积33平方千米，为全国第一城中湖。

水是自然资源，也是人文景观，给人类带来的冲击不仅表现在生产和交通方面，并潜移默化地作用于人的思维方式与行为方式。因此，城市建设离不开水资源的利用、保护与开发，而湖泊资源又是其中非常重要的一个部分。经调研分析，湖泊不但供养着武汉千千万万的城市居民，并当之无愧地成为武汉市最具标志性的特色文化符号。这一具有特色的文化符号，在武汉城市的形象口号"大江、大湖、大武汉"上，能够得到充分的体现。

一个城市拥有上百条湖泊水系，在我们当下居住的地球上，也仅武汉一地。湖泊不仅具有生态价值、历史价值、人文价值等多重价值，而且还是一种独特的旅游景观和重要的人文景观。唯有湖泊，才是真正意义上的城市风景；唯有湖泊，才是一个城市特有的特色资源，是一个城市标志性的文化符号。武汉湖光山色，星罗棋布，被誉为"百湖之市"。武汉，一个典型的傍水城市，这么多湖泊，是世界主要城市所罕见的，它们是历史遗留下来的宝贵资源和文化遗产。作为一个湖泊城市，天生具有雨水调节、排洪防涝、养殖、绿化园林、景观休闲等独有气质，这些湖泊是武汉的明珠，同时它们也是重要的自然与文化遗产资源。

（二）武汉地标性公共环境空间形象中存在的问题

2022年7月国家发展和改革委员会发布的《"十四五"新型城镇化实施方案》中，不仅提及了推动历史文化传承和人文城市建设，保护延续城市历史文脉，还提出了保护历史文化名城名镇和历史文化街区的历史肌理、空间尺度、景观环境，严禁侵占风景名胜区内土地。推进长城、大运河、长征、黄河等国家文化公园建设，加强革命文物、红色遗址、世界文化遗产、文物保护单位、考古遗址公园保护。推动非物质文化遗产融入城市规划建设，鼓励城市建筑设计传承创新。在建筑方面更是提出了"限高"标准，即限制新建超高层建筑，不得新建500米以上建筑，严格限制新建250米以上建筑。推动开展城市设计，加强城市风貌塑造和管控，促进新老建筑体量、风格、色彩相协调。落实适用、经济、绿色、美观的新时期建筑方针，治理"贪大、媚洋、求怪"等建筑乱象，表现了地标应该更着重于体现城市的精神与文化，注重地标的隐喻与内涵，而非仅仅以高度作为城市地标的衡量标准。

但目前在我国的城市地标中仍存在着许多问题。在城市不断建造的过程中，许多建筑因为地标性，而夸大处理整体造型，形成了城市之中地标空间在外观视觉上的哗众取宠、缺乏体现文化的整体性与一致性等现象。而每一种现象究其根本原因是过度开发、追求地标的独特性，以及对地标并未有良好的认知，而形成了地标性公共环境空间形象丑化的现象。

1. "哗众取宠"的地标性公共环境空间形象

当前，随着全球化的影响，外来文化对国内人民的生活方式造成了冲击，这些冲击不仅体现在国内政治、经济、文化、环境上，同时在地标性公共环境空间上也有明显的表现。其中，最为明显的则是"哗众取宠"的地标性公共环境空间，这种"哗众取宠"的地标设计指的是地标的设计并非出于对城市文化与城市空间形象的角度考量，而是仅仅通过奇异的造型、怪异的画风吸引人们的注意力。本质上是通过视觉上"哗众取宠"的方式，通过制造奇异感的方式，营造独特性的地标性建筑。"哗众取宠"方式形成的地标空间不论从文化还是环境的角度来分析，都过于强调视觉冲击力，忽视了文化的延续性与文脉的传承性。在城市的发展中不难发现，中国的一些城市在地标性公共环境空间的部分设计体现了"哗众取宠"这一特性，甚至在设计中过分追求"哗众取宠"，这并不利于城市的可持续发展，同时也给当地的文化造成了破坏，形成了新的文化断层等危害城市发展的现象。

因此，武汉在地标性公共环境空间形象塑造中，应注意避免"哗众取宠"的地标设计方式。且"哗众取宠"所打造的地标在功能上效益低，盲目追求独特性，造成地标文化价值感缺失，不利于塑造良好的城市形象、打造优秀的城市文化与形成健康的城市氛围。凯文•林奇曾在《城市意象》一书中提及，一处好的环境意象能够使拥有者在感情上产生十分重要的安全感，能由此在自己与外部世界之间建立协调的关系。❶城市地标性公共环境空间应该从塑造良好的城市形象出发，围绕城市形象的各个方面，把握城市所具有的独特人文或地理环境气息，结合城市文化形成城市靓丽的风景线，不应该仅仅盲目效仿国外或国内著名地标，打造"贪大、媚洋、求怪"的地标性公共环境空间。

2. "缺失文化的整体性"的地标性公共环境空间形象

如果说"哗众取宠"的地标性公共环境空间设计是一种盲目模仿的设计，那么缺

---

❶ 凯文•林奇. 城市意象 [M]. 项秉仁，译. 北京：中国建筑工业出版社，1990.

失文化整体性的设计，则是一种对城市形象文化定位不够清晰的设计。城市地标设计师与城市规划者在对文化的定位不够清晰的想法下，容易效仿其他城市的地标建筑进行设计。从含义上论，"缺失文化的整体性"的地标性公共环境空间形象具体指，在打造地标性公共环境空间时未能将地标空间与城市文化形象融为一体，是地标性景观在文化形象上单薄的表现。但设计本身具有实际性，是根据具体问题进行具体分析后的设计，所以在城市地标性公共环境空间中，地标空间的设计应从整体出发，做到因地制宜、与时俱进。

文化的重要性不仅在于能够丰富城市景观的内涵，提升城市居民生活质量，以及培养城市居民的审美情趣，其重要性还在于多样化文化的熏陶与浸润，能够促进人的思想进步，激发城市创新能力的发挥。❶因此，地标性公共环境空间应该从了解城市的形象、依据城市的文化、从城市文化形象的各个方面着手设计，并且从城市的整体出发，结合城市未来的规划设计，通过对城市布局的大体掌握与城市景观的整体布局分析下，进行协调的、可持续的地标性公共环境空间设计。

以武汉的水文化、楚文化、知音文化、盘龙城文化为例，在对武汉的地标性公共环境空间设计中，既可以根据武汉文化中的"水文化"，依靠城市独特的地势风貌进行地标设计；同时，可以根据武汉的"楚文化、知音文化、盘龙城文化"这类从古至今形成的地域、民俗文化进行文化营造。依靠文化所建设的地标性公共环境空间，在城市形象层面，以建筑的方式强化城市的正面形象，有利于帮助市民形成共同的城市形象认知，形成市民对城市感知的集体记忆。在城市文化层面，增添城市的文化内涵，通过传统文化进行新的创新的方式，在继承优秀传统文化的目的下，对传统文化进行不断的创新。使城市在历史文化的河流里，行驶着创新精神的船舶，见证城市历史文化，顺势开创新的城市形象。

根据武汉地标性公共环境空间形象中产生的问题，地标性公共环境空间形象更应该基于武汉的文化进行改造，根据武汉的水文化、楚文化、知音文化、盘龙城文化等文化，从文化角度出发，使城市因地标文化焕发新的生机，由此打造具有鲜明特色的武汉城市形象中的公共环境空间形象。

3."灰空间效应"的地标性公共环境空间形象

进入21世纪以来，随着经济社会的高速发展，城市品牌文化在社会发展中的地位日益增长。如果用色彩来比喻城市品牌的话，现如今的"白"就指的是正流行并且正在大幅度发展的方面，例如楼房空间、无边界、大尺度的开放式空间等；"灰"就指的是现如今不被大家重视的场所、空间、文化，例如立交桥下的封闭场所、现如今的码头等。

日本建筑师黑川纪章最早提出"灰空间"的概念，原属建筑和环境艺术领域的专

❶ 刘合林.城市文化空间解读与利用：构建文化城市的新路径[M].南京：东南大学出版社，2010.

有名词，其原意是指建筑和其外部空间的专属过渡空间。早在黑川纪章之前，"廊棚"这个中国江南水乡经典的建筑形式就是"灰空间"的形式，既令行人商家往来时免遭日晒雨淋，又连通了室内外的自然衔接。强调在建筑设计时模糊两者之间的界线，使得建筑与外部环境有良好的沟通性，消除隔阂感，让建筑和外部环境空间形成一个有机的整体。当"灰空间"概念上升到地标环境空间中时，则指城市各个独立功能区之间起到过渡衔接作用的"中介空间"，此类空间绝大多数被地标性建筑所占据，起到连接融合城市各空间的功能。然而，"灰空间"建设意识的缺乏，也会造成城市地标形象建设的"负效应"现象。

首先，割裂城市肌理，破坏城市品牌文化。以武汉为例，长江与汉江的交会决定了曾经码头轮渡交通对武汉交通的重要。随着社会的发展，现如今公路交通、轨道交通、航空运输的快速发展正改变着传统运输行业的码头轮渡业，导致了武汉很多码头面临惨淡的人流量甚至倒闭，正常运作的轮渡码头寥寥无几。废弃的码头现如今只能作为少部分旅客用来记录旧武汉景象的回忆工具。武汉码头文化独有的文化特色优势能够打造、塑造出有差异化特征的城市品牌。武汉城市品牌发展中，码头品牌文化的发展是必不可少的，它推动着武汉城市品牌的发展。随着历史变迁，原来让武汉成为风云际会之地的大江经济时代已经落下了帷幕，曾经充满血腥和江湖味的打码头故事，也成为永远的历史印记，不再为这个时代所接纳。

其次，公共空间缺乏管理，污染城市品牌形象。在汽车时代高速发展的今天，武汉作为新一线城市，两江三镇的格局注定轮渡码头是必不可少的。在武汉，因为政策的限制，非机动车禁止驶入桥梁、隧道。这使得电动车、摩托车等非机动车辆只能通过轮渡来实现过江的需求。并且，有许多游客第一次来武汉想通过乘船的方式来游览武汉的两江三镇风景，但现存的知音号轮船价格又太昂贵，普通的轮渡又缺乏管理与治理，脏乱差的现象就暴露在了游客眼前。由于政府监管力度的下降，如今的码头呈现出一副混乱的景象。随处可见胡停乱放的电动车及小摊，严重影响了武汉的市容市貌，破坏了武汉的城市文化。

码头缺乏规划，也极易产生隐患。在谈及现代都市交通的时候，城市管理者或设计师往往只会把注意力放在现今主要发挥交通功能的公路上，而忽略了曾经在武汉占主导地位、文化底蕴丰厚的码头空间。这部分空间现如今往往比较被人忽略，没有成体系的品牌文化，没有明确定义。疏于开发重组与管理，被称为武汉城市品牌中的"灰空间"。纵观现存的武汉各大码头使用情况，除了少数几个货运码头还在使用之外，大多数码头都已被搁置，其中包括武汉港。这些码头更多地成为废地与渔家乐，效果并不理想。这些都是由于没有加以城市品牌化规划而导致的。现如今，这些"灰空间"已经逐渐变成了流浪汉的聚集地，无照摊贩的摆放点，垃圾存放的堆放地，甚至是藏污纳垢的放置点，其诱发的犯罪事件也频频发生。

综上所述，码头作为城市品牌的"灰空间"，对武汉城市品牌的影响在于忽略了码头的文化性、观赏性、安全性，从而导致武汉品牌文化遭受了损害。

但武汉的码头是极具文化底蕴与历史地位的。武汉作为风云际会之地的大江经济时代已经一去不复返了，留下的是武汉人的码头江湖气与码头的文化，码头的新时代已经到来。而码头文化作为城市品牌中的"灰空间"也应作出改变。对码头品牌形象作出"重构"，应遵循以下原则。

第一，武汉的码头品牌形象应展现出武汉特色，展现武汉城市品牌特色，增强武汉城市魅力。武汉的码头文化中最主要的就是武汉码头的江湖气，也自此武汉才有了"敢为人先，追求卓越"的城市精神。

第二，作为城市品牌中的"灰空间"，码头品牌形象的改造应增强武汉城市居民的凝聚力。通过极具武汉特色的设计，塑造与宣传码头品牌形象，将集聚了武汉市民设计诉求的城市品牌推广出来，营造出人人为城市发展做贡献的良好氛围，推动城市的发展进步。

第三，推动城市精神文明建设。城市品牌塑造是一个系统工程，它要求广大市民的广泛参与。武汉作为一个大型旅游城市，在"大江、大湖、大武汉"的城市品牌精神感召力下，码头成为推动武汉旅游经济发展的重要力量。码头品牌文化的创新应顺应时代潮流，将年轻人的喜好融入其中，设计出最具武汉代表、最受人民欢迎的武汉码头城市品牌。

二、武汉地标性公共环境空间形象系统框架

（一）武汉地标性公共环境空间的整体形象与认知

城市景观由大大小小的建筑空间所构成，一旦失去了这些空间，整体的公共空间形态也不复存在。在凯文·林奇的《城市意象》一书中曾提及，构成城市意象的五种物质形态元素为道路、边界、区域、节点和标志物。那么基于这五类元素进一步进行解构与分析，可具体将武汉地标性公共环境空间划分为点、线、面、体四类，并在此四类的基础上进行延伸。而在《不列颠百科全书》中曾指出：城市设计是指为达到人类的社会、经济、审美或技术等目标而在形体方面做的构思。❶因此，需要根据城市形象对城市地标性公共环境空间进行设计与改造，地标性公共环境空间需要在城市设计的基础上，协调地标性公共环境空间布局整体，把握整体关系。因此，可从以下四个

---

❶ 宋俊岭. 不列颠百科全书——城市设计（国外城市科学文选）[M]. 贵阳：贵州人民出版社，1984：79.

类别对构成武汉地标性公共环境空间的元素进行分析。

1.打造城市形象的空间视觉点

"点"是作为单体存在的建筑物的布局类型。这种作为"个体"的存在主张，万事万物的构成都是从作为个体的点这个角度出发，由点构成线后，再由线构成面，最后由面构成体。在城市景观设计当中，点并不以固定点的大小或者区域来进行划分。城市中的点，既可以是一棵树，又可以是一盆绿植，同时也可以为一个花坛或者雕塑。"点"强调的是一个概念，点并不具备方向感，它是作为空间范围内最小区域值，既是在整体相对关系中的一个局部，同时也是作为大面积视觉下的一个最小的视觉单位。所以，点也具备一个特性，即具有视觉焦点的作用，它可以在地标性公共环境空间中发挥着场域中心的效果，具有将整个地标空间凝聚起来的力量感。

但在地标性公共环境空间当中，点作为空间要素之一，代表地标性建筑。从地理位置上来看，一个地标性建筑在空间位置当中正处于点的部分，在所属区域之中具有画龙点睛的作用。合理地运用点的构成方式，可以整合地标性公共环境空间使之看起来更加和谐，是在视觉效果上对地标性公共环境空间的一种美化处理方式。

将"点"代入武汉的地标性公共环境空间当中，武汉的各类地标性建筑，如江汉关大楼、武汉大学早期建筑、武汉琴台大剧院等，发挥着点的凝聚作用，以点的形式增加此城市对人们的吸引力，同时作为地标性建筑的点展示了城市的特点。那么针对武汉当前的城市形象，在武汉地标性公共环境空间的安排中就需要做到，既要发挥点在整体中的局部作用，发挥点在视觉上的焦点效益，同时又需要协调统筹好点的空间布局，使各个点之间存在联系，达到整体与局部统筹兼顾的效果。

2.贯穿城市形象的空间传播线

"线"这一类型主要将作为个体存在的建筑物有机结合起来，是使城市景观看起来更加丰富与多样的手法。一般认为，欧洲城市文化的原点就是"广场"和"俱乐部"，日本是"道路"和"餐室"。"广场"是市民的广场，是以古典的直接民主制为根基的；而"俱乐部"在没有家族制度的欧洲是作为社交室使用的，是进行广泛对话和多文化交流的地方，也是谈论哲学和艺术的空间。所以，城市文化的形成中"线"在"道路"中占较大比重。

在景观设计当中，线的组成以景观带或长廊的方式出现，以线的结构展开整体视觉上的设计。同时线的表现形式具备多样性，可以变化为直线、折线、曲线的形式，每种形式带给人不同的心理感受（图6.50）。于是，在城市景观设计当中，线在设计中发挥着连接的作用，以线的方式可以将各个点进行串联；同时线具备力度感，曲线带来柔美的感受，而直线带来刚强的感受，不同的线的展示形式带来了不同的效果。

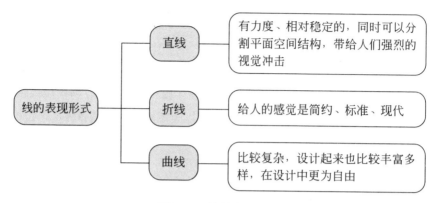

图6.50　线的表现形式

其中，直线在景观设计中多用在规范性建筑或是对称性建筑，而曲线则多运用在现当代西方设计中。

在地标性公共环境空间当中，线是空间要素之一，在国内主要以步行街道与绿化带为代表。步行街道以线的方式将建筑进行连接，是单个建筑的复合性整合方式之一，使人们在进行观赏之时，可以接触与了解到更多样的城市文化与信息。且线具有指引性，通过线的指引，人们可以有节奏地进行深入的了解，强化在信息上的传播功能。绿化带相对于步行街道而言，更多呈现的是优美的城市环境与城市氛围，打造良好的绿化带有助于强化市民对城市整体的心理感受。相较于点，在组成结构上，通过多个点构成的线所呈现的方式更为多样化，这也是景观之中线的优点之一。

将"线"代入武汉的地标性公共环境空间当中，体现为武汉的街道、绿化带与文化长廊的形式，如江汉路、汉正街、粮道街等，这些街道主要是将地标性建筑以连接方式，形成一条又一条的线。就整体而言，线的方式相较于点更能体现武汉公共环境空间之中的导向性，以线的方式指导人们观赏整个空间。所以，在线的安排上，应就线的导向性从整体出发，分析整条线路带来的整体感受。在文化传递上，线的安排需要做到文化上的层层递进。例如，在街道之中安排一些具有人文情怀的名人故居，或是在绿化带与文化长廊中安排一些有历史气息的公共雕塑与符合城市形象的文化符号地标空间，充分达到城市景观在文化方面的传递，满足人们对精神文化方面的需求。同时，在空间视觉方面的协调上，应该注重整体的街道感官，吸取国外改善环境空间的经验，对街道、绿化带与文化长廊着重坚持绿色、可持续的发展战略，从视觉上带给人们干净整洁的视觉效果。

3.形成城市形象的空间社会面

"面"是相对于点与线而言的更大范围上的存在。在景观设计当中，面是由不同的线交叉或围合而形成的区域。面通常不具备方向性，分为有规则界面与无规则界面两种形式，界面是景观设计当中最常用的一种手法。面可以带来自由的、活泼的、无约束的感受，同时随着面的形状、虚实、大小、位置、色彩、肌理的变化，呈现出来复杂造型背后的风格的多变。

但在地标性公共环境空间当中，面的表现形式更多是以区域与块状呈现，例如风景园林与景区等方式。面体现于公共区域之中，因为面既可以由点构成，也可以由闭合的线构成，同时面之中也穿插着大量的点与线。所以面在城市空间的布局上，更多是通过合理安排点与线之间的关系，将区域建筑与街道进行结合并合理安排，使整体的公共环境空间呈现和谐、有序的氛围。

"面"体现在武汉的地标性公共环境空间当中，主要有东湖樱花园、光谷广场、杨春湖等，这些广场与公园体现了武汉整体范围中的局部面的分布。且根据武汉是著名的湖中城这一特点，整体的地标性公共环境空间中以公园的形式来表现的案例非常之多，所以，整体的面是围绕着湖这一特点来进行设计的。同时，武汉地标性公共环境空间也着重发展经济，例如光谷广场等各类广场，体现地标性公共环境空间对经济的促进作用。所以面对武汉在面的方面的发展现状，应着重把握城市的"水文化"特征，将"水文化"与城市中的面相结合，园林和景区中不仅需要打造适合人们休憩与交流的场所，同时也要打造传递城市形象与文化符号的标志物，或是举办能够传递文化信息的活动。通过以上的方式活跃城市的文化气息，形成焕然一新的城市景象。

4.建设城市形象的空间品牌体

"体"作为四种构成方式之一，在环境空间中占据最重要的体积。体是由面构成，以体构成的城市环境空间主要是城市综合体，以区域块作为体的单位。同时体是处于城市公共区域景观当中最大的单位，体所体现的是一个城市当中具有代表性与标志性的多功能区域。并且在体的范围内，空间的组合方式呈现多种特征，概括起来有并联式、串联式、集中式、辐射式、单元式、网格式、轴线对位式等。

当前，体的概念主要来自景观当中的城市商业综合体，例如城市当中的核心商务区域。这种城市核心商务区域最早在许多发达城市当中实验并取得了良好的体验反馈，尤其在美国、日本等一些国家，对城市商业综合体的规划理念、空间构成、技术板块等各个方面不断深入研究，并处于世界的领先水平。提倡可持续发展与绿色空间的理念并运用在城市商业综合体规划之中，以将城市打造为可循环模式下的生态圈的方式，不仅提升了城市的整体环境氛围，同时使城市的环境空间更加优美。

"体"表现在武汉的地标性公共环境空间当中，主要有武汉中央商务区、武汉未来科技城、盘龙城等。武汉的体表现的是武汉一个区域的划分，是相对于面而言更大且多功能性的存在，传递的是更为整体的城市形象，打造的是整个城市的城市品牌与核心竞争力。所以在"体"的设计上，应该更加注重功能上的多样性、环境上的可持续性、视觉上的丰富性。在城市的"体"之中，本身穿插着各种点、线、面的元素，所以在武汉"体"的地标性公共环境空间之中，应注重多要素的整合，从整体出发，达到体中有面、面中有线、线中有点。四种元素相互依托，贯穿在城市设计之中，从而发挥"体"在设计与规划之中最大的功能效应。

（二）武汉地标性公共环境空间的形态划分

关于武汉地标性公共环境空间，在空间形态上可以划分为结构性公共空间与社会性公共空间（表6.1）。外在结构性空间表现为外部空间中已建成的部分，在形式上以人们了解空间外部形态后对空间的欣赏为主，体现出了公共环境空间的外部形态对人们心理的影响。而内部社会性空间是以环境中的空间体验方式呈现，强调空间中视觉效果之外的社会交流功能，将空间作为一个社交的场所，传递出空间之中显性与隐性的内涵，所传递的是城市形象与文化。

（三）武汉地标性公共环境空间的方法论

1.基于整体城市形象推动武汉地标性公共环境空间转型、升级

从宏观层面进行分析，武汉应围绕城市形象定位，从而做出城市规划，不断形成与城市的经济、政治、文化、历史、环境相适应的城市地标性公共环境风格。只有构建属于城市独有的风格，才能展现城市的魅力所在。按照武汉市的总体规划要求，精心打造武汉的街道、园林、景区、城市中央商务区等体现城市整体性的城市地标性公共环境空间。在建设当中，要充分尊重人的主观能动性，坚持一切为了人而服务，从关心人、方便人、以人为本等多个角度出发，为创造出人们宜居的环境而努力。同时，需要发挥政府、企业、建筑设计师以及城市宣传人员的功能，具体体现为：在政府方面，需要执行并体现统筹规划、协调各方的能力；在企业方面，需要形成共建美好城市、发展城市形象的认知；在建筑设计师方面，应该从建筑景观整体中的问题出发，从视觉与理念方面入手，解决各项问题，美化城市环境；在城市宣传人员方面，更应该表现城市优秀的方面，传递城市积极向上的态度。同时，在武汉新的城市地标性公共环境空间之中，根据《武汉市国土空间总体规划（2021—2035年）》结合城市构建"一主四副"的城镇空间格局，主城做优、四副做强；优化形成"五个中心"（全国经济中心、国家科技创新中心、国家商贸物流中心、国际交往中心、区域金融中心）主体功能区布局；从整体出发，在统筹兼顾的条件下，协调推进城市地标性公共环境空间的转型与升级。

表6.1　武汉地标性公共环境空间形态划分

类型	定义	特性	支持性特征	前提条件	表现形式	关系	符码构成	变量分析
结构性公共空间	公共空间是相互联系，并贯穿整个城市的基本系统……对于城市内部的建筑群来说，公共空间提供结构性的布局和外部框架	实用性，可认知性，流动性	空间的使用情况：步行，驻足（停留），小坐，观看，聆听与交谈，各个方面都宜人的场所，柔性边界。①支持性特征：多样性（长度，宽度，高度）。步行街总结了36个特征，并将其划分为6组	多种支持这些活动发生的条件之一	单一场所：街道、广场形式城区或街区层次：道路网络（根据出现的时间、不同的用途、功能利用情况）（城市中的具体的位置、尺寸）	相互影响：虽然社会组织任任会导致特定的空间组织形式，空间组织的各种形式反过来如何影响社会性组织也要进一步考察。③无论是城市形态还是城市中的人类活动都是核心因素④	建筑物，技术设施，植被	人文化，实体性，体验感
社会性公共空间	公共空间内部的本质性内容是其中所发生的居民和途经者的活动与行为，这样也就表现出了社会性的公共空间	自发性，社会性，舒适性	较强的闭合程度；较为狭长的街道空间；空间较为复杂，具有多样性体验的潜力；视线较短或视界有界限：闭合的要素面有显著性；街区尺度层次具有高度的复杂性②	多种活动：必要性活动，自发性活动，社会性活动	社会性活动依赖于公共空间内部，如儿童的玩耍、相互打招呼、闲聊，以及各种集体性活动，包括那些出现的接触活动		人	

① Gehl J. Life between Buildings，Using Public Space[M]. Copenhagen：Arkitektens Forlag，1996.
② Rapoport A. History and Precedent in Environmental Design[M]. New York/London：Plenum Press，1990.
③ Friedrichs J. Stadtanalyse-Soziale und räumliche Organisation der Gesellschaft[M]. Hamburg：Rowohlt Taschenbuch Verlag，1977.
④ Hillier B. Space is the Machine：A configurational theory of architecture[M]. Cambridge：Cambridge University Press，1996.

2.通过城市形象要素布局优化地标性公共环境空间，提升城市功能

从中观层面进行分析，城市的形象透露出城市历史文化，且根据城市的环境规划而表现。凯文·林奇在《城市意象》中分析了构成城市整体形象的五大要素：道路、边界、区域、节点、标志物，提出了构建城市环境需要从城市的可读性、可意向性、结构性三个层面出发，从多方面分析城市，并对城市进行空间上的合理布局。在武汉的地标性公共环境之中，武汉需要积极去探索城市形象的文化内涵与符合特征的组成要素，基于城市形象的文化要素对环境空间进行提升。例如，根据凯文·林奇城市的五大构成要素，武汉的地标性公共环境空间在道路分布上应该具有指引性，清晰表现城市的脉络，避免城市方向的混淆；在边界方面，划分城市地标性公共环境空间各个区域的边界，良好的边界感可以使城市形象体现得更为清晰；在城市的区域方面，对武汉地标性公共环境空间进行区域划分，以区域进行协调管理，促进整体上的和谐；在城市的节点方面，应着重把握城市内部空间之中各个节点的分布，使城市在空间的排列上是有节奏的、有方向的；在标志物上，则更多对应的是城市的地标性建筑，应根据城市形象与文化，打造城市地标性建筑，形成图底效应，以此优化武汉地标性公共环境空间，提升城市功能。

3.通过城市形象的美化机制改善地标性公共环境空间，提升城市环境

从微观层面进行分析，应该从美化机制入手，从城市的景观层面进行分析，将武汉景观以类别进行划分。以城市一级景观、二级景观、三级景观分级打造城市地标性公共环境空间，根据不同级别的景观采取不同的相应措施。一级景观在地理位置上处于城市的核心地段，是城市之中的核心景观区域，所以应对相对应的景观采取大力保护、维护的措施，在原有的基础上不断优化升级，从细节上提升整体视觉感受，并且相对应地深入挖掘历史文化底蕴，形成独一无二的景观印象，以此保证一级景观的中心位置。二级景观的位置相对次于一级景观，是位于城市中间地带的区域环境空间，对于该景观，更多应该做到统筹布局二级景观，协调景观与城市之间的关系。三级景观的位置更多处于城市的边缘地带，在数量上以多来表现，针对三级景观应进行多样化处理，根据城市区域之中的地域文化发展景观，使景观虽量多但仍具有特色。

三、武汉地标性公共环境空间形象建构策略

城市地标是指在一定区域范围内，对于一定的认知人群，同时在心理和地理意义上都能成为标志的城市空间形态。城市地标，是人们认知城市环境的主要手段，同时还具有聚集人气、增强城市凝聚力、扩大对外交往、吸引域外投资的功能。因此，城

市地标的科学规划对一个城市的建设和发展极其重要。随着城市的扩张与多样化的发展，单独的城市地标已不能凸显城市的特色，城市的形象体系需要由多个相互依存的地标组合成的系统来支撑。我们将在同一个城市的各类地标，按照一定的秩序和内部联系组合而成的整体，称为城市地标系统。由于城市地标系统中地标之间相互关联，并与外部空间环境产生非常紧密的联系，对某个城市地标进行设计或改造时，不能仅仅考虑该地标本身的建设，而应将其放到整个城市地标系统及其外部环境中去进行规划。由于城市地标系统的层次规划不仅有利于我们从不同层面认识城市空间特征要素——城市地标，更有利于我们从不同的层面和深度对城市空间特色进行管理和控制，因此，从规划角度进行城市地标系统层次架构的全面研究，对有效促进武汉城市形象建设具有非常重要的意义。

而针对地标区域的分散性，建议以区块作出划分，将地标进行区块链管理，体现地标整体的和谐性，同时打造定位清晰的地标区块。每一地标区块链是体现城市局部文化的具体体现，避免地标语义不清晰明确的表达。

（一）从城市文化出发，打造武汉地标性建筑形象特色化

建筑，通常被称为"定格的音乐"。优秀的建筑能够通过独特的设计体现地域风格和时代特色，体现城市的魅力，城市公共环境空间也是如此。后现代主义建筑师罗伯特·文丘里在书中也强调了城市建筑与建筑所处场地之间的联系，并提出新建筑的设计必须来源于建筑所在场地的特点及发展演变的历史。❶

在武汉市重点功能区地标性建筑周边，有武汉市自然资源，独具文化特色的景观建筑、网红景点等，塑造出一批封面级的国际景观。二七滨江建筑群被首要提及，其中就有普利兹克奖获得者扎哈精心设计的泰康金融中心、十字形国华金融中心和以"生命之树"理念设计的周大福金融中心，并对二七滨江商务区每栋楼制定了建设方案，以保证形成长江沿岸最美丽的天际线。除上述长江沿岸建筑群之外，坐落在汉江之侧的琴台美术馆，同样以其丰富的文化象征意义引起了人们的注意。它就像一座"小山"，从地面上微微凸起，整座大楼的屋顶犹如一座银色的"露台"，竣工前曾引起广泛注意。

打造地标性建筑，不仅需要表现良好的视觉效果，同时，也需要历史文化内涵的沉淀。应在原有空间布局之下，根据区域文化与场景，打造城市具有历史文化特色的文化地标性建筑。通过历史文化营造城市地标氛围，运用历史叙事的效果，引发群众之间的共鸣，进而形成文化认同效应。

---

❶ 杰里米·梅尔文. 流派：建筑卷[M]. 王环宇，译. 北京：生活·读书·新知三联书店，2008：102.

（二）从城市形象出发，打造武汉地标性街道形象精致化

塑造武汉地标街区的形象，要求更人性化和具有历史感。近年来，武汉市街道规划与改造以品质提升为核心，突出对历史资源的保护与激活，使得街区更具有吸引力，街道也恢复了人本属性，在满足居民体验感、舒适感的前提下，创造出不同街道品质空间。在城市主干道营造上，突出特色文化，设计尺度人性化成了关键。春去秋来，武汉沿江大道风光宜人。长江左岸以世界级香榭丽舍大道为基准，机动车道被合理压缩，形成4千米长的3排绿化长廊，街道空间和沿线历史建筑、历史事件和其他元素资源联系在一起，形成了武汉"城市客厅"。沿江大道的城市阳台向长江水岸敞开，对老建筑进行人工打磨，"修旧如旧"，同时还路于民，打造高标准滨江慢行道。

对历史街区进行更新，也赋予了其全新的内涵。汉口历史街区规划中规划者始终强调文物保护对于推动既有社区发展、延续传统生活方式具有重要意义，并最终决定黎黄陂路"洋气"、兰陵路"烟火气"以及合作路"文化气"等特色。通过为老房子增添现代设施，让老建筑重焕生机。荣获国际规划大奖的中山大道，数十条如诗如画的林荫道等都是道路景观，使"诗和远方"围绕在市民身边。

（三）从城市品牌出发，打造武汉地标性空间形象艺术化

为打造有质感的城市公共空间，使武汉的城市空间更具美感，武汉市自然资源和规划局在整体设计上力求精确、精致、细腻，引导城市公共空间展现最有魅力的一面。在城市层面的大型公共空间中，联合国人居署评为示范项目的东湖绿道、扎哈设计的月亮湾城市阳台、张之洞体育公园等一系列国际景观的打造，不仅提升了城市的美感，也让市民在其中游玩、欣赏、拍照。

在重点功能区，同样强调留白，追求公共效益。例如，在寸土寸金的二七滨江商务区，有一个拥有4个标准足球场大的中央公园和一座通往汉口江滩的"Y"型生态桥；在王家墩商务区的核心区域，有两个占地47公顷的大型公园和武汉中心城区最大的人工湖。

在2021年7月，武汉市自然资源和规划局在前几年实施的基础上，对"三边"规定进行了进一步修订。中心城区江边、湖边、山边管理的新要求更加注重景观资源的保护，打通武汉裸露山体的生态天际线，塑造独特的城市景观。

在汉阳钢厂艺术中心，创意雕塑引人注目。武汉市自然资源和规划局已编制了两江四岸地区的总体规划，下一步将继续出台两江四岸的规划管理实施方案和规划设计导则。

打造地标性空间形象艺术化，需要创新成立设计师联盟，继续邀请国内外顶级设

计机构、设计大师、新锐设计师，纳入体系，分类分级，打造更有特色的标志性建筑、更精致的历史街区、更优质的公共空间。

（四）从城市特色出发，打造武汉地标性空间整体新形象

亮点片区，点亮城市气质。过去，武汉城市形象有"三菜一汤"的说法，即黄鹤楼、归元寺、古琴台、东湖。而如今，"汤"已焕然一新，东湖景区已升级为享誉世界的东湖绿道，而"菜"已出品了标志性区域、亮点项目、特色空间、创意街区等众多代表武汉新形象的"网红大菜"。

青山红坊里（图6.51），青山红房子重出江湖，老宅焕发生机。它位于青山区建设四路与吉林街交叉路口，曾是武汉规模最大的住宅区，见证了武汉成为全国第一钢都。钟书阁的光影书海、遊心咖啡博物馆、时尚大片风的红色楼梯……"重出江湖"的红房子变成一座创意设计中心，红砖、白墙、绿窗棂，8个月的修缮也保留了红房子不少"原装"建筑印迹。红坊里的改造规划除了对文化的保护，更强调对老建筑的活化利用，通过规划赋予了老建筑教育基地、书店、博物馆等多种功能。如今老宅焕发新生机，成为网红打卡地。

奇趣蛋壳公园（图6.52），钻进"蛋壳"花式遛娃，摸爬滚打偶遇UFO。它位于汉江边沿河大道与汉西路交会处，远远望去，两颗"巨型蛋壳"如天外来物矗立在路边，走近就能发现，这里其实是一处微型口袋公园。"蛋壳"里藏着小朋友最爱的蹦床、滑梯……仔细观察可以看到园内地面绵延起伏，造型设计中搭配了许多重金属元素。夜晚"蛋壳"外的彩灯亮起，如同UFO降落，整体极具未来感。设计之初，规划就从源头上要求将该地块打造为一处亲民公共空间。公园最终设计模拟了"蛋壳"冲积平原的状态，打造绵延起伏的趣味地形，并融入富有科技感的未来元素，既提升了片区的建筑风貌，又增添了沿江面的城市景观。

图6.51　青山红坊里

汉阳钢厂艺术中心（图6.53），穿越百年对话张之洞，解锁文艺专属空间。它

图6.52　奇趣蛋壳公园

图6.53 汉阳钢厂艺术中心

图6.54 华中金融城一期

位于汉阳区汉阳铁厂原址，片区内约有76万平方米的文化艺术商业区，包含了34处，建筑面积约5.3万平方米的工业遗址建筑及构筑物，是目前武汉最大规模的工业遗址群落。2020年6月，汉阳钢厂工业遗址示范区建成开放，多场文化艺术展、读书会在这里举办，尘封多年的建筑群重新焕发生机。规划将该片区定位为"国际工业文化保护样板区"和"武汉文创艺术商业核心区"。改造过程保留了原有建筑风格，适当融入了当代元素，让老建筑更具亲切感。未来还将引入多家文化创意、设计艺术企业入驻，打造琴台中央艺术区。

沙湖畔住宅建筑华中金融城一期（图6.54），位于武昌区中北路、民主路、中山路合围区域，不同于传统住宅楼外立面，华中金融城一期高楼通体由玻璃幕墙"包裹"，还有着些许倾斜凹凸，立面呈"水面波光"，阳光下看像是波光粼粼的水面。对于城市重点功能区，规划要求住宅建筑立面公建化，并满足"错落有致"天际线的要求。最终形成了如"高山流水"倾泻而下的建筑景观，提升了整个环沙湖区域的建筑形象和品质。

武汉地标性公共空间景观从"拆改留"变化为"留改拆建控"，"十四五"武汉城市更新有了新目标。加强城市更新是提高城市空间效率、优化空间资源配置、改善城市治理水平的主要途径。近年来，坚持"留改拆建控"并举，加大旧区改造力度，武汉正在摸索一条城市能级提升的新路。在历经规划改造后，昙华林街区重焕生机。按照市委、市政府要求，"十四五"武汉城市更新工作目标定位为，以人民为中心，突出高质量发展、突出绿色转型、突出文脉传承、突出安全保障，实现中心城区"两降两增两保"（降低人口、建筑密度，增加绿色开敞空间、公共服务设施，保护历史文化街区、山体湖泊及周边环境）。

从"拆改留"到"留改拆"，看似只是"留"与"拆"位次对调，背后体现的是城市建设理念的变化。武汉市自然资源和规划局相关负责人介绍，"留"是留下保护文物建筑、留下街巷肌理、呵护历史文脉；"改"是通过改造解决城市功能衰退问题，促使苍老的躯体长出新的血肉，重新焕发活力。自此以后，武汉市提出了分类明确的

"留、改、拆、建、控"五大工作。

为打造地标性武汉新形象，武汉市未来需要继续创新改造方式——从局部改造向成片连片更新转变；从关注拆除改造向分类精准施策转变；从资金分散投放向资源要素整体筹划转变；从政府主导向社会、企业、居民多元参与转变，调动多方积极性；从信息集成向智能决策平台转变，实施全生命周期管控，将好的规划理念落到实处。

四、城市形象下的未来地标性环境空间展望

随着城市化进程的加快，日益增长的新地标成为代表城市形象的新明信片，展现着城市独特的面貌。阿尔多·罗西在《城市建筑学》中曾说："城市形态的结构应当以建筑的类型来确定，人类在发展过程中，形成的诸多特征与文化内涵汇集为最终的城市形态。而城市是其与人类的生活密切相关的现实反映，它也是城市历史的发展、文化理念的演化在现实客观形式上的体现[1]。"这在本质上着重体现了城市地标性公共环境空间对当下城市形象展示的重要性。而舒尔茨则强调："场所精神的形成，要结合建筑与所在场所的特征来考虑。尊重场所精神在社会发展中将引起的变化与现实状况的冲突；尊重场所精神的特色创新诠释，而不是完全的照抄旧的模式，诠释的方法是在城市文脉变异与地域性特征之间寻找差异，使城市中新与旧的环境得到联系。"[2]因此，未来的城市地标不仅应从经济与政治的角度出发，也需要从历史文脉的角度进行考量，将历史文化与地标建筑相融合，以展示城市文化内涵的方式，打造新型地标性公共环境空间。

但在地标空间中，不仅需要重视城市文化形象与地标性公共环境空间相结合，更应打造一切为了人、一切从人的角度出发的城市地标性公共环境空间。斯特林指出："城市文脉研究必须从历史性、地方性的环境中汲取人们熟知的元素组织到新建筑中，从而使人们的情感交流能够在此获得释放，并体会到建筑的美。"[3]强调作为主体对象"人"的情感，及其对客体"物"在审美过程中的作用、地位，使地标性公共环境空间的设计不仅在城市形象宏观战略维度，提炼城市实体空间个性，同时将地标设计与城市形象多维度对接，从人的角度进行考量，通过各城市地域标志性设计的同中存异、异中有同的方式呈现城市形象。

---

[1] 阿尔多·罗西.城市建筑学[M].黄士钧，译.北京：中国建筑工业出版社，2006：39.

[2] 陈育霞.诺伯格·舒尔茨的"场所和场所精神"理论及其批判[J].长安大学学报（建筑与环境科学版），2003（4）：30-33.

[3] 詹姆士·斯特林.国外著名建筑师丛书[M].窦以德，译.北京：中国建筑工业出版社，2003.

参考文献

[1] 阿尔多·罗西.城市建筑学[M].北京：中国建筑工业出版社，2006.

[2] 艾文婧，许加彪.城市历史空间的景观塑造与可沟通性——城市文化地标传播意象的建构策略探究[J].陕西师范大学学报，2021，50（4）：126-132.

[3] 卜菁华，王玥.色彩景观设计的目标与方法[J].华中建筑，2005，23（3）：117-120.

[4] 蔡璨.生态设计——以主角的身份登上世博会的舞台——浅谈2010年上海世博会的生态设计及展望[J].才智，2011（1）：216-217.

[5] 曾琲.都市传统商业街的审美再创造——以武汉市江汉路步行街为例[J].武汉理工大学学报（社会科学版），2005（2）：277-280.

[6] 陈蓓.徽州传统民居构件在现代室内设计中的运用[D].合肥：合肥工业大学，2007.

[7] 陈李波.论城市景观审美的历史感[J].郑州大学学报（哲学社会科学版），2006（4）：113-116.

[8] 陈柳钦.城市形象的内涵、定位及其有效传播[J].湖南城市学院学报，2011，32（1）：62-66.

[9] 陈文君.节庆旅游与文化旅游商品开发[J].广州大学学报（社会科学版），2002（4）：51-54.

[10] 陈欣荣.城市底面的延展——地形建筑研究[D].宣城：合肥工业大学，2003.

[11] 成朝晖.城市形象的认知与表述[J].新美术，2008，29（6）：100-102.

[12] 成朝晖.人间空间时间：城市形象系统设计研究[M].北京：中国美术学院出版社，2011.

[13] 程亮.标志性建筑的视景设计研究[D].西安：西安建筑科技大学，2008.

[14] 程曼丽.大众传播与国家形象塑造[J].国际新闻界，2007（3）：5-10.

[15] 邓力.基层党建引领社区治理研究——以江汉区Y社区为例[J].理论观察，2019（3）：24-26.

[16] 董晓梅.关于曲靖城市形象塑造的思考[J].曲靖师范学院学报，2012，31（5）：11-13.

[17] 段渊古，王宗侠，杨祖山.色彩在园林设计中的应用[J].西北林学院学报，2000，15（4）：94-97.

[18] 冯辽.北京城市中轴线形象设计研究[D].北京：北京工业大学，2010.

[19] 格列高里.视觉心理学[M].北京：北京师范大学出版社，1986.

[20] 巩磊.具有西北地域特色的现代城市广场规划设计初探[D].西安：西安建筑科技大学，2004.

[21] 郭彬.公共空间环境设计与文化品位的塑造——以城市中心区步行街文脉化环境设计为例[D].南京：东南大学，2007.

[22] 郭国庆，钱明辉，吕江辉.打造城市品牌提升城市形象[N].人民日报，2007-9-3.

[23] 郝利.高等学校与文化城市互动发展问题研究[D].桂林：广西师范大学，2008.

[24] 黄丹萍.纽约时报的涉华报道研究——以21世纪初重大事件报道为例[D].南昌：南昌大学，2009.

[25] 黄怡静.媒介呈现的空间生产与正义[D].上海：复旦大学，2012.

[26] 霍胜男.哈尔滨非物质文化遗产在城市更新上的保护与利用[D].哈尔滨：东北林业大学，2007.

[27] 贾杜娟，陆峰.铁画艺术在芜湖城市形象设计中的应用[J].宜宾学院学报，2013，13（1）：122-125.

[28] 贾平凹.废都[M].南京：译林出版社，2015.

[29] 简·雅各布斯.美国大城市的死与生[M].金衡山，译.南京：译林出版社，2006.

[30] 杰里米·梅尔文.流派：建筑卷[M].王环宇，译.北京：三联书店，2008.

[31] 凯文·莱恩·凯勒.战略品牌管理[M].李乃和，等译.北京：中国人民大学出版社，2009.

[32] 兰喜阳，郭红霞.我国城市化进程基本问题的经济学评析[J].开发研究，2003（3）：40-41.

[33] 李成勋.城市品牌定位初探[J].市场经济研究，2003（6）：1，8-10.

[34] 李立玮.文化版图：英伦地标[M].北京：中国社会科学出版社，2004.

[35] 李曼.现代城市文化的比较研究——以大连和沈阳为例[D].大连：辽宁师范大学，2006.

[36] 李小霞.试论城市品牌与城市形象塑造[J].沈阳大学学报，2008（5）：53-56，60.

[37] 李延，孙梦鸽，宋小青.基于民间传说的城市地标塑造——以孟德武雕塑《曹妃回乡》为例[J].华北理工大学学报（社会科学版），2021，21（6）：142-148，154.

[38] 廖宇.城市色彩景观规划研究——以成都市色彩景观规划为例[D].成都：四川农业大学，2007.

[39] 刘海滨.认知理论对现代城市商业步行街景观设计特色建构的作用研究[D].无锡：江南大学，2007.

[40] 刘合林.城市文化空间解读与利用：构建文化城市的新路径[M].南京：东南大学出版社，2010.

[41] 刘湖北.我国城市品牌塑造的误区及对策[J].南朝大学学报（人文社会科学版），2005（5）：65-69.

[42] 刘路.论城市形象传播理念创新的路径与策略[J].城市发展研究，2009，16（11）：149-151，156.

[43] 刘娜，张露曦.空间转向视角下的城市传播研究[J].现代传播（中国传媒大学学报），2017，39（8）：48-53，65.

[44] 刘荣增.城市性格的挖掘与经营[J].城市问题，2005（3）：8-11，19.

[45] 刘长春.环境色彩设计——色彩分析与功能研究[D].南京：东南大学，2005.

[46] 龙元.公共空间的理论思考[J].建筑学报，2009（S1）：86-88.

[47] 芦原义信.街道的美学[M].尹培桐，译.天津：百花文艺出版社，2006.

[48] 鲁道夫·阿恩海姆.艺术与视知觉[M].滕守尧，朱疆源，译.成都：四川人民出版社，2019.

[49] 罗伯特·文丘里，丹尼丝·斯科特·布朗，史蒂文·艾泽努尔.向拉斯维加斯学习[M].南京：江苏凤凰科学技术出版社，2017.

[50] 罗红战.城市公共环境艺术情感附加研究[D].长沙：湖南师范大学，2007.

[51] 罗杰，特兰西克.寻找失落空间：城市设计的理论[M].朱子瑜，张播，鹿勤，等译.北京：中国建筑工业出版社，2008.

[52] 罗静.关于节事活动对城市形象设计研究——宜春打造亚洲锂都为例[J].大众文艺（学术版），2011（20）：80-81.

[53] 罗兰·巴尔特.符号学原理[M].黄天源，译.南宁：广西民族出版社，1992.

[54] 马定武.城市美学[M].北京：中国建筑工业出版社，2005.

[55] 马丽丽.基于连续性的台州城市廊道色彩景观研究[D].杭州：浙江大学，2006.

[56] 梅青，金岩.构建特色商业游憩区实例分析[J].商业时代，2005（15）：91-92.

[57] 孟涛.城市环境色彩的功能性[J].剧影月报，2008（6）：155-156.

[58] 陈育霞.诺伯格·舒尔茨的"场所和场所精神"理论及其批判[J].长安大学学报（建筑与环境科学版），2003（4）：30-33.

[59] 欧文·拉兹洛.系统、结构和经验[M].李创同，译.上海：上海译文出版社，1997.

[60] 潘林杉.合肥南郊湿地森林公园[J].诗词月刊，2014（3）：71.

[61] 彭李忠.基于城市文脉传承的地标景观建筑设计方法研究[J].中外建筑，2018（7）：55-57.

[62] 彭玥.口袋公园设计初探[D].无锡：江南大学，2009.

[63] 饶鉴，方亭月.城市形象建构下的空间环境设计研究[J].艺术科技，2022，35（13）：52-54.

[64] 饶鉴，余金珂.城市形象建构下的城市立交系统"灰空间"优化设计策略[J].建筑与文化，2020（3）：131-134.

[65] 饶鉴.从符号学角度看景区品牌与城市品牌的传播意义[J].湖北社会科学，2013（10）：92-95.

[66] 饶鉴.城市传播与景区品牌[M].北京：人民出版社，2017.

[67] 饶鉴.城市文化与品牌形象[M].北京：中国水利水电出版社，2019.

[68] 任磊.办公建筑室内外公共空间环境设计初探[D].南京：东南大学，2005.

[69] 任琪.城市道路景观界面分析[D].宣城：合肥工业大学，2007.

[70] 邵靖.城市滨水景观的艺术至境[M].苏州：苏州大学出版社，2003.

[71] 史爱明.环境色彩设计的评价与管理[D].南京：东南大学，2007.

[72] 史明.CBD地区视觉景观形象特征解析[J].设计，2004（9）：93-94.

[73] 宋立新，刘霖，吴群.城市色彩形象识别设计研究[J].包装工程，2015，36（12）：45-48.

[74] 苏萱.城市文化品牌理论研究进展述[J].城市问题，2009（12）：27-32.

[75] 孙玮.多元共同体：理解媒介的新视野[J].新闻记者，2011（4）：15.

[76] 孙湘明.城市品牌形象系统研究[M].北京：人民出版社，2012.

[77] 汤春峰.城市形象的综合评价方法研究——以南京市为例[J].中国城市规划学会.城市规划和科学发展——2009中国城市规划年会论文集.天津：天津电子出版社，2009：3636-3647.

[78] 唐艳丽.城市亚文化空间探索与规划[D].长沙：中南大学，2011.

[79] 田海燕.关于建设区域性中央商务区的研究——以重庆为例[D].重庆：重庆大学，2003.

[80] 佟建阳，李娜.老商业街的再创造——商贸街步行街改造规划设计[J].民营科技，2010（4）：214.

[81] 王德军.论人的文化生成[J].商丘师范学院学报，2006（6）：8-12.

[82] 王刚.文化创意与城市个性塑造研究[D].上海：上海大学，2008.

[83] 王建国.现代城市设计理论与方法[M].南京：东南大学出版社，1999.

[84] 王健.城市中心区公共空间生态设计分析[J].山西建筑，2014，40（24）：9-10.

[85] 王金鲁.保护北京城市标志性历史文物的建议[J].北京规划建设，2000（4）：58.

[86] 王锡鑫.潮州古牌坊骑楼商业街的景观分析与定位[J].南方建筑，2005（5）：22-24.

[87] 维特鲁威.建筑十书[M].高履泰，译.北京：中国建筑工业出版社，1986.

[88] 翁璇.基于商圈理论的商业建筑设计策略[D].哈尔滨：华南理工大学，2012.

[89] 吴冬蕾.国内现代居住区景观设计分析[D].南京：东南大学，2005.

[90] 吴礼明.仙界展翠迎来宾——访湖南省张家界市市长胡伯俊[J].中国城市经济，2006（12）：21-24.

[91] 吴良镛.北京的旧城与菊儿胡同[M].北京：中国建筑工业出版社，1994.

[92] 吴天华.基于生态价值的城市河流景观规划研究[D].南京：东南大学，2008.

[93] 吴振垠.皖南地区建筑创作中传统元素的继承与发展研究[D].宣城：合肥工业大学，2009.

[94] 夏文菊，刘意，曹岳阳.济南市河流水污染防治与生态修复研究[J].山东水利，2013（11）：20-21.

[95] 肖保英.城市形象的行为系统识别研究[D].长沙：中南大学，2007.

[96] 肖竞，胡中涛，杨亚林，等.符号学视角下上海城市地标公共文化价值演变研究（1949—2019年）[J].上海城市规划，2021（5）：103-109.

[97] 徐宁，王建国.基于日常生活维度的城市公共空间研究——以南京老城三个公共空间为例[J].建筑学报，2008（8）：45-48.

[98] 杨古月.传统色彩、地方色彩与现代城市色彩规划设计[D].重庆：重庆大学，2004.

[99] 易普男.公共建筑外部公共空间研究[D].天津：天津大学，2006.

[100] 殷好.城市对外形象传播研究——以南京市对外形象传播为例[D].南京：南京师范大学，2007.

[101] 殷晓蓉.媒介建构"城市空间"的传播学探讨[J].杭州师范大学学报（社会科学版），2014，36（2）：118-124.

[102] 尹锐，孙培菌.浅析新闻语言的开放性[J].学理论，2011（10）：139-141.

[103] 窦以德.詹姆士·斯特林：国外著名建筑师丛书[M].北京：中国建筑工业出版社，1993.

[104] 张炳发，张艳艳.基于居民感受的城市品牌评价指标体系构建[J].统计与决策，2010（9）：60-62.

[105] 张国良.20世纪传播学经典文本[M].上海：复旦大学出版社，2003.

[106] 张鸿雁.城市形象与"城市文化资本"论——从经营城市、行销城市到"城市文化资本"运作[J].南京社会科学，2002（12）：24-31.

[107] 张鸿雁.城市形象与城市文化资本论[M].南京：东南大学出版社，2003.

[108] 张乐.浅析商业步行街设计[J].数位时尚（新视觉艺术），2010（2）：87-88，101.

[109] 张猛.浅议电视节目主持人应具备的素质[J].新闻世界，2012（7）：114-115.

[110] 张曙光.公共管理导向的城市规划[D].合肥：中国科学技术大学，2008.

[111] 张文华.春秋战国时代淮河流域经济发展的地域特征[J].求索，2011（12）：248-251.

[112] 赵衡宇，陈炜.山水情致，现代物语——一次建构的传统园林文化意匠尝试[J].装饰，2009（5）：143-144.

[113] 赵玮.城市户外广告设置研究[D].上海：同济大学，2007.

[114] 赵学波.传播视野中的国际关系[M].北京：中国传媒大学出版社，2006.

[115] 郑保卫.当代新闻理论[M].北京：新华出版社，2003.

[116] 郑加华.地标景观的生成及意义探析[D].武汉：华中科技大学，2004.

[117] 钟凌艳.文化视角下的当代城市复兴策略[D].重庆：重庆大学，2006.

[118] 周立.城市色彩——基于城市设计向度的研究[D].南京：东南大学，2005.

[119] 周睿雅.城市形象设计中视觉符号的语义学阐释[J].设计，2015（5）：39-40.

[120] 朱城琪.城市CIS城市形象营造的方法初探[D].西安：西安建筑科技大学，2005.

[121] 朱俊成.城市文化与城市形象塑造研究——以南昌市为例[D].南昌：江西师范大学，2006.

[122] 朱立艾.北京旧城更新中城市文化的延续性研究——以什刹海历史文化保护区为例[D].北京：北京师范大学，2004.

[123] 朱文一.空间·符号·城市：城市设计理论[M].北京：中国建筑工业出版社，1993.

[124] 佐藤卓己.现代传媒史[M].诸葛蔚东，译.北京：北京大学出版社，2004.

[125] Aaker D A. Building strong brands[J]. Brandweek，2002，58（2）：115-118.

[126] Choudhury B I，Armstrong P，Jones P.JSB As Democratic Emblem and Urban Focal Point：The Imagined Socio-Political Construction of Space[J]. Journal of Social And Development Sciences，2013，4（6）：294-302.

[127] Ekenyazıcı E.İkon Yapıların Turizm Eğilimlerine Etkileri（Effects of Icons of Architecture on Tourism）[J].Lisansüstü Turizm Öğrencileri Araştırma Kongresi Proceedings，Antalya，Turkey，2008：1003-1005.

[128] Fischer F.Citizens，Experts，and the Environment：The Politics of Local Knowledge[M].Duke University Press，2001.

[129] Gehl J.Livet Mellem Husene[M].Danish Architectural Press，1971.

[130] Goffman E.Behavior in Public Places：Notes on the Social Organization of Gatherings[M].Free Press，1963.

[131] Gravagnuolo A，Angrisano M，Fusco G L. Circular Economy Strategies in Eight Historic Port Cities：Criteria and Indicators Towards a Circular City Assessment Framework[J].Sustainability，2019，11（13）：3512.

[132] Habermas J.Strukturwandel der fentlichkeit[M].Luchterhand，1962.

[133] Arendt H.The Human Condition[M].University of Chicago Press，1958.

[134] Ma H X.The Building of Culture Atmosphere in Urban Design[J].Applied Mechanics Andmaterials，2012，174：2232-2234.

[135] Gehl J，Svarre B.Public Life Studies and Urban Policy[J].How To Study Public Life，2013：149-160.

[136] Kavaratzis M，Ashworth G J. City Branding：An Effective Assertion of Identity or a Transitory

Marketing Trick?[J].Tijdschrift voor economische en sociale geografie，2005，96（5）：506-514.

[137] Kong L L.Cultural Icons and Urban Development in Asia：Economic Imperative，National Identity，and Global City Status[J].Political Geography，2007，26：383-404.

[138] LökçeS. İki Şehir İkonu: Sagrada Familia ve Sydney Opera Binası[J].Gazi Üniv,2003,18(1)：89-100.

[139] Maralcan M.Kentler ve ikonları[J].Tasarım Dergisi，2006：159.

[140] Mihaila M.City Architecture as Cultural Ingredient[J]. Procedia-Social And Behavioral Sciences，2014，149（5）：565-569.

[141] Breheny M.The Compact City：An Introduction[J].Built Environment，1992，18（4）：240-246.

[142] Bliankinshyein O N，Popkova N A，Savelyev M A，et al. Sociocultural Basis of Urban Planning Regulation for Public Open\Spaces[J]. Vestnik Tomskogo gosudarstvennogo universiteta.Kul'turologiyai iskusstvovedenie，2021.

[143] Paddison R.City Marketing，Image Reconstruction and Urban Regeneration[J].Urban Studies，1993，30（2）：339-350.

[144] Qian Y Y，Song Z H.Tactics of Promoting Cultural of Urban Landscape in Gansu Province[C].Proceedings of 2018 International Conference on Arts，Linguistics，Literature and Humanities（ICALLH 2018），2018：158-162.

[145] McQuire S.The Media City：Media，Architecture and Urban Space[M].Sage Publications Ltd，2008.

[146] Simonds J O.Earthscape：A Manual of Environmental Planning and Design[M].Wiley Imprint，1986.

[147] Choo S，Halkett E C.Socially Engaged Art（ists）and The 'Just Turn' in City Space：The Evolution of Gwanghwamun Plaza in Seoul,South Korea[J].Built Environment,2020,46（2）：119-137.

[148] Jennings V，Larson L，Yun J.Advancing Sustainability Through Urban Green Space：Cultural Ecosystem Services，Equity，and Social Determinants of Health[J].International Journal of Environmental Research and Public Health，2016，13（2）：196.

[149] Whyte W H.Street Life[J].Natural History，1980，89（8）：62.

[150] Dou Y H，Zhen L，Groot R D，et al.Assessing the Importance of Cultural Ecosystem Services in Urban Areas of Beijing Municipality[J].Ecosystem Services，2017，24：79-90.

后 记

在《城市传播与景区品牌》一书中，我着重论述了景区品牌承载城市传播的建构模式。《城市文化与品牌形象》一书弥补了前书对"城市文化"方面的论述的不足。但每次整理"城市传播"的点滴思考时，总感体系磅礴，无法一语穷尽，故开始做聚焦切入点的思考，因此《城市形象与地标空间——基于城市形象建构的地标性公共环境空间设计研究》应运而生。这本书几经修改，终于告一段落。

首先要感谢我的博士生导师舒咏平教授，先生在品牌传播领域造诣深厚，是我学术生涯的重要领路人。去年拜访先生时收到他新出版的《论国家品牌传播》一书，不禁为其一生奉献于学术研究的学者精神所感动。先生对学术研究追求真理、严谨治学，对学生则是温文尔雅、春风化雨，他的钻研精神和处事方式对我影响颇深。今年恰是博士毕业十周年，谨以此书作为我品牌传播研究方向的一个新起点。

本书从成文、修改直至出版得到了不少领导、同事及学生的帮助。中南民族大学夏晋教授对本书校稿给予了大力支持与帮助。在书稿修改过程中，我的研究生们协助甚多，其中王鑫同学对本书的后期整理工作付出了大量精力，特邀请其成为本书合著作者。

感谢湖北工业大学对我多年的培养。我在这里已度过24个春夏秋冬，母校见证了我从学生到教授、从"青椒"到院长的荏苒时光。有幸进行了建校60周年校庆、70周年校庆视觉设计，也亲历了母校日新月异的变化。学校的历任领导、老师们、同事们给予了我许多的关心与帮助，深表谢意。

最后要感谢的是我的家人。我的父母与岳父母对我的工作与生活鼎力支持，事无巨细，让我在奋进拼搏之时无后顾之忧。我的儿女是让我疲惫之时感到幸福快乐的开心果，只要看到他们的笑容一切都变得轻快。我的妻子是我生活中的后盾、工作中的战友。感谢你们，只言片语中无法言尽。长路漫漫，道阻且长，行则将至。

饶 鉴
2023年春于湖北工业大学